はじめに

　我が国においては、科学技術創造立国の理念の下、産業競争力の強化を図るべく「知的創造サイクル」の活性化を基本としたプロパテント政策が推進されております。

　「知的創造サイクル」を活性化させるためには、技術開発や技術移転において特許情報を有効に活用することが必要であることから、平成9年度より特許庁の特許流通促進事業において「技術分野別特許マップ」が作成されてまいりました。

　平成13年度からは、独立行政法人工業所有権総合情報館が特許流通促進事業を実施することとなり、特許情報をより一層戦略的かつ効果的にご活用いただくという観点から、「企業が新規事業創出時の技術導入・技術移転を図る上で指標となりえる国内特許の動向を分析」した「特許流通支援チャート」を作成することとなりました。

　具体的には、技術テーマ毎に、特許公報やインターネット等による公開情報をもとに以下のような分析を加えたものとなっております。
- **体系化された技術説明**
- **主要出願人の出願動向**
- **出願人数と出願件数の関係からみた出願活動状況**
- **関連製品情報**
- **課題と解決手段の対応関係**
- **発明者情報に基づく研究開発拠点や研究者数情報**　など

　この「特許流通支援チャート」は、特に、異業種分野へ進出・事業展開を考えておられる中小・ベンチャー企業の皆様にとって、当該分野の技術シーズやその保有企業を探す際の有効な指標となるだけでなく、その後の研究開発の方向性を決めたり特許化を図る上でも参考となるものと考えております。

　最後に、「特許流通支援チャート」の作成にあたり、たくさんの企業をはじめ大学や公的研究機関の方々にご協力をいただき大変有り難うございました。

　今後とも、内容のより一層の充実に努めてまいりたいと考えておりますので、何とぞご指導、ご鞭撻のほど、宜しくお願いいたします。

独立行政法人工業所有権総合情報館

理事長　藤原　譲

バイオセンサ　エグゼクティブサマリー

環境や食品へ広がるバイオセンサ

■ 生体分子の持つ優れた分子認識能力を活用したバイオセンサ

　生体内には互いに親和性のある酵素－基質、抗原－抗体、ホルモン－レセプター等の物質の組み合わせがある。バイオセンサは一方を固定して分子認識物質として用いることによって、もう一方の物質を選択的に計測する。これらは選択性が高く、反応は穏和な条件で作用し、通常特別の試薬を必要とせず、安全性が高いという優れた性質を持っている。酵素と酸素電極を組み合わせた酵素電極に始まるバイオセンサは、生物の感覚を模擬するセンサや生体をモニタリングするセンサまで、バイオセンサと呼ばれることがあるほど、その概念が広がっている。

■ 広がるバイオセンサの応用分野

　バイオセンサの実用化が最も進んでいるのは医療分野である。糖尿病患者の自己血糖管理用の使い捨て型センサなど、医療の分野を中心に我が国で市場はすでに数百億円になっている。さらに、コンパクトな装置で選択的に特定の物質のみを検出できるバイオセンサは、ダイオキシン類や環境ホルモン、重金属、農薬の検出といった環境分野での応用が期待されている。また食品分野でも安全性や高品質への関心が高まっているが、残留農薬、遺伝子組み換え食品、食中毒などの問題への応用が一部実用化している。高品質に対しても人による官能試験によらない、客観的な味センサや匂いセンサも開発されている。

■ 電気メーカによる出願が最も多い

　バイオセンサは全体で見ると、出願人数が毎年200社前後、出願件数は250件／年前後で全期間にわたってほぼ一定の出願がある。バイオセンサは主に分子認識材料とトランスデューサで構成されており、ここでは酵素、微生物、免疫物質、遺伝子等の分子認識材料およびそれを構成するトランスデューサ他の認識部位以外の合わせて10技術に大別する。出願の4割を酸化還元酵素センサが占め、2番目に多い免疫センサと合わせると全体の2/3を占める。

バイオセンサ　　　　エグゼクティブサマリー

環境や食品へ広がるバイオセンサ

■ 高精度化と安定化を目指した研究が活発

バイオセンサの技術開発は、高精度化と安定化を目的としたものが多い。高精度化については検出法の改良によって、安定化および低コスト化については固定化膜・電極など検出部位の改良によって対応がなされているケースが最も多い。電気メーカ、化学メーカの順に多く出願しており、個々の技術要素でも電気メーカは殆どの場合最も多い。

■ 技術開発の拠点は関東地方と関西地方に集中

出願上位20社の開発拠点を発明者の住所・居所でみると、東京都、神奈川県、埼玉県、茨城県など関東地方に30拠点、大阪府、京都府など関西地方に7拠点、中部地方に1拠点、九州地方に2拠点ある。

■ 技術開発の課題

バイオセンサは医療分野での応用が盛んに行われているが、環境や食品分野への応用も進められている。それにともない、個々の化学物質を分子レベルで認識するだけでなく、総合的な物質情報として認識することができ、さらに得られた物質情報から正しい判断及び将来の予測まで可能にするような、いわば知能化（インテリジェント）バイオセンサが望まれるようになってきた。このため、センサを微小化して高密度に集積させる研究が行われている。分子認識物質についても、安定性や選択性の問題をクリアして実用化を進めるために、進化工学などのバイオテクノロジーの手法や、コンビナトリアル合成法による人工的に創製した認識分子を使って改良を進める研究も行われている。

| バイオセンサ | 主要構成技術 |

バイオセンサに関する特許分布

　バイオセンサは、測定対象を認識する分子認識材料とその時発生する物理化学的な変化を電気信号等の信号へ変換するトランスデューサから構成されており、分子認識材料で分類されることが多い。これらの技術に関連する出願として、1991年から2001年9月までに2,295件が公開されている。このうち分子認識材料として酸化還元酵素を用いるものが約900件、免疫物質を用いるものが約500件、微生物を用いるものが約200件含まれている。さらにトランスデューサ他の分子認識材料以外の出願が約300件含まれている。

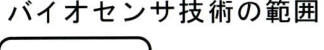

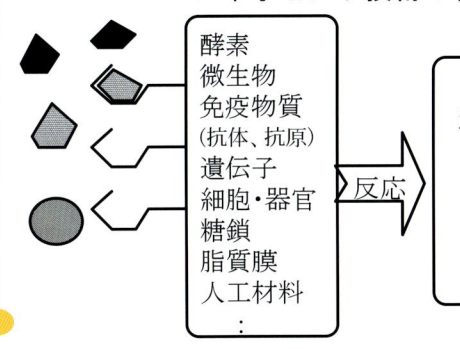

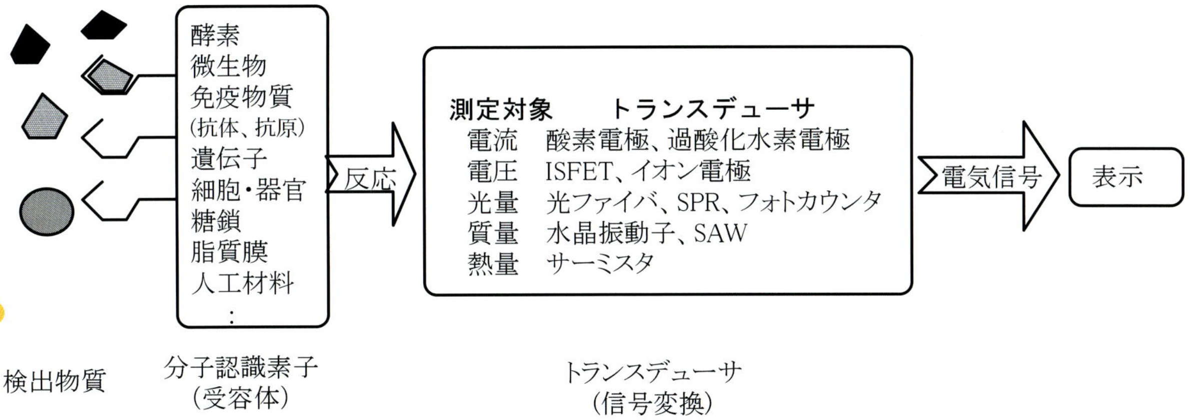

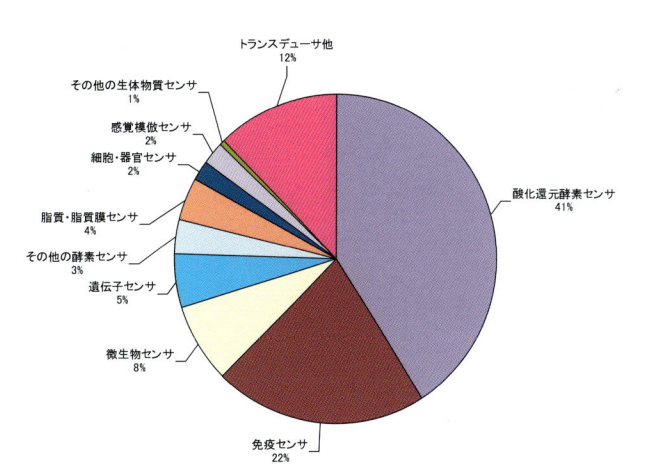

バイオセンサ　技術の動向

ほぼ一定の参入企業と特許出願

バイオセンサ全体では、出願人数が200人前後、出願件数250件前後で1990年から1999年にわたってほぼ一定の出願がある。出願の4割を酸化還元酵素センサが占め、2番目に多い免疫センサと合わせると全体の2/3を占める。

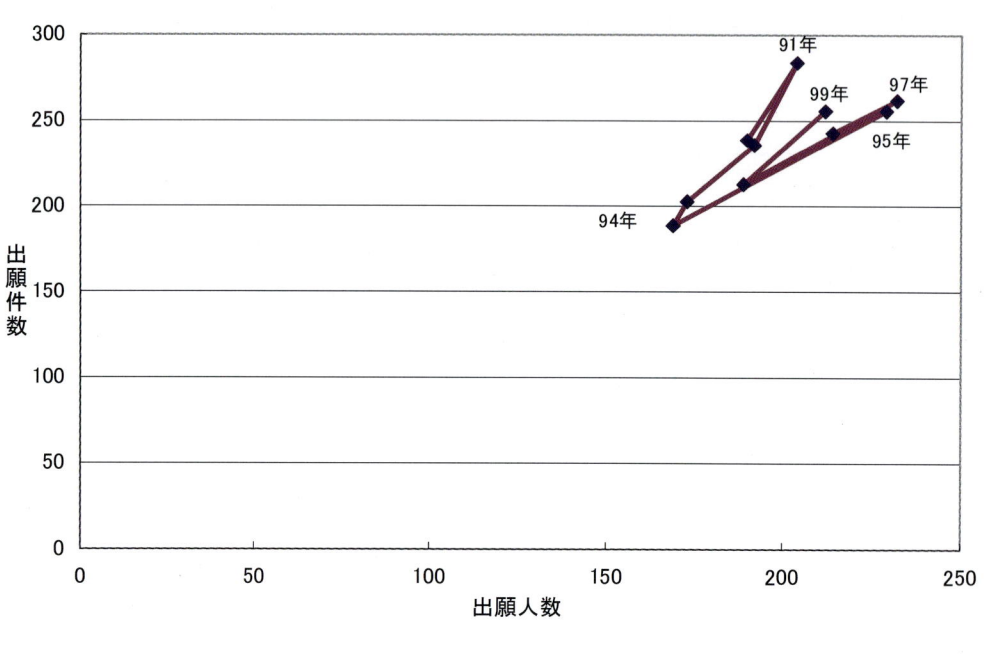

バイオセンサ全体の出願人数－出願件数の推移

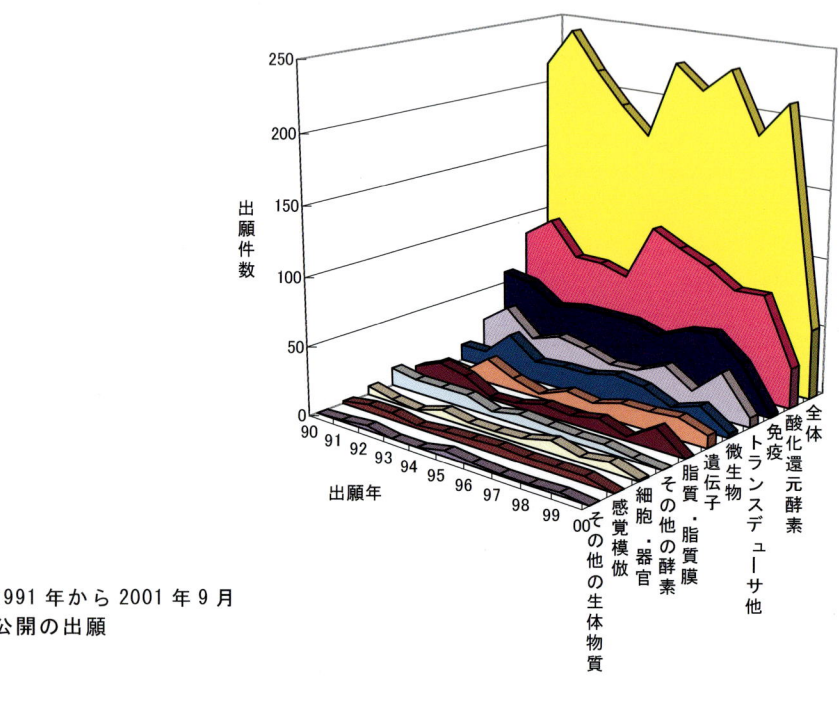

1991年から2001年9月
公開の出願

バイオセンサ

課題・解決手段対応の出願人

高精度化と安定化が課題

> バイオセンサの技術開発は、高精度化と安定化を課題としたものが多く、高精度化は検出法の改良によって、安定化は固定化膜・電極など検出部位の改良によって対応がなされているケースが最も多い。電機メーカ、化学メーカの順に多く出願しており、個々の技術要素でも電気メーカは殆どの場合最も多い。

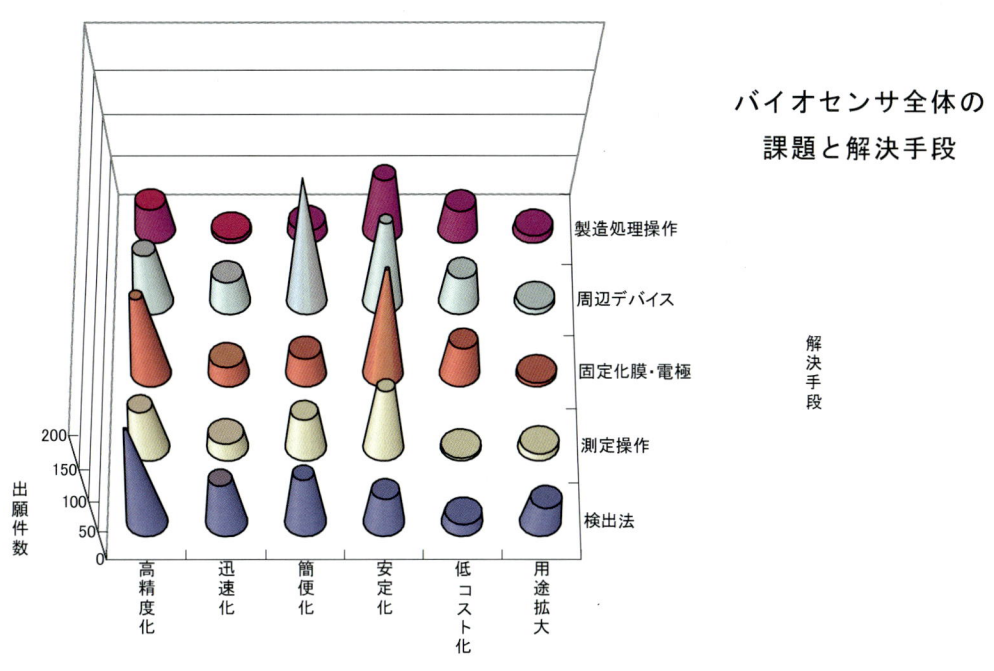

バイオセンサ全体の課題と解決手段

酸化還元酵素センサの課題と解決手段対応表

課題	解決手段	測定法 検出法	測定法 測定操作	装置・素子 固定化膜・電極	装置・素子 周辺デバイス	製造法 製造処理操作
高性能化	高精度化	松下電器産業 5	松下電器産業 8	松下電器産業 25	松下電器産業 7	松下電器産業 8
高性能化	迅速化			松下電器産業 6		
実用性向上	簡便化				東陶機器 11 アークレイ 9 松下電器産業 5	
実用性向上	安定化		エヌオーケー 6 松下電器産業 7	松下電器産業 17 日本電気 11 エヌオーケー 9 オムロン 5	東陶機器 11 松下電器産業 5	
実用性向上	低コスト化			エヌオーケー 8		

バイオセンサ — 技術開発の拠点の分布

技術開発の拠点は関東と関西に集中

出願上位20社の開発拠点を発明者の住所・居所でみると、東京都、神奈川県、埼玉県、茨城県など関東地方に30拠点、大阪府、京都府など関西地方に7拠点、中部地方に1拠点、九州地方に2拠点ある。

バイオセンサ全体の技術開発拠点図

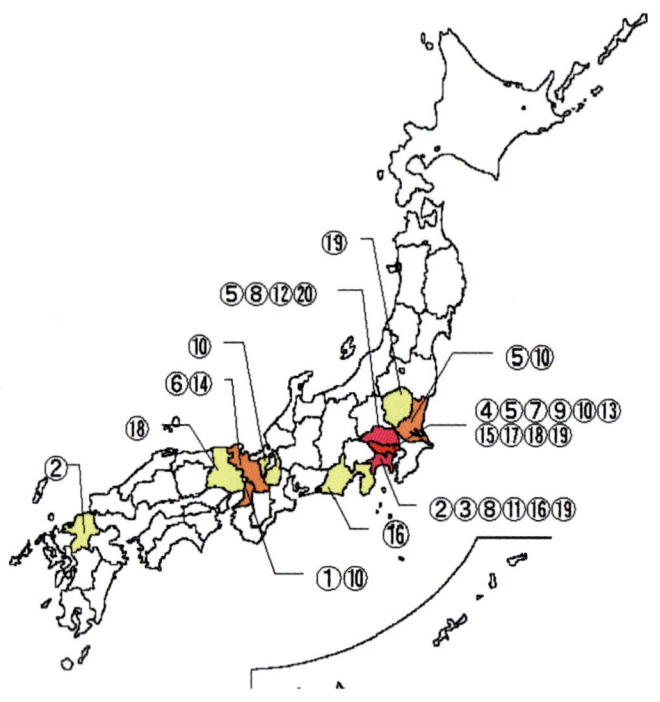

バイオセンサの全体の技術開発拠点一覧表

No.	企業名	事業所	住所
1	松下電器産業	本社	大阪
2	東陶機器	茅ヶ崎工場	神奈川
		小倉第二工場	福岡
		本社	福岡
3	エヌオーケー	藤沢事業所	神奈川
4	日本電気	本社	東京
5	日立製作所	計測器事業部	茨城
		中央研究所	東京
		那珂工場	茨城
		日立研究所	茨城
		基礎研究所	埼玉
		基礎研究所	東京
		機械研究所	茨城
6	アークレイ	本社	京都
7	大日本印刷	本社	東京
8	富士写真フィルム	宮台技術開発センター	神奈川
		足柄研究所	神奈川
		朝霞技術開発センター	埼玉
9	アンリツ	本社	東京
10	ダイキン工業	環境研究所	茨城
		滋賀製作所	滋賀
		東京支店	東京
		本社	大阪
11	富士電機	総合研究所	神奈川
12	新日本無線	川越製作所	埼玉
13	前澤工業	本社	東京
14	島津製作所	三条工場	京都
		本社	京都
15	三井化学	本社	東京
16	スズキ	技術研究所	神奈川
		本社	静岡
17	日本油脂	本社	東京
18	王子製紙	神崎工場	兵庫
		本社	東京
19	東芝	総合研究所	神奈川
		横浜事業所	神奈川
		研究開発センター	神奈川
		那須工場	栃木
		府中工場	東京
20	曙ブレーキ中央技術研究所	本社	埼玉

バイオセンサ — 主要企業の状況

主要企業20社で4割の出願件数

> 出願件数の多い企業は、松下電器産業、東陶機器、日本電気、エヌオーケー、日立製作所である。

バイオセンサ全体の主要出願人の出願状況

No.	出願人	89	90	91	92	93	94	95	96	97	98	99	00	合計
1	松下電器産業	3	8	7	13	11	14	9	24	20	17	30	8	164
2	東陶機器	1	3	10	10	5	4	11	7	1	6	21	4	83
3	日本電気	4	8	8	5	6	3	9	6	8	5	6	3	71
4	エヌオーケー	3	4	8	2	1	2	7	12	15	7	1	0	62
5	日立製作所	3	6	3	1	2	3	8	6	11	10	6	1	60
6	アークレイ	0	1	2	0	4	2	6	5	6	15	9	0	50
7	王子製紙	7	4	9	8	7	6	6	1	0	0	0	0	48
8	ダイキン工業	4	7	3	5	8	0	2	1	9	2	3	0	44
9	オムロン	6	11	8	1	1	1	1	3	1	6	5	0	44
10	富士写真フィルム	1	1	2	1	2	3	2	3	7	8	7	3	40
11	アンリツ	2	1	4	5	1	0	3	1	3	2	13	0	35
12	コニカ	1	13	17	2	0	0	0	0	1	1	0	0	35
13	バイエル	0	0	2	1	0	2	4	10	7	6	1	2	35
14	スズキ	0	6	2	4	1	4	2	1	2	6	5	0	33
15	大日本印刷	0	0	0	0	1	5	6	3	9	8	1	0	33
16	キヤノン	5	6	2	6	6	1	0	0	0	3	1	1	31
17	沖電気工業	4	3	12	2	4	0	6	0	0	0	0	0	31
18	富士電機	1	1	2	4	3	3	1	4	4	4	3	0	30
19	科学技術振興事業団	2	1	4	2	2	2	2	1	4	1	5	0	26
20	新日本無線	3	6	2	1	2	2	5	0	0	0	0	0	21

主要企業20社の出願に占める割合

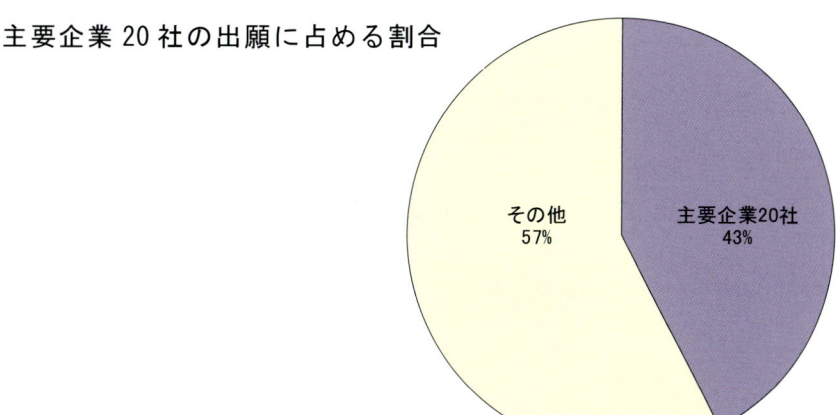

その他 57%　主要企業20社 43%

バイオセンサ　主要企業

松下電器産業　株式会社

出願状況

松下電器産業の保有する特許は164件である。そのうち登録になった特許が33件あり、係属中の特許が125件ある。

酸化還元酵素センサに関する特許を多く出願している。

分野別出願比率

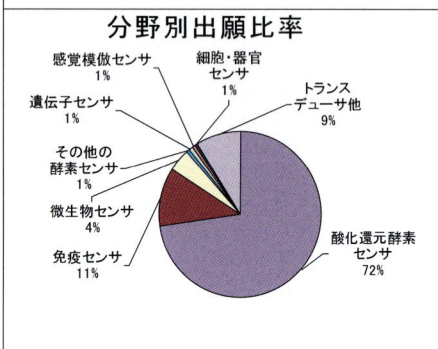

技術要素・課題対応出願特許の概要

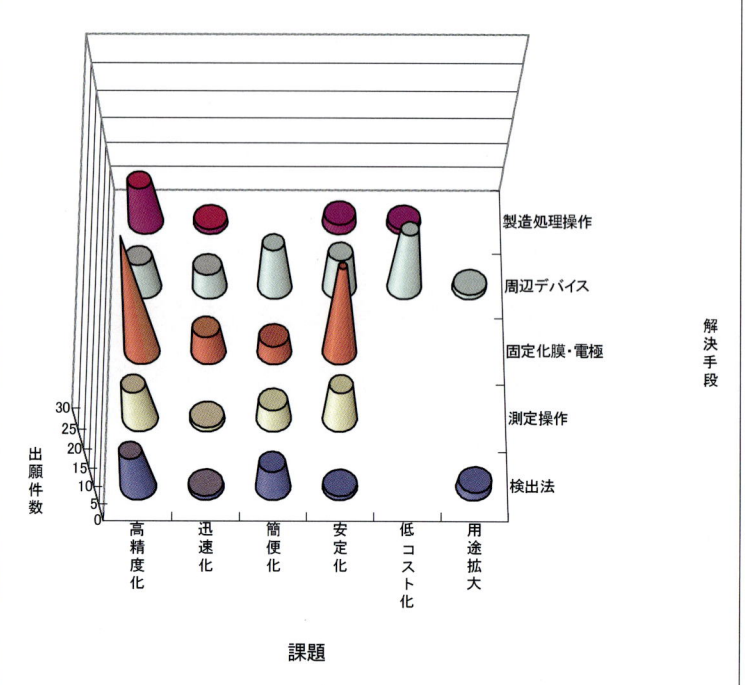

保有特許リスト例

技術要素	課題	解決手段	特許番号	発明の名称、概要
酸化還元酵素センサ	高精度化	固定化膜・電極	特開2001-174432	**バイオセンサ** 電極系に接して親水性高分子受容体、酵素の組み合せ（インベルターゼ、ムタロターゼ、グルコースオキシダーゼ）を利用し、これらを担持する反応層を形成することにより、スクロース測定の高精度化を図る。
酸化還元酵素センサ	安定化	測定操作	特開平11-42098	**基質の定量法** 基質と酵素とを電子伝達体の酸化体の存在下反応させ、還元されなかった電子伝達体の酸化体を電気化学的に還元して還元電流値を得る方法であり、妨害物質の影響を回避。

バイオセンサ　主要企業

東陶機器　株式会社

出願状況

東陶機器の保有する特許は83件である。そのうち登録になった特許が11件あり、係属中の特許が66件ある。

酸化還元酵素センサおよび免疫センサに関する特許を多く出願している。

分野別出願比率

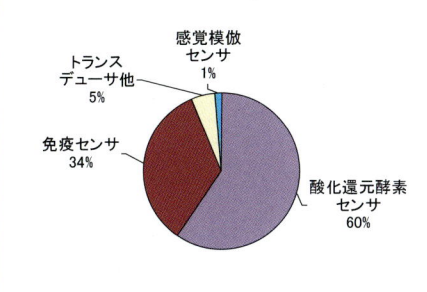

技術要素・課題対応出願特許の概要

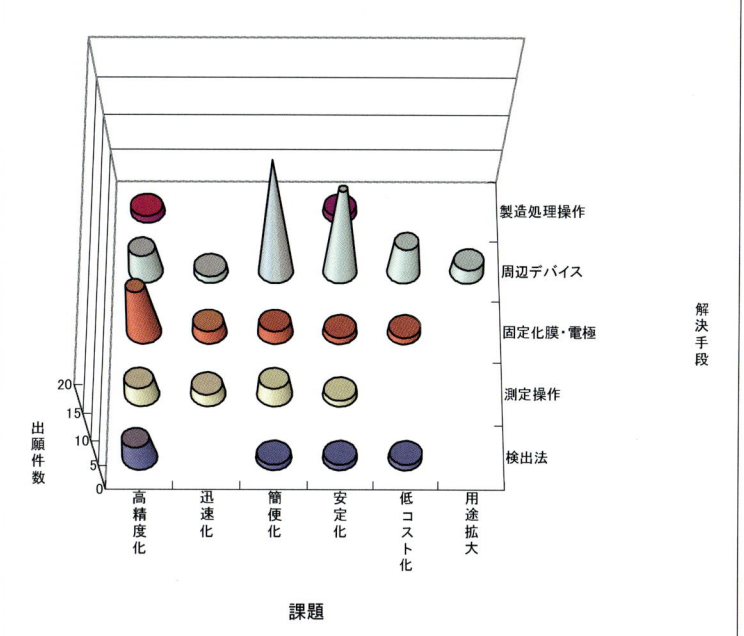

保有特許リスト例

技術要素	課題	解決手段	特許番号	発明の名称、概要
酸化還元酵素センサ	安定化	周辺デバイス	特開平5-87768	**バイオセンサ**　センサに酸化還元酵素及び酸化型色素のほかに阻害物質を酸化する酵素を担持する固定化酵素膜を形成して、阻害物を排除する。
免疫センサ	迅速化	周辺デバイス	特開2000-55805	**センサ装置**　入射を拡散する扇形ビームとする拡散手段を設けたことで、集光レンズのような焦点距離の考慮が不用で小型化可能なSPRセンサ。

| バイオセンサ | 主要企業 |

エヌオーケー　株式会社

出願状況

エヌオーケーの保有する特許は62件である。そのうち登録になった特許が4件あり、係属中の特許が58件ある。
酸化還元酵素センサに関する特許を多く出願している。

分野別出願比率

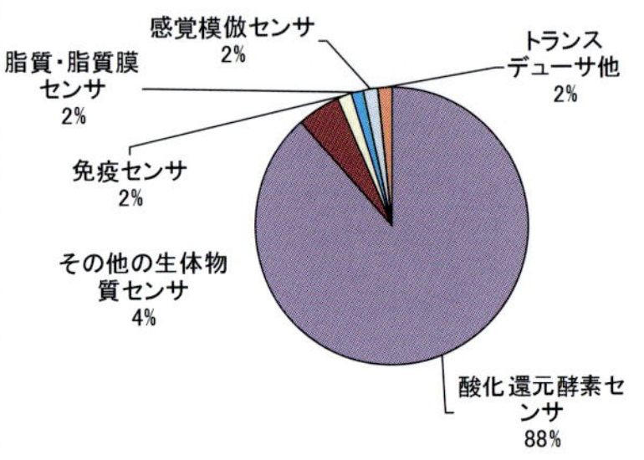

- 脂質・脂質膜センサ 2%
- 感覚模倣センサ 2%
- トランスデューサ他 2%
- 免疫センサ 2%
- その他の生体物質センサ 4%
- 酸化還元酵素センサ 88%

技術要素・課題対応出願特許の概要

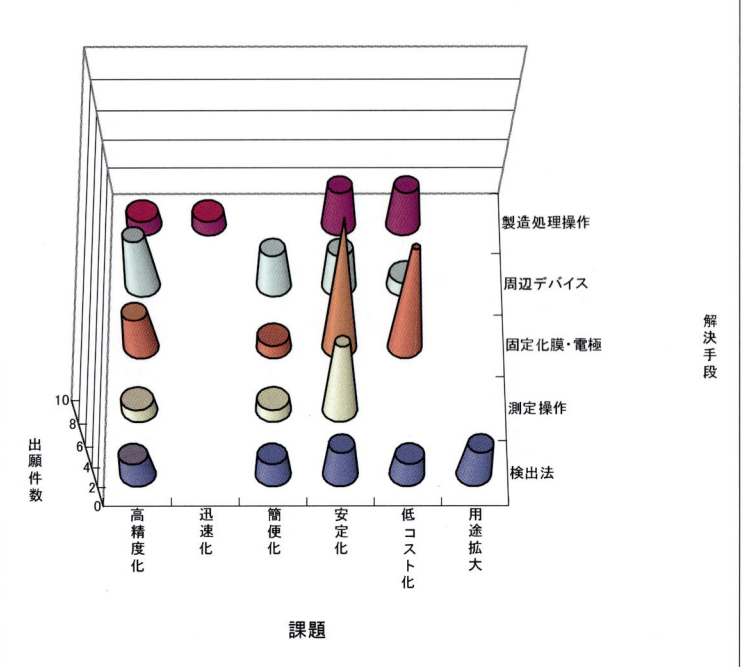

保有特許リスト例

技術要素	課題	解決手段	特許番号	発明の名称、概要
酸化還元酵素センサ	安定化	測定操作	特開平11-108879	**バイオセンサデバイス**　デバイス本体へのセンサ挿入判断を、センサ側にセンサ挿入判別用電極による挿入信号端子を設置に具備して、装置の誤動作を防止。 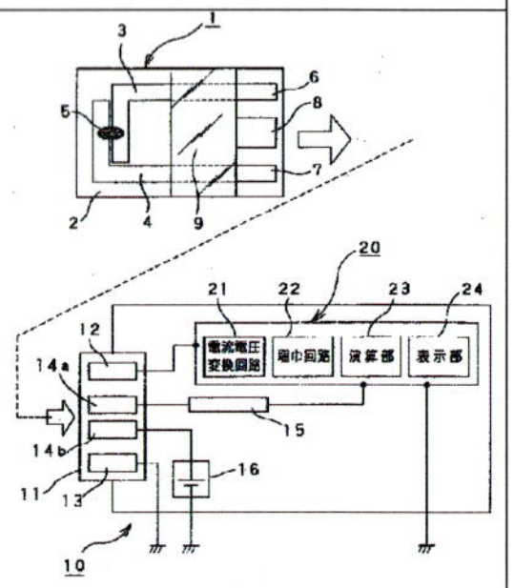
酸化還元酵素センサ	低コスト化	固定化膜・電極	特開2000-65777	**バイオセンサ**　電極を形成した2枚の基板を、基板側面部に設けられた折り曲げ可能な立ち上り部によって一体化させた対面構造とする。 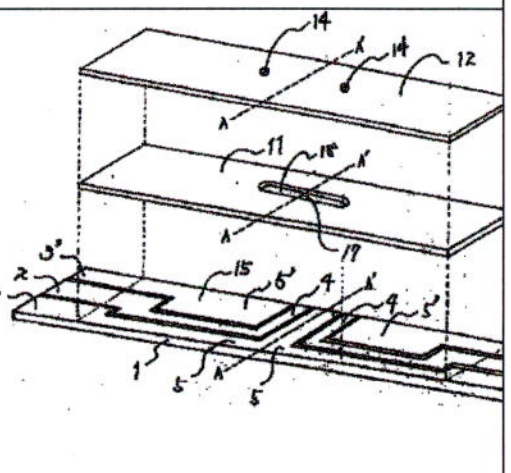

x

| バイオセンサ | 主要企業 |

日本電気 株式会社

出願状況

日本電気の保有する特許は71件である。そのうち登録になった特許が36件あり、係属中の特許が23件ある。
酸化還元酵素センサと細胞・器官センサに関する特許を多く出願している。

分野別出願比率

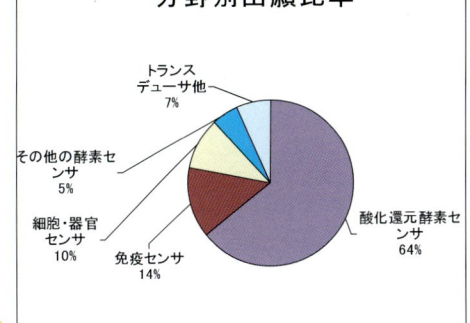

技術要素・課題対応出願特許の概要

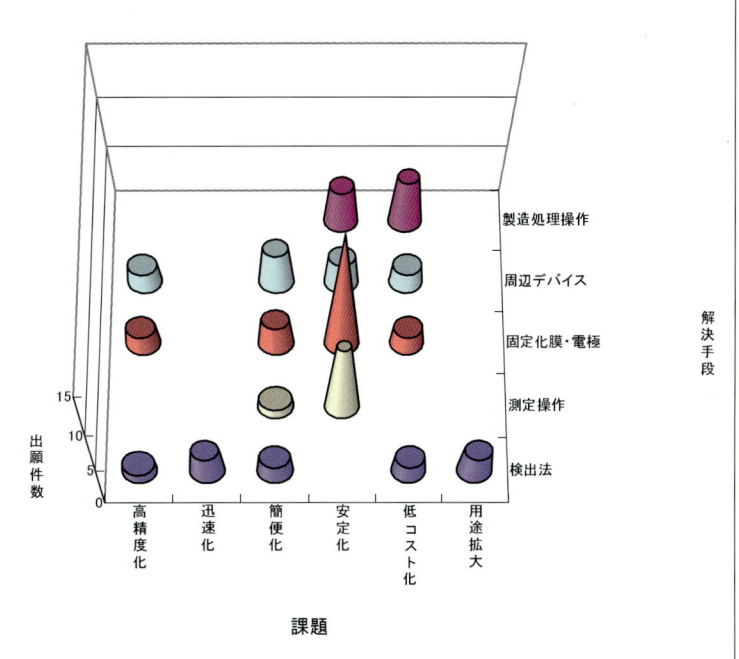

保有特許リスト例

技術要素	課題	解決手段	特許番号	発明の名称、概要	
酸化還元酵素センサ	低コスト化	製造処理操作	特許 2770783	バイオセンサ素子の製造方法 電極系基板上において、固定化された酵素膜の1個にのみ赤外レーザ光を、マスクを用いないで選択的に照射し不活性酵素膜にする工程により、固定の効率化を図る。	
細胞・器官センサ	安定化	製造処理操作	特許 2570621	細胞培養用基板とその作製方法および細胞配列形成方法 細胞を基板に望むように配列させるパターンニング方法。細胞が不用なところには、細胞の生育に必要な酸素消費する酵素膜を固定する。その部分に細胞は生えない。	

バイオセンサ　主要企業

株式会社　日立製作所

出願状況

日立製作所の保有する特許は60件である。そのうち登録になった特許が3件あり、係属中の特許が49件ある。

免疫センサおよび遺伝子センサに関する特許を多く出願している。

分野別出願比率

- 免疫センサ 48%
- 遺伝子センサ 17%
- 酸化還元酵素センサ 13%
- 細胞・器官センサ 8%
- 感覚模倣センサ 2%
- 微生物センサ 2%
- トランスデューサ他 10%

技術要素・課題対応出願特許の概要

（課題：高精度化、迅速化、簡便化、安定化、低コスト化、用途拡大／解決手段：製造処理操作、周辺デバイス、固定化膜・電極、測定操作、検出法／出願件数）

保有特許リスト例

技術要素	課題	解決手段	特許番号	発明の名称、概要
免疫センサ	高精度化	固定化膜・電極	特開2000-55920	**生化学センサおよびこれを利用する生化学検出装置**　被検体を蛍光色素で修飾し基板に加えると抗体に対して特異的結合能を有する被検体がポリスチレン微粒子に吸着し、蛍光色素が領域に結合。励起光照射により、蛍光色素または色素が励起されて発する蛍光信号をモニタカメラで高感度検出。
遺伝子センサ	簡便化	製造処理操作	特開2000-60554	**ポリヌクレオチドプローブチップ及びポリヌクレオチド検出法**　多種のDNAプローブを保持した多項目センサとするため複数種のポリヌクレオチドプローブチップセットから、プローブを種類毎にゲル前駆体と混合し電気泳動して、レーザ光で出る蛍光を一括して検出。

目次

バイオセンサ

1. 技術の概要
1.1 バイオセンサ技術
1.1.1 バイオセンサの開発経緯 ... 3
1.1.2 バイオセンサの技術概要 ... 4
1.1.3 バイオセンサの技術体系 ... 5
- (1) 酸化還元酵素センサ ... 6
- (2) その他の酵素センサ ... 8
- (3) 微生物センサ ... 9
- (4) 免疫物質センサ ... 11
- (5) 遺伝子センサ ... 12
- (6) 細胞・器官センサ ... 13
- (7) その他の生体物質センサ ... 13
- (8) 脂質・脂質膜センサ ... 14
- (9) 感覚模倣センサ ... 15
- (10) トランスデューサ他 ... 16

1.1.4 バイオセンサの応用分野 ... 18
- (1) 医療分野 ... 18
- (2) 環境分野 ... 19
- (3) 食品分野 ... 19

1.2 バイオセンサ技術の特許情報へのアクセス ... 20
1.2.1 バイオセンサ技術 ... 20
1.2.2 技術要素ごとのアクセスツール ... 21

1.3 技術開発の状況 ... 23
1.3.1 バイオセンサ全体 ... 23
1.3.2 酸化還元酵素センサ ... 25
1.3.3 その他の酵素センサ ... 26
1.3.4 微生物センサ ... 27
1.3.5 免疫センサ ... 28
1.3.6 遺伝子センサ ... 29
1.3.7 細胞・器官センサ ... 30
1.3.8 その他の生体物質センサ ... 31
1.3.9 脂質・脂質膜センサ ... 32

目次

  1.3.10 感覚模倣センサ 33
  1.3.11 トランスデューサ他 34
 1.4 技術開発の課題と解決手段 35
  1.4.1 酸化還元酵素センサ 37
   （1）酸化還元酵素センサの課題と解決手段 37
   （2）酸化還元酵素センサの測定法に関する
        課題と解決手段 38
   （3）酸化還元酵素センサの装置・素子に関する
        課題と解決手段 39
   （4）酸化還元酵素センサの製造法に関する
        課題と解決手段 40
   （5）酸化還元酵素センサの課題と解決手段別傾向 40
  1.4.2 その他の酵素センサ 43
  1.4.3 微生物センサ 45
  1.4.4 免疫センサ 47
  1.4.5 遺伝子センサ 49
  1.4.6 細胞・器官センサ 51
  1.4.7 その他の生体物質センサ 54
  1.4.8 脂質・脂質膜センサ 56
  1.4.9 感覚模倣センサ 58
  1.4.10 トランスデューサ他 60

2．主要企業等の特許活動
 2.1 松下電器産業 66
  2.1.1 企業の概要 66
  2.1.2 バイオセンサ技術に関する製品・技術 66
  2.1.3 技術開発課題対応保有特許の概要 67
  2.1.4 技術開発拠点 72
  2.1.5 研究開発者 73
 2.2 東陶機器 74
  2.2.1 企業の概要 74
  2.2.2 バイオセンサ技術に関する製品・技術 74
  2.2.3 技術開発課題対応保有特許の概要 74
  2.2.4 技術開発拠点 79
  2.2.5 研究開発者 80
 2.3 エヌオーケー 81
  2.3.1 企業の概要 81

目次

  2.3.2 バイオセンサ技術に関する製品・技術 81
  2.3.3 技術開発課題対応保有特許の概要 82
  2.3.4 技術開発拠点 86
  2.3.5 研究開発者 86
 2.4 日本電気 87
  2.4.1 企業の概要 87
  2.4.2 バイオセンサ技術に関する製品・技術 87
  2.4.3 技術開発課題対応保有特許の概要 87
  2.4.4 技術開発拠点 93
  2.4.5 研究開発者 93
 2.5 日立製作所 94
  2.5.1 企業の概要 94
  2.5.2 バイオセンサ技術に関する製品・技術 94
  2.5.3 技術開発課題対応保有特許の概要 95
  2.5.4 技術開発拠点 99
  2.5.5 研究開発者 100
 2.6 アークレイ 101
  2.6.1 企業の概要 101
  2.6.2 バイオセンサ技術に関する製品・技術 101
  2.6.3 技術開発課題対応保有特許の概要 102
  2.6.4 技術開発拠点 105
  2.6.5 研究開発者 105
 2.7 大日本印刷 106
  2.7.1 企業の概要 106
  2.7.2 バイオセンサ技術に関する製品・技術 106
  2.7.3 技術開発課題対応保有特許の概要 106
  2.7.4 技術開発拠点 110
  2.7.5 研究開発者 110
 2.8 富士写真フィルム 111
  2.8.1 企業の概要 111
  2.8.2 バイオセンサ技術に関する製品・技術 111
  2.8.3 技術開発課題対応保有特許の概要 111
  2.8.4 技術開発拠点 114
  2.8.5 研究開発者 115
 2.9 アンリツ 116
  2.9.1 企業の概要 116
  2.9.2 バイオセンサ技術に関する製品・技術 116

目次

  2.9.3 技術開発課題対応保有特許の概要 116
  2.9.4 技術開発拠点 120
  2.9.5 研究開発者 121
 2.10 ダイキン工業 122
  2.10.1 企業の概要 122
  2.10.2 バイオセンサ技術に関する製品・技術 122
  2.10.3 技術開発課題対応保有特許の概要 122
  2.10.4 技術開発拠点 125
  2.10.5 研究開発者 126
 2.11 富士電機 127
  2.11.1 企業の概要 127
  2.11.2 バイオセンサ技術に関する製品・技術 127
  2.11.3 技術開発課題対応保有特許の概要 127
  2.11.4 技術開発拠点 130
  2.11.5 研究開発者 131
 2.12 新日本無線 132
  2.12.1 企業の概要 132
  2.12.2 バイオセンサ技術に関する製品・技術 132
  2.12.3 技術開発課題対応保有特許の概要 133
  2.12.4 技術開発拠点 136
  2.12.5 研究開発者 137
 2.13 前澤工業 138
  2.13.1 企業の概要 138
  2.13.2 バイオセンサ技術に関する製品・技術 138
  2.13.3 技術開発課題対応保有特許の概要 138
  2.13.4 技術開発拠点 140
  2.13.5 研究開発者 140
 2.14 島津製作所 141
  2.14.1 企業の概要 141
  2.14.2 バイオセンサ技術に関する製品・技術 141
  2.14.3 技術開発課題対応保有特許の概要 142
  2.14.4 技術開発拠点 144
  2.14.5 研究開発者 145
 2.15 三井化学 146
  2.15.1 企業の概要 146
  2.15.2 バイオセンサ技術に関する製品・技術 146
  2.15.3 技術開発課題対応保有特許の概要 146

目次

- 2.15.4 技術開発拠点 148
- 2.16.5 研究開発者 148
- 2.16 スズキ 149
  - 2.16.1 企業の概要 149
  - 2.16.2 バイオセンサ技術に関する製品・技術 149
  - 2.16.3 技術開発課題対応保有特許の概要 149
  - 2.16.4 技術開発拠点 152
  - 2.16.5 研究開発者 153
- 2.17 日本油脂 154
  - 2.17.1 企業の概要 154
  - 2.17.2 バイオセンサ技術に関する製品・技術 154
  - 2.17.3 技術開発課題対応保有特許の概要 155
  - 2.17.4 技術開発拠点 156
  - 2.17.5 研究開発者 156
- 2.18 王子製紙 157
  - 2.18.1 企業の概要 157
  - 2.18.2 バイオセンサ技術に関する製品・技術 157
  - 2.18.3 技術開発課題対応保有特許の概要 158
  - 2.18.4 技術開発拠点 160
  - 2.18.5 研究開発者 161
- 2.19 東芝 162
  - 2.19.1 企業の概要 162
  - 2.19.2 バイオセンサ技術に関する製品・技術 162
  - 2.19.3 技術開発課題対応保有特許の概要 162
  - 2.19.4 技術開発拠点 164
  - 2.19.5 研究開発者 164
- 2.20 曙ブレーキ中央技術研究所 165
  - 2.20.1 企業の概要 165
  - 2.20.2 バイオセンサ技術に関する製品・技術 165
  - 2.20.3 技術開発課題対応保有特許の概要 166
  - 2.20.4 技術開発拠点 168
  - 2.20.5 研究開発者 169
- 2.21 大学および公共研究期間 170
  - 2.21.1 九州大学 170
  - 2.21.2 東京大学 171
  - 2.21.3 東京農工大学 172
  - 2.21.4 科学技術振興事業団 173

目次

  2.21.5 経済産業省産業技術総合研究所 174
  2.21.6 国立身体障害者リハビリテーションセンター 175

3．主要企業の技術開発拠点
 3.1 バイオセンサ全体 179
 3.2 酸化還元酵素センサ 181
 3.3 その他の酵素センサ 183
 3.4 微生物センサ 184
 3.5 免疫センサ 185
 3.6 遺伝子センサ 186
 3.7 細胞・器官センサ 187
 3.8 その他の生体物質センサ 188
 3.9 脂質・脂質膜センサ 189
 3.10 感覚模倣センサ 190
 3.11 トランスデューサ他 191

資料
 1．工業所有権総合情報館と特許流通促進事業 195
 2．特許流通アドバイザー一覧 198
 3．特許電子図書館情報検索指導アドバイザー一覧 201
 4．知的所有権センター一覧 203
 5．平成 13 年度 25 技術テーマの特許流通の概要 205
 6．特許番号一覧 221
 7．開放可能な特許一覧 227

1．技術の概要

1.1 バイオセンサ技術
1.2 バイオセンサ技術の特許情報へのアクセス
1.3 技術開発の状況
1.4 技術開発の課題と解決手段

> 特許流通
> 支援チャート

1. 技術の概要

バイオセンサは、生物の持つ優れた分子識別能力を
利用するセンサである。

1.1 バイオセンサ技術

　バイオセンサは生体や生体分子の持つ優れた分子認識能力を活用した計測デバイスである。ここでは各分野で期待されているバイオセンサ技術について、その概要を説明する。
　バイオセンサは、測定対象とする化学物質を認識する分子認識材料、およびその時発生する物理的、化学的な変化を電気信号等の検出可能な信号へ変換するトランスデューサから構成される。生体内には互いに親和性のある物質の組み合わせとして、酵素－基質、酵素－補酵素、抗原－抗体、ホルモン－レセプター等がある。バイオセンサはこれら組み合わせの一方を膜に固定化して分子認識物質として用いることによって、もう一方の物質を選択的に計測することができるという原理を利用している。センサの特異性は分子認識材料の機能に、感度はトランスデューサに依存する。さらに酵素などは高価で不安定であり、安定に繰り返し使用するための固定化技術も重要である。

1.1.1 バイオセンサの開発経緯
　バイオセンサ技術は 1960 年代半ばに発表された"酵素電極"に始まるといわれている。"酵素電極"はグルコースオキシダーゼをポリアクリルアミドなどの高分子ゲル中に固定化し、酸素電極をこの酵素層で包んだもので、酵素反応による酸素の減少量を検出することにより、グルコースを選択的に測定することができる。当時は酵素固定化技術が急速に発展し、また電気化学反応によって酸素を計測する、クラーク型酸素電極が普及していた。酵素電極は、これら酵素固定化技術と電気化学的計測技術という二つのテクノロジーの融合により、誕生したものである。
　ただ、酵素電極では電気化学計測となるため、検出可能な反応が限られ、計測できる物質が限られる。そこでどのような酵素反応にも適用できるように、数年後スウェーデンのモスバックによって、酵素反応時の熱量の変化をサーミスタで計測する酵素サーミスタが開発された。
　その後米国と日本を中心に生物電気化学センサの研究が発展していったが、1970 年代後半に東京工業大学の鈴木研究室から、免疫物質の抗体を分子認識に利用した免疫センサと、微生物を利用した微生物センサが発表された。更に 1980 年代には、バイオセンサの実用化

に向けた研究が活発化し、多くの企業が参入した。

現在では、酵素や抗体などの生体物質が認識物質として使われるセンサ（狭義のバイオセンサ）だけでなく、生物の感覚を模擬するセンサや生体をモニタリングするセンサまでバイオセンサと呼ばれることもある。またより微量の試料を高感度に計測する研究が進められるとともに、医療だけでなく、環境や食品分野への応用が進められている。それにともない、個々の化学物質を分子レベルで認識するだけでなく、総合的な物質情報として認識することができ、さらに得られた物質情報から正しい判断及び将来の予測まで可能にするような、いわば知能化（インテリジェント）バイオセンサが望まれるようになってきた。このため、センサを微小化して高密度に集積させる研究も行われている。認識物質についても、安定性や選択性の問題をクリアして実用化を進めるために、進化工学などのバイオテクノロジーの手法や、コンビナトリアル合成法による人工的に創製した認識分子を使って改良を進める研究も行われている。

特許としては、多孔性フィルムと白金電極の間に酵素を挟んだグルコースセンサが、外国人出願人によって1965年に米国で出願されている（US 3,539,455、クラーク他）。日本では、1971年に鈴木 周一氏が生物活性物質の固定化法に関する出願を行なっている（特公昭52-18270）。鈴木 周一氏は、この特許の共同発明者である軽部 征夫氏とともに、日本におけるバイオセンサのパイオニア的存在であり、軽部 征夫氏は、その後の用途開発に至るまで一貫して、バイオセンサ開発における中心的役割をはたしている。

1.1.2 バイオセンサの技術概要

バイオセンサは、酵素・微生物・抗体などの生体物質が持つ特異的な分子認識能を、分子識別機能素子として利用したセンサである。図1.1.2-1にバイオセンサの技術概要を示す。

図1.1.2-1 バイオセンサの技術概要

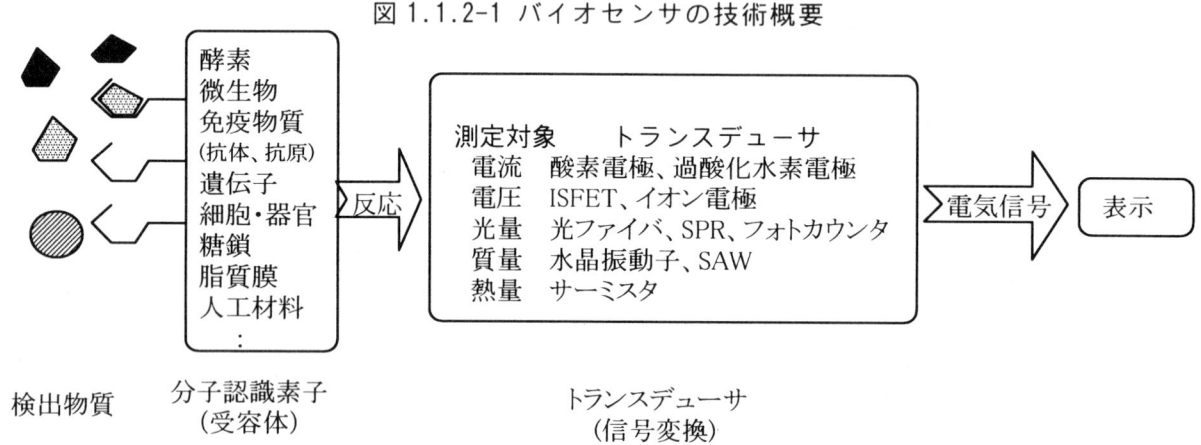

バイオセンサは、物質の受容・変換を行う分子認識材料（受容体）と、この情報を電気信号等の検出可能な信号への変換を行う各種トランスデューサから構成される。まず膜などに固定化された分子認識材料が、検出しようとする物質を認識したときに起こる反応（酵素反応、微生物の呼吸、免疫反応など）を電流や熱量の変化として捉え、トランスデューサによって電気信号として取り出し表示する。分子認識材料には、酵素、微生物、抗体などの免疫物質、DNAなどの遺伝子、細胞などが用いられる。トランスデューサにも測定対象に応じて酸素電極や過酸化水素電極、電解効果型トランジスタ（ISFET）など様々なものがある。

またこの他のバイオセンサの重要な構成技術として、分子認識材料の固定層や、酵素反応などで生成されるイオンや酸化物などを、選択的に検出部位へ導くための選択透過膜がある。すなわち酵素などの生体関連物質は、不安定で操作が複雑、高価であるといった、実用上の欠点があるため、これを何らかの材料に固定化し固定層とする方法が用いられている。固定化酵素膜は固定法の代表的なものであるが、膜の機能としては、酵素反応で生成または消費した酸素や過酸化水素のような検知対象の物質を速やかに透過させ、同時に測定試料中に含まれる干渉物質を透過させないことが重要である。

分子認識材料としての生体物質については、分子認識機能に関わる安定性、再現性、選択性などが重要である。酵素や抗体を化学修飾や進化工学を利用することによって、耐熱性や選択性といった機能の向上を図ることも行われている。現在分子認識材料として実用化されているのは主に酵素、抗体、微生物であるが、DNAや糖鎖、組織細胞も研究開発が行われている。また生体分子認識機能を模倣した分子認識材料を人工的に創成しようとする試みもある。一方、トランスデューサについては半導体、水晶振動子、表面プラズモン共鳴装置(SPR)、プローブ顕微鏡、光ファイバーなど多岐にわたるデバイスの利用が可能となっている。

バイオセンサには、上記のような酵素や抗体などの生体物質を分子認識素子とするセンサ（狭義のバイオセンサ）の他、生体物質を用いなくても生体内に埋め込まれるなどして生体をモニタリングするために用いられるセンサもある。これら生体モニタリング用のセンサ、特に生体埋め込み型センサでは生体適合性が大きな技術課題となっている。

さらに、味覚・嗅覚・触覚のような生物の感覚をモデルとして作られるセンサ（バイオミメティックセンサ）もある。味や臭いは多くの化学物質から構成され、含まれる化合物のバランスにより特有の味や臭いが形成される。生物の感覚器官では味覚細胞や嗅覚細胞が集積され、これらの細胞からの大量の信号が脳に送られてパターン認識される。バイオミメティックセンサではこのようなパターン認識の仕組みを模倣して、人工味覚や人工嗅覚づくりが行われている。本書では狭義のバイオセンサを中心に、生体物質を用いた生体モニタリングセンサや、バイオミメティックセンサについても解析対象とする。

1.1.3 バイオセンサの技術体系

バイオセンサは主に分子認識材料とトランスデューサで構成されており、分子認識材料で分類されることが多い。本書ではバイオセンサ技術として、酵素、微生物、免疫物質に加え、遺伝子、細胞・器官、糖鎖といったその他の生体物質の他、脂質膜、感覚模倣センサの形成材料を分子認識材料とする各バイオセンサ技術、およびそれを構成するトランスデューサ他の認識部位以外の技術に大別する。さらに酵素センサについては、酸化還元酵素センサとその他の酵素センサに分け、これらの10技術要素に基づいて解析を行う。

図1-1-3-1にバイオセンサの技術体系を示す。ゴシック体で記述したものが、本書の技術要素である。以下それぞれの技術要素について特徴を説明する。

図 1-1-3-1 バイオセンサの技術体系

技術要素				例
バイオセンサ	認識部位	生体物質	酵素センサ / 酸化還元酵素センサ	グルコースオキシダーゼなどの酸化還元酵素
			酵素センサ / その他の酵素センサ	加水分解酵素、転移酵素など
			微生物センサ	硝化菌、酵母など各種微生物
			免疫センサ	抗原、抗体など
			遺伝子センサ	DNA、RNAなど
			細胞・器官センサ	ミトコンドリア、動植物組織など
			その他の生体物質センサ	糖鎖、ペプチドなど
		生体模擬物質	脂質・脂質膜センサ	リン脂質、脂質二重膜など
			感覚模倣センサ	においセンサ、触覚センサなど
	認識部位以外		トランスデューサ他	トランスデューサ、試料採取デバイスなど

(1) 酸化還元酵素センサ

　酵素は測定対象物質である基質に対して特異性があり、選択的に作用するという特徴がある。また、穏和な条件で作用し、通常、特別の試薬を必要とせず、安全性が高く公害を起こさないという優れた性質を持っている。このような酵素を用いるセンサは最も古くから開発されており、その代表的なものがグルコースセンサである。これは、酸素検出用電極(酸素電極)または過酸化水素検出用電極と、電極に固定された酵素（グルコースオキシダーゼ）とから構成されている。下の反応式で表されるように、試料中のグルコースが電極に固定化されたグルコースオキシダーゼの触媒反応によって酸化され、グルコノラクトンに変化する。このときに消費される酸素の減少量、または発生する過酸化水素の濃度はグルコース濃度に比例するので、これを酸素電極あるいは過酸化水素電極で検出して、試料中のグルコース濃度を測定する。

$$\beta\text{-D-グルコース} + O_2 \rightarrow \text{D-グルコノ-}\delta\text{-ラクトン} + H_2O_2$$
$$H_2O_2 \rightarrow 2H^+ + O_2 + 2e^-$$

　このグルコースセンサは血液中や尿中のグルコース濃度測定などに用いられ、糖尿病の病状監視等に用いられている。その他、乳酸、エタノール、尿酸、コレステロール等のセンサが実用化されている。

図1-1-3-2に酸化還元酵素センサの基本的な構造である、酸素検出用酵素固定電極を示す（特公昭52-47913）。

図 1-1-3-2 酸素検出用酵素固定電極の例（特公昭 52-47913）

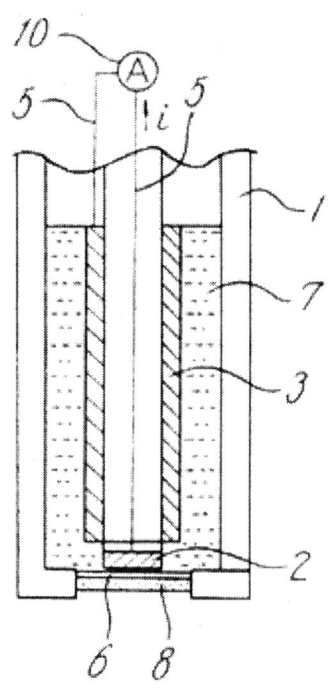

2がカソード、3がアノード、6が酸素透過性隔膜、7が電解液であり、8は隔膜6に近接して酸化還元酵素が包括固定された酵素膜である。この電極と酸素透過隔膜からなる酸素電極は、酸素の受容体となる酸化還元酵素を固定したコラーゲン電着成形膜が隔膜に近接して設けられている。酸化還元酵素としては、アルコールオキシダーゼ、グルコースオキシダーゼ、ガラクトースオキシダーゼなどが用いられる。酵素膜6が検液中のグルコースと接触すると、グルコースは酵素膜に固定されているグルコースオキシダーゼによって酵素的に分解され、酸素を消費する。酸素透過性隔膜6を透過した酸素のうち、グルコースの分解で消費されなかった残りの酸素がカソード表面で電気化学的に還元され、カソードとアノードを連絡する外部回路に電流iが流れる。あらかじめ検液中に存在した酸素量に由来する電流i_0との差i_0-iが検液中のグルコース濃度に対応するので、これによりグルコース濃度を測定することができる。

図 1-1-3-3 に、スクリーン印刷による酸化還元酵素センサの作製例を示す（特開平05-196596）。

従来、電極に酵素の固定膜を被覆していたが、より大量生産や小型化に向けた技術開発も行われた。その結果、測定電極や対極などの電極がセラミックスやプラスチックシートの表面に、平面上に作られるようになり、スクリーン印刷の技術を用いて大量生産が可能になった。これは絶縁性の基板に銀ペーストを印刷しリード（2、3）を形成し、導電性カーボンペーストや絶縁性ペーストを印刷して電極や絶縁層などの電極パターンを印刷する（図1-1-3-3　左図）。このようにして作製した電極系（測定極4、対極5）上に酵素（グルコースオキシダーゼ）および電子受容体（フェリシアン化カリウム）を親水性高分子（カルボ

キシメチルセルロース；CMC）の水溶液に溶解させた混合水溶液を滴下し、温風乾燥させて反応層 20 を形成している（図 1-1-3-3　右図）。

図 1-1-3-3 スクリーン印刷によるバイオセンサ作製の例（特開平 5-196596）

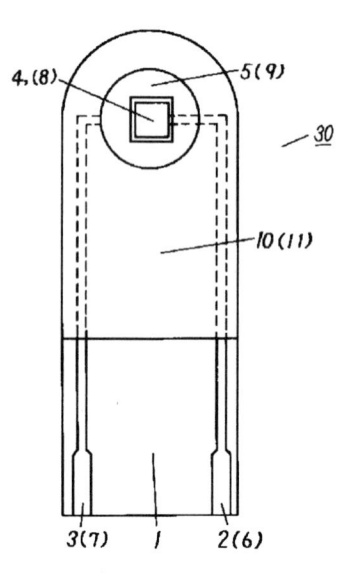
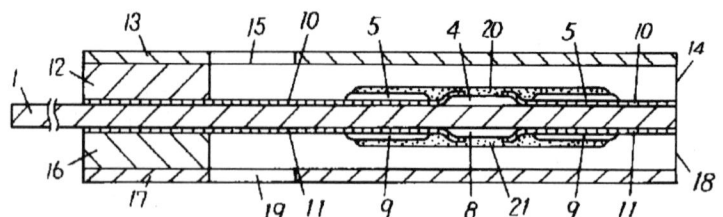

1　絶縁性の基板
2、3、6、7　リード
4、8　測定極
5、9　対極
10、12　絶縁層
12、16　スペーサー
13、17　カバー
14、18　試料供給孔
15、19　空気孔
20　反応層
21　フェリシアン化カリウム－ＣＭＣ層
22　ＦＤＨ反応層
30　ベース

(2) その他の酵素センサ

　酵素は優れた性質を持つため、酸化還元酵素以外にも加水分解酵素、転移酵素、脱離酵素など幅広い酵素を利用したバイオセンサが開発されている。

　代表的なのは加水分解酵素としてウレアーゼを用いた尿素センサである。尿素センサでは、下式のように尿素の加水分解により炭酸とアンモニアが生成する事を利用する。アンモニアの増加による水素イオンの減少をガラスもしくは FET (Field Effect Transistor) などの pH センサで検出し、試料中の尿素濃度を測定する。

$$O=C(NH_2)_2 + 2H_2O \rightarrow H_2CO_3 + 2NH_3$$

　その他、脂質を下式のようにリパーゼで加水分解し、遊離する脂肪酸による pH 変化を ISFET で検出する脂質センサの例を図 1.1.3-4 に示す。

$$\begin{array}{c} CH_2COOR \\ CH_2COOR + H_2O \\ CH_2COOR \end{array} \rightarrow \begin{array}{c} CH_2OH \\ CH_2OH \\ CH_2OH \end{array} + 3RCOOH$$

単純脂質　　　グリセロール　　　　脂肪酸

図 1.1.3-4 脂質センサ

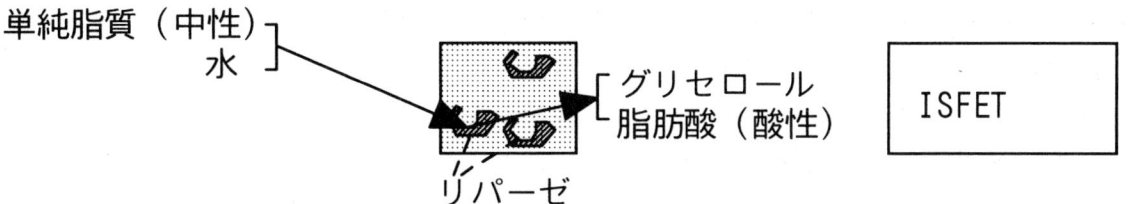

また脱離酵素を酸化還元酵素と組み合わせて使用する例を図 1.1.3-5 に示す（特開平 1-156664）。

図 1.1.3-5 食肉鮮度計測用バイオセンサの例 （特開平 1-156664）

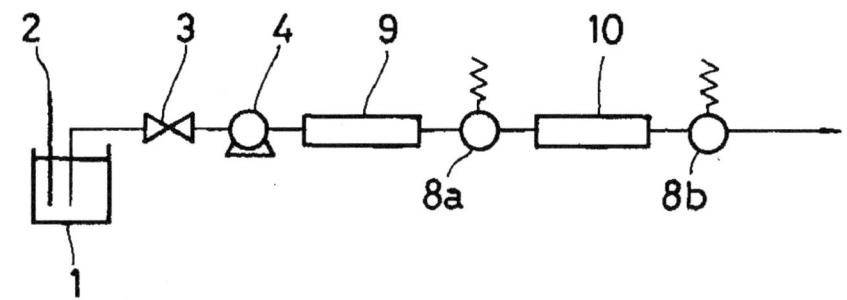

これは試料中の核酸分解物を計測するものであり、イノシン、ヒポキサンチンを分解するヌクレオシドホスホリラーゼ、キサンチンオキシダーゼを不溶性担体に固定化したカラム 9 と酸素電極 8a 及びイノシン酸、イノシン、ヒポキサンを分解する 5'-ヌクレオチダーゼ、ヌクレオシドホスホリラーゼ、キサンチンオキシダーゼを不溶性担体に固定化したカラム 10 と酸素電極 8b を直列に並べる。

カラムでの試料のイノシン、ヒポキサンチンが反応して消費した酸素を酸素電極 8a で計測し、続いて、カラム 10 でイノシン酸、イノシン、ヒポキサンチンが反応して消費した酸素を酸素電極 8b で計測し、この両者の計測値から食肉の鮮度指標である K_i 値を計測するバイオセンサとして使用される。なお、K_i 値は下記の式で表される。

$$K_i 値（\%）= \frac{イノシン＋ヒポキサンチン}{イノシン酸＋イノシン＋ヒポキサンチン} \times 100$$

(3) 微生物センサ

酵素センサの酵素の代わりに、微生物の菌体を直接固定したバイオセンサである。酵素は微生物などから精製過程を経て製造されるため一般に高価で、また不安定であり固定化プロセスで失活することもある。微生物をそのまま固定すると、酵素等の抽出作業が不要な上、菌体内の多くの種類の酵素から作られている複合酵素系を、そのまま破壊することなく利用が可能で、多段階反応を利用する際など、メリットが大きい。

微生物センサには特定化合物の資化性を指標とする呼吸活性測定型と、微生物の代謝産物を測定する型式のものがある。前者は好気性微生物と酸素電極から構成され、呼吸

によって消費される酸素を検出するもので、最初に開発されたBOD（生物学的酸素要求量）計測用のセンサがよく知られている。後者は固定化微生物膜とイオン選択性電極や二酸化炭素電極などと組み合わされている。

　図1.1.3-6の微生物センサの例を示す（特公昭57-15696）。

　これは多孔質板に微生物を生息させ、この多孔質板を酸素センサの検出部に取り付けたものである。5は酸素透過膜、6は酸素還元電極、7は対電極、8は電解液、11が微生物を生息させた多孔質板である。この装置の多孔質板を被検出液、例えば曝気槽内の廃水処理液中に浸漬すると、廃水処理液中のBODは多孔質板の孔部を通るとき、微生物によって分解される。その結果処理液中の溶存酸素が消費された状態で筐体内に流入し、その液体の酸素濃度を酸素センサ1で測定する。

図1.1.3-6 BOD微生物センサの例（特公昭57-15696）

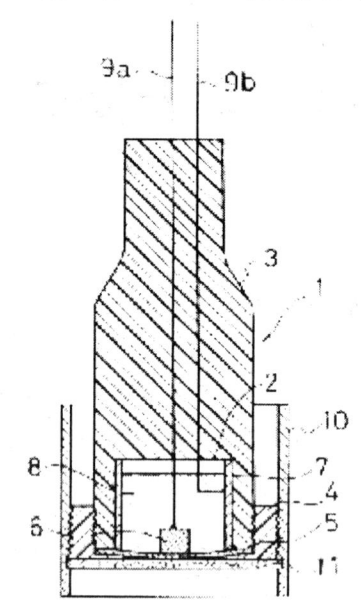

　このように微生物センサは酵素センサに比べて、はるかに寿命が長く長時間出力が低下しないため、工業プロセスや環境計測等に利用されている。特に前述のBODセンサがよく知られているが、この他リン酸測定などのセンサも用いられている。また、シアンなどの有害物質によって微生物（硝化菌）の活性が低下することを利用した、毒物センサも利用されており、これを図1.1.3-7に示す(特開平11-153574)。

図 1.1.3-7 毒物検出用微生物センサの例(特開平 11-153574)

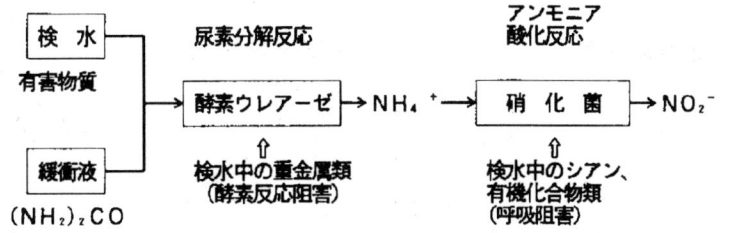

(a) 有害物質検出装置の原理図

(b) 有害物質が有る場合の
各検出構成要素の出力増減の関連図

注)微生物センサ出力は飽和溶存酸素電圧と測定電圧との差電圧と定義

(4) 免疫物質センサ

　抗原－抗体反応を用いたセンサであり、この抗原と抗体の特異的な複合体形成反応で生ずる、両者の安定な複合体形成を種々の方法で測定する。測定法には大きく分けて標識剤を用いる方法と、標識剤を必要とせず純粋に抗原抗体反応を用いる免疫分析法がある。

　標識剤を用いる方法の代表的なものに、酵素で標識した免疫物質を用いる酵素免疫分析法がある。これは抗原あるいは抗体に酵素を結合し、抗原抗体反応で固定された抗体あるいは抗原の量を酵素量で測定する方法であり、酵素に発色性の化学物質を生成させた検出用抗体(酵素標識抗体)を用いることによって、高感度測定が可能である。これは競合反応と非競合反応があり、標識物質として酵素の他、蛍光分子、電気化学発光分子、リポゾーム、磁性粒子等がある。非競合反応によって測定対象とする抗原を結合し、これを検出用の酵素標識抗体で検出する例を図 1.1.3-8 に示す。

図 1.1.3-8 標識免疫センサ

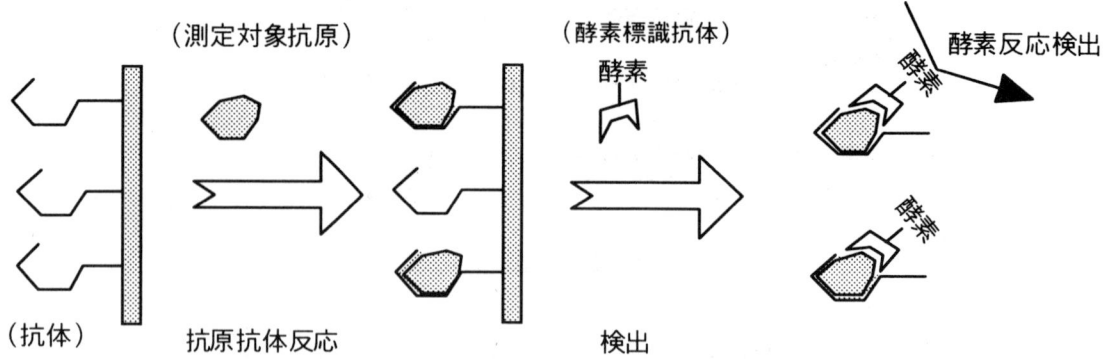

　一方、標識剤を必要としない方法とは、抗体に抗原が結合したときの物性の変化を直接測定するものである。金属薄膜溶液界面に抗体を固定化しそこに結合する抗原による屈折率変化を検出するSPR（表面プラズモン共鳴測定）や、圧電振動子の表面に抗体を固定し結合にともなう質量変化を検出したり、圧電素子によって発生した表面音響波の伝達関数の変化から表面への結合を検出するものなどがある。

(5) 遺伝子センサ

　遺伝子センサは、基本的に標識した1本鎖DNAプローブの認識能力を用いて相補的なDNA鎖を検出することを利用したバイオセンサである。DNAを用いたセンサの例として代表的なものは、アフィメトリックス社により開発されたDNAチップである。これはシリコン基板上でオリゴヌクレオチドを直接合成し、DNA分子を多数配列させたチップである。検出対象の発現遺伝子を標識し、これをDNAチップにハイブリダイセーションさせ、固定化された位置を確認することにより、試料中の検出対象遺伝子の有無を迅速に特定できる。この技術は主に医療の分野で開発されているが、環境分野での利用も注目されている。

　また、2本鎖DNAには突然変異や発ガンを誘発する薬物や抗生物質が特異的に結合することが知られているが、この結合を検知することによりDNAに直接結合する変異原物質や薬物を検出する遺伝子センサの開発も行われている。

　遺伝子センサには、特定の配列の認識・検出を1ステップで行うことができる電気化学的センサや、検出対象DNAとの相補鎖形成を振動数の変化から重量として定量できる水晶振動子を用いるセンサが開発されている。また、プローブを蛍光物質で標識するものとして、検出対象DNAと相補鎖を形成すると、蛍光物質が励起会合体（エキシマー）となり蛍光スペクトルがシフトすることを利用するセンサ、同様に蛍光偏向解消で定量するセンサがある。また特定の分子に特異的に結合する抗体のような性質を有する核酸（アプタマーと呼ばれる）についても研究が進められている。蛍光偏向解消法による病原微生物検出装置の例（製品名：DNAディテクタ TNJ-100（日本分光（株）製））を図1.1.3-9に示す。

図 1.1.3-9 毒物検出用微生物センサ（出典：日本分光のホームページ）

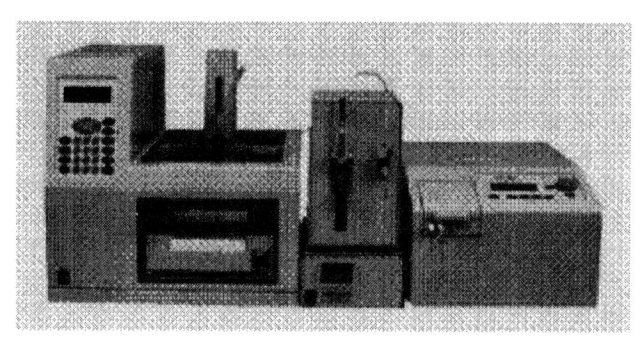
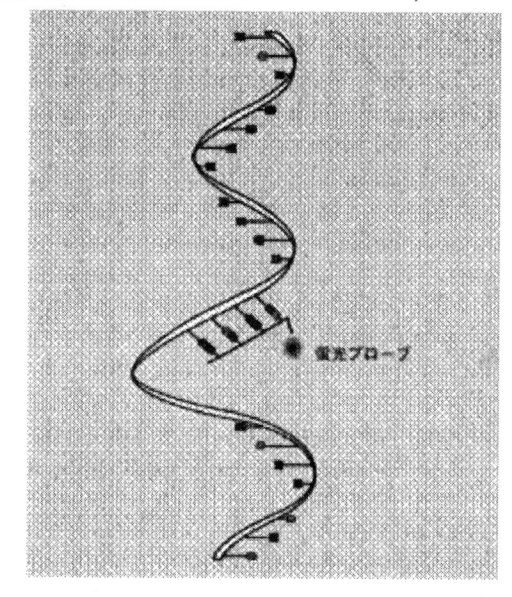

(6) 細胞・器官センサ

　細胞・器官センサとは、分子認識材料として細胞、細胞内小器官（オルガネラ）、組織等を用いるバイオセンサである。これらは多種類の分子認識材料の組織的な集合体であるため、単一分子では実現できない高度なセンサ機能を発現する。具体的にはミトコンドリア、クロロプラストなどのオルガネラ、動植物組織、細胞を用いたバイオセンサが研究されている。酵素センサと同様に酸素電極の先端にミトコンドリア電子伝達粒子を固定して、NADHの測定を行うオルガネラセンサ、植物の幼根の成長を指標とする環境ストレスのモニタリングを行う組織センサ、菌類の化学物質分解システムを利用する環境ストレスモニタリングシステムなどがある。

　また、女性ホルモンの受容体を電極上に固定化したバイオセンサも開発されている。これは測定溶液中に女性ホルモンに類似した環境ホルモンが存在すると、電極上の受容体の立体構造が大きく変化して、測定溶液中を流れる電流が変化し、この変化量を検知することにより環境ホルモンの濃度を短時間で正確に計測できるものである。

(7) その他の生体物質センサ

　糖鎖やペプチドなどその他の生体物質を用いたバイオセンサであり、図1.1.3-10に糖に対する結合タンパク質であるレクチンの1種コンカナバリンAを分子認識材料に用いて、グルコースを計測する血糖センサの例を示す。

図 1.1.3-10 コンカナバリン A を用いた血糖センサ

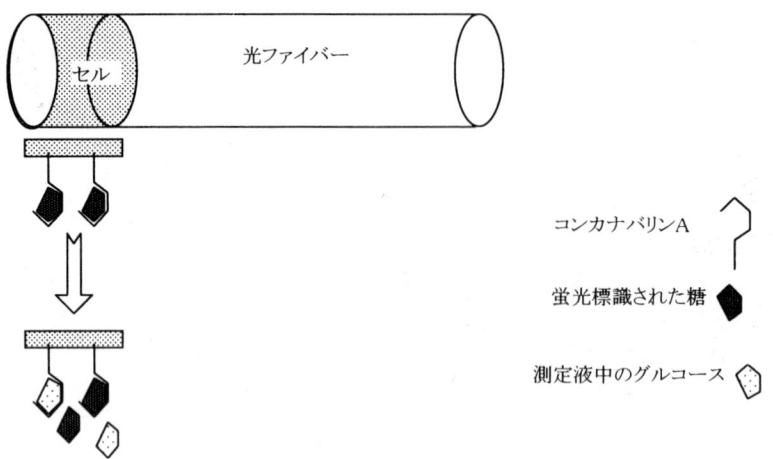

　この図で、センサの光ファイバーの先端にはグルコースほどの大きさの分子が通れる膜で作られたセルがついており、その内壁にはコンカナバリン A が固定され、予め蛍光標識された糖と結合している。蛍光標識された糖が遊離していない状態では励起光を光ファイバーに入射しても励起されない位置に、コンカナバリン A が固定されているが、このセンサがグルコースを含む測定液に接すると、グルコースがセル中に入り、結合していた蛍光標識された糖と競合して標識された糖が遊離する。この結果、励起光によって蛍光を発し、これを検出するという仕組みである。
　さらに、微生物やウイルスの細胞表面にあるマンノース糖鎖を認識できるコンカナバリン A やシアル酸含有糖鎖を表面に固定化して、表面プラズモン共鳴測定を行い大腸菌やインフルエンザウイルスを検出するという研究開発も行われている。

(8) 脂質・脂質膜センサ
　脂質・脂質膜を分子認識材料として用いたセンサである。脂質・脂質膜は元来生体物質であるが、人工的なものもセンサとして使われている。脂質二重膜は高い絶縁性を持っているが、その伝導度は膜に溶け込む物質によって変化する。この変化は膜の種類、溶け込む物質の種類で異なるため、複数種類の膜で試料の伝導度を測定することによって、試料が混合溶液であってもそれぞれの物質濃度を知ることができる。これは味センサとして利用できる。
　図 1.1.3-11 に脂質二重膜を用いた、マルチチャンネルの味センサの例を示す（特開平 5-99896）。
　この例では 8 チャンネルの味センサが用いられる。脂質膜からの電気信号は各チャンネルが人間の味覚を再現できるような多くの味覚情報を得るために、それぞれ味に対して異なる応答特性を持つ脂質性分子膜で構成されている。これらの情報は人の味覚器官である舌に近い物理化学的性質を持ち、呈味物質が異なっても同様な味であれば同様な出力パターンが得られる。

図 1.1.3-11 味センサの例（特開平 5-99896）

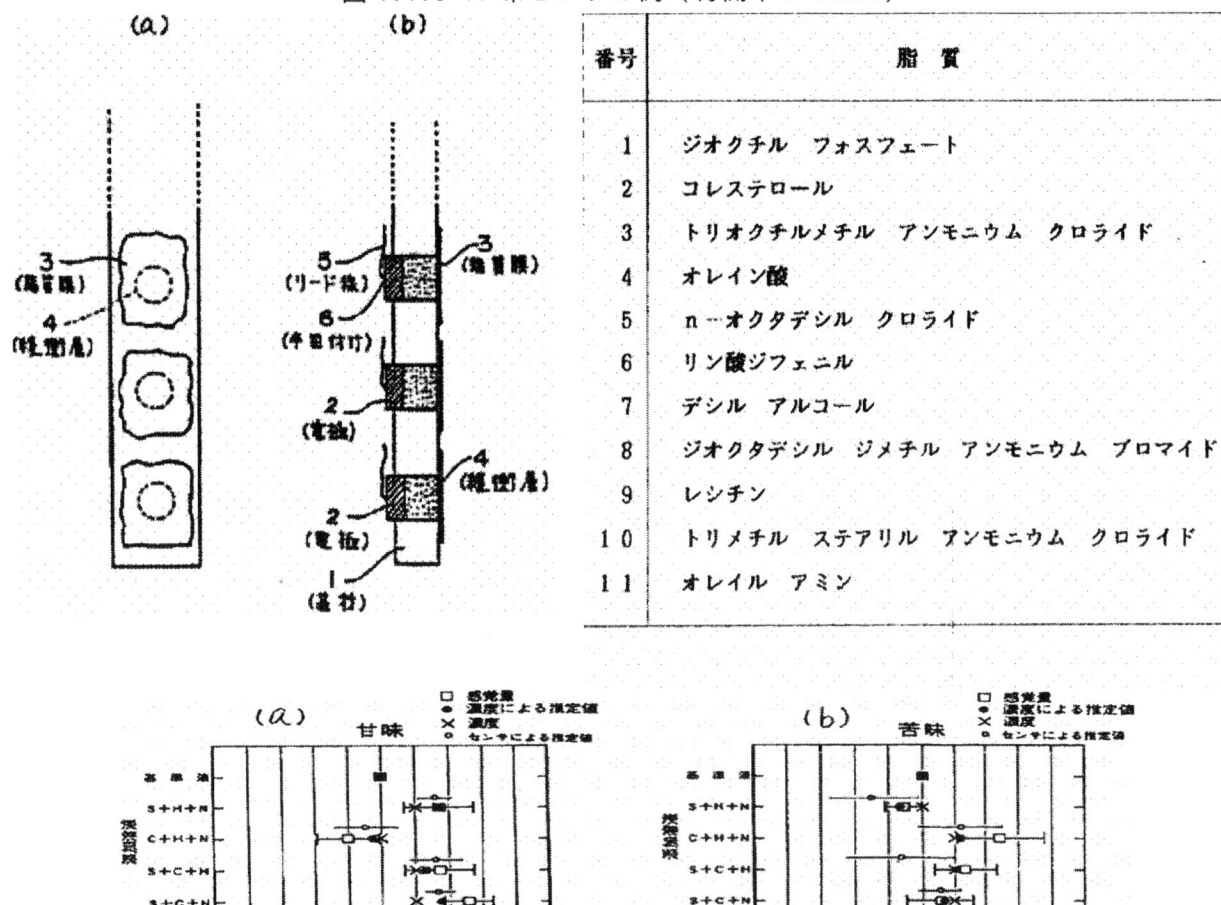

番号	脂質
1	ジオクチル フォスフェート
2	コレステロール
3	トリオクチルメチル アンモニウム クロライド
4	オレイン酸
5	n-オクタデシル クロライド
6	リン酸ジフェニル
7	デシル アルコール
8	ジオクタデシル ジメチル アンモニウム ブロマイド
9	レシチン
10	トリメチル ステアリル アンモニウム クロライド
11	オレイル アミン

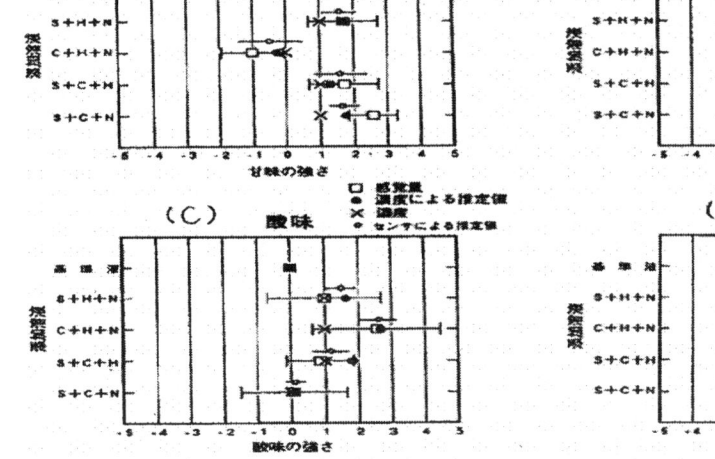

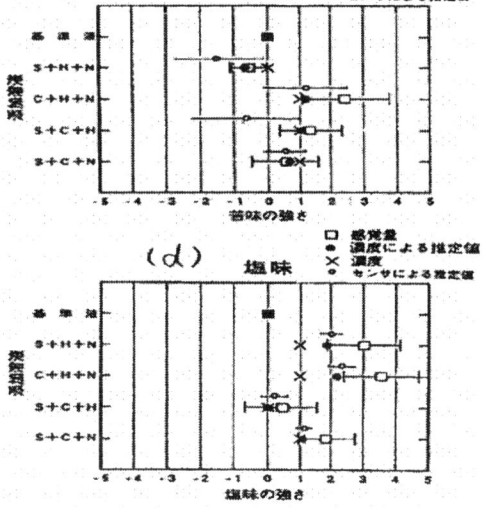

（9）感覚模倣センサ

　感覚模倣センサとは味覚・嗅覚・触覚のような生物の感覚を模倣するセンサである。検出対象に特異的なバイオセンサや化学センサを用いるだけでなく、個々の素子は非特異的な認識を行わないセンサを複数使い、その出力情報をパターン認識することによって、特異的な検出を可能にすることもできる。

　例えば「におい」は鼻粘膜中の嗅覚細胞の受容体に特定の化合物が結合して、嗅覚神経系を通じて情報が脳へと伝達される。食品の評価では専門家による官能試験が行われるが、より客観的な「においセンサ」が研究されている。においは多数の物質によって形成されるので、化合物に対する選択性が異なるいくつかのセンサの反応パターンによって、識別するのが一般的である。センサとしては酸化物半導体、水晶振動子、導電性ポリマーなどが挙げられる。図 1-1-3-12 ににおいセンサの例を示す（特開平 7-12730）。

図 1-1-3-12 においセンサの例（特開平 7-12730）

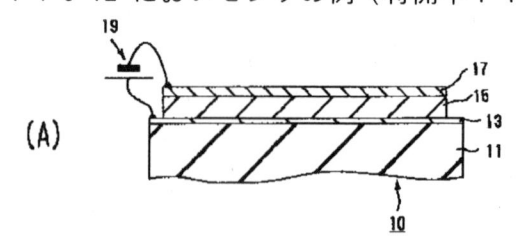

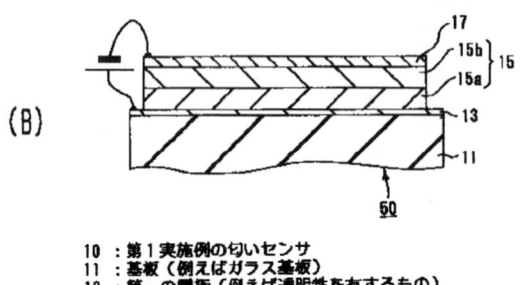

```
10 : 第1実施例の匂いセンサ
11 : 基板（例えばガラス基板）
13 : 第一の電極（例えば透明性を有するもの）
15 : 発光用有機薄膜
15a : 正孔輸送性を有する有機薄膜
15b : 電子輸送性を有する有機薄膜
17 : 第二の電極（例えばガス透過性を有するもの）
19 : 電源
50 : 第3実施例の匂いセンサ
```
この発明の匂いセンサの構成例の説明図

なお味覚についても同様な機構があるが、味覚センサのうち脂質膜を用いたものについては脂質・脂質膜センサに含める。

（10）トランスデューサ他

認識部位以外の技術である、トランスデューサや、試料採取部位などに特徴があるものを含める。トランスデューサは、バイオセンサにおいてさまざまな生物学的変化を電気信号に変換する。初期のグルコースセンサは酸素電極や過酸化水素電極を用い、発生する電流を検出していたが、近年では以下にあげるように電圧、光量、質量、熱量などを検出する各種のトランスデューサが用いられている。

トランスデューサに用いられるデバイスを測定対象ごとに説明する。

a．電圧

代表的なトランスデューサとしては ISFET やイオン電極がある。ISFET はイオン透過膜でゲート表面上を覆った FET で、膜を透過してきたイオンが吸着することによって発生する表面電位を検出する。イオン透過膜の種類を変えることで特定のイオンだけの吸着量を測り、そこから溶液中のイオン濃度を測定することができる。例えば、ガラスは水素イオンを透過するので、薄いガラス層で被覆すると pH センサとすることができる。FET は半導体技術で作製されるため、小型化、多機能化、大量生産が容易である。

b．光量

光ファイバー、表面プラズモン、フォトカウンタがトランスデューサとして利用されてい

る。光ファイバーを利用する場合は、反応による光の吸収や蛍光の変化を検出するものがよく使われる。図1-1-3-10の血糖センサは代表的なものである。また、近年よく使われるようになったものとして、表面プラズモン(固体表面に発生するプラズマ;SPR)を利用するものがある。固体表面に抗体を固定化し、ビームを照射すると表面プラズモンが発生するが、ビームの照射角を変えると表面プラズモンの強度も変わり、共鳴によって最強となる角度を求めることができる。抗原と固定化した抗体が結合すると、界面状態が変化して最強の表面プラズモンが発生する角度も変化する。この変化によって試料中の抗原量を測定することができる。この現象は抗原抗体だけでなく、ホルモン－レセプター等互いに親和性のある組み合わせであれば、使用可能である。

　表面プラズモンセンサの例を図1-1-3-13に示す（特開平7-159311）。

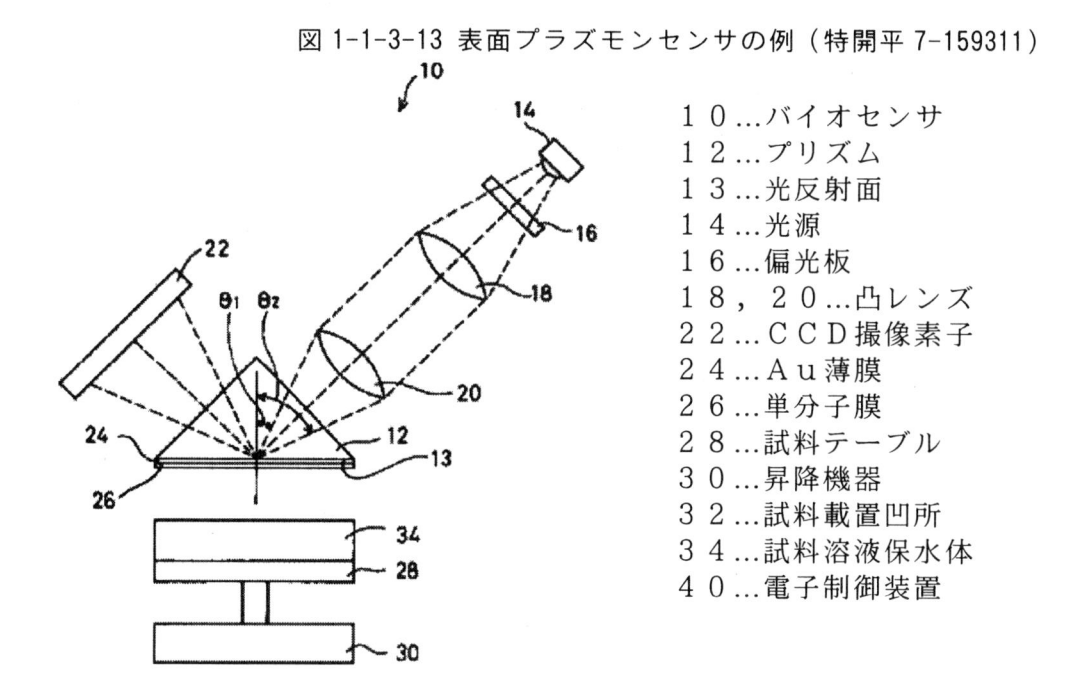

図1-1-3-13 表面プラズモンセンサの例（特開平7-159311）

１０...バイオセンサ
１２...プリズム
１３...光反射面
１４...光源
１６...偏光板
１８，２０...凸レンズ
２２...ＣＣＤ撮像素子
２４...Ａｕ薄膜
２６...単分子膜
２８...試料テーブル
３０...昇降機器
３２...試料載置凹所
３４...試料溶液保水体
４０...電子制御装置

c. 質量

　水晶振動子は、振動子電極表面に固定化された物質への化学的結合による重量変化によって生じる発振周波数変化を利用して目的物質を測定するものである。図1-1-3-14に水晶振動子を使った生体関連物質や微生物の濃度を測定するバイオセンサの例を示す(特開昭62-207930)。

　この例では振動子の周波数の測定は、抗体の固定化前と、抗体を固定化し抗原と抗原抗体反応を行わせた後に周波数の測定を行っている。この他、表面弾性波素子（SAW）もトランスデューサに用いられる。

図1-1-3-14 振動子バイオセンサの例(特開昭62-207930)

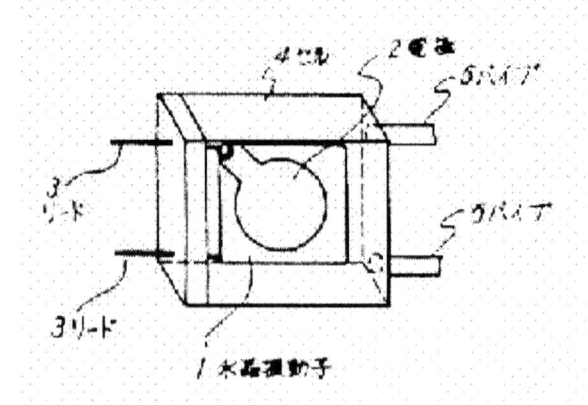

d. 熱量
　酵素反応、微生物反応、免疫反応にともなう温度変化すなわちエンタルピー変化は、サーミスタで計測することができる。あらゆる生体反応には必ず熱量変化が生じることを利用して、温度変化の検出を通じて分子認識を行うものである。

1.1.4 バイオセンサの応用分野
　バイオセンサの応用が期待されているのは、医療、環境、食品の分野と考えられる。生物化学だけでなく電気化学や電子工学等、広い分野での研究の融合の結果、高性能・高機能のバイオセンサの量産化のための技術開発も進んでいる。医療の分野を中心に我が国での市場はすでに数百億円になっているとされ、今後さらに拡大すると期待されている。

(1) 医療分野
　バイオセンサの実用化が最も進んでいるのは医療分野である。中でも、最も利用が多いのは、糖尿病患者の自己血糖管理用の使い捨て型センサである。日本における糖尿病の患者数は200万人を越えているが、特にインシュリン依存型の患者は血糖値を日常的に監視する必要があり、患者自身が管理する必要性がある。バイオセンサ法による簡易血糖値計測計が販売されているが、無侵襲な測定ができるタイプなど、より簡便な計測を目指して開発が進められている。また、トイレでの健康管理を目的とした、尿糖検査機も発表されている。
　このような血糖値測定の他、尿酸センサ（痛風）、尿素センサ（腎機能、人工腎臓のモニタ）などが実用化されている。またモノクローナル抗体を利用して胃、十二指腸潰瘍の原因となるピロリ菌（ヘリコバクター・ピロリ）を検出するバイオセンサも実用化されている。
　さらにインターフェロンなど、生体が産生する超微量で測定が困難であった物質の測定を目指した研究開発が行われている。抗原抗体反応やレセプター反応を利用し、レーザーや光ファイバーを組み合わせるオプトエレクトロニクス技術を活用して、これらの超微量物質が測定可能になることにより、診断・薬効把握のためのデータが得られるようになり、作用機序や病態の解明・医薬品開発へ役立つと期待されている。

(2) 環境分野

近年環境問題が重要視されているが、環境計測には微量有害物質を計測するための、精度の高い計測器が必要とされている。しかしながら環境計測では、測定すべき項目が多い、項目毎に異なる計測手法と装置が必要、極微量の測定が要求されるなど、煩雑な操作と膨大な時間とコストがかかる等の問題がある。

これに対し、バイオセンサでは種々の類似化合物が共存していても、大がかりな分析装置を用いることなく、選択的に特定の物質のみを検出できるという特徴があり、環境分野での応用が期待されている。現在、水質汚濁の指標であるBOD（生物学的酸素要求量）の測定などが実用化されており、売上高は数億円である。

今後は、ダイオキシン類や環境ホルモン、重金属、農薬の検出といった分野での応用も期待されている。例えばダイオキシン類の測定では、0.1pg（1兆分の1グラム）レベルの測定が要求されているが、物理的・化学的手法を用いる場合にはGC-MS等の高価で大型の機器を使い、しかも試料中から計測対象物質を選択（抽出、精製等）するといった前処理が必要となり時間もかかるため、これに代わるバイオセンサの開発が望まれている。一方、女性ホルモンの受容体を電極上に固定化したバイオセンサや、抗原抗体反応を利用したバイオセンサにより、数種類の極めて微量の環境ホルモンやPCB等を高感度に計測できる簡易なセンサも開発されている。

経済産業省でも2001年から民間3社に委託して「環境中の微量化学物質の高感度検出・計測技術の開発」を行っている。

(3) 食品分野

消費者が食品を購入する際の判断基準は、価格の他、安全性と味がある。食品用バイオセンサの研究・開発は20数年前から行われ、食品分析・発酵プロセス管理などに実用化されているが、売り上げは数億円程度で、多くの現場で使用されるまでには至っていない。

しかし特に最近の消費者ニーズの多様化、食品の安全性の確保への要請の高まり等を背景に、安全でかつ様々な味や物理特性をもつ食品の開発が求められている。また、安全性については残留農薬の問題、遺伝子組み換え食品問題、O-157等の微生物汚染（食中毒）などの問題が存在する。

O-157等の微生物汚染の有無の迅速測定センサとして、病原微生物に特有の遺伝子を蛍光偏光解消とDNAハイブリダイゼーションとの組み合わせにより、極めて短時間で検出できるバイオセンサが実用化されている。また、魚や家畜の死後、肉中のATPの分解によって生ずるイノシン等の核酸関連化合物をそれぞれ酵素センサにより計測し、鮮度の指標となるK値を求める鮮度測定センサも実用化されている。

さらに、従来味の判定は人による官能試験に頼っていたが、体調や雰囲気に左右されない迅速、客観的で再現性の良い計測が望まれ、脂質膜を用いた客観的な味覚センサの開発が行われている。

農林水産省関係でも1993年から1997年度にかけて「食品産業利用バイオセンサ技術の開発」事業が行われ、さらに「高機能バイオセンサを活用した新食品製造技術の開発」プロジェクトが1999年より行われている。この中では、味センサや食品中の細菌発見技術の他、食品の製造過程で生産されるアミノ酸、糖、有機酸などを計測し製造プロセスをモニタリングする研究が行われている。

1.2 バイオセンサ技術の特許情報へのアクセス

特許庁電子図書館(IPDL ; http://www.ipdl.jpo.go.jp/homepg.ipdl)では、特許庁が保有する特許情報のデータベースと検索システムをインターネットで提供している。このようなデータベースでバイオセンサに関する特許情報を得るためには、アクセルツールとしてIPC分類、FI(File Index)、Fタームなどを使用する必要がある。

なお、IPCとFI、Fタームの概要は次の通りである。
○ 国際特許分類(IPC: International Patent Classification)
　IPCは発明の技術内容を示す、国際的に統一された特許分類である。
○ FI(File Index)
　FIは特許庁内の審査官のサーチファイルの編成に用いている分類で、IPCをさらに細かく展開したものである。FIはIPCの記号と1桁のアルファベット、またはIPCの記号と3桁の数字および1桁のアルファベットで表されている。
○ Fターム
　Fタームは特許庁審査官の審査資料検索のために開発されたもので、約2,200の技術分野について、Fターム記号を付したものである。FタームはFIの展開では文献の絞込みが不十分なものについて、技術分類や応用分野について多観的かつ横断的に細分化したものである。

1.2.1 バイオセンサ技術

表1.2.1-1～表1.2.1-3にバイオセンサ技術の特許調査に用いるFI、Fタームおよびキーワードを示す。

検索にキーワードを用いる場合、ノイズが多く発生するため、FI、Fタームの情報を合わせた検索を行うとよい。ただし、IPDLでは、FI、Fタームとキーワードを同時に組み合わせた検索を行うことができないので、注意が必要である。

表1.2.1-1 バイオセンサのアクセスツール　（FI）

FI	内容
C12Q1/00	酵素または微生物を含む測定または試験方法；そのための組成物；そのような組成物の製造方法
G01N33/50	生物学的材料, 例. 血液, 尿, の化学分析；生物学的特異性を有する配位子結合方法を含む試験；免疫学的試験
G01N27/30,351	生化学的電極
G01N27/30,357	免疫電極

表1.2.1-2 バイオセンサのアクセスツール　（Fターム）

Fターム		内容
4B063QX00	4B063	酵素、微生物を含む測定、試験
	QX00	センサ（五官を含む）で検出する物理量 （視覚的、電気的、放射能、その他）
2G045FB01 2G045FB02 2G045FB03 2G045FB04 2G045FB013	2G045	生物学的材料の調査・分析
	FB01	酵素学的な測定の操作、検知手段
	FB02	ハイブリダイゼーション
	FB03	免疫学的な測定の操作、検知手段
	FB04	微生物学な測定の操作、検知手段
	FB13	発光法による測定の操作、検知手段
2G054EA02	2G054	化学反応による材料の光学的調査・分析
	EA02	生物発光（バイオルミネセンス）分析

表1.2.1-3 バイオセンサのアクセスツール　（キーワード）

キーワード
センサ or センシング
感知器 or 検知器 or 検出器 or 電極 or 探針
（感知 or 検知 or 感作）and（装置 or 素子 or 端子）
（検出 or 検査 or 測定 or 観測）and（素子 or 端子）

1.2.2 技術要素ごとのアクセスツール

　バイオセンサの各技術要素ごとの特許調査に用いるFI、Fタームおよびキーワードを、表1.2.2-1に示す。

表1.2.2-1　バイオセンサの技術要素ごとのアクセスツール

技術要素	FI	Fターム	キーワード
酸化還元酵素センサ	G01N27/30,353 　酵素電極 G01N27/46 　ヴォルタ電池の電流または電圧測定によるもの C12Q1/01@B 　酵素電極を用いるもの C12Q1/26 　酸化還元酵素を含むもの	2G045FB01 　酵素学的な測定の操作、検知手段 4B063QR2 　酸化還元酵素を含む測定、試験	オキシダーゼ 酵素電極
その他の酵素センサ	C12Q1/34 　加水分解酵素を含むもの C12Q1/48 　転移酵素を含むもの C12Q1/527 　付加酵素を含むもの C12Q1/533 　異性化酵素を含むもの C12Q1/66 　ルシフエラーゼを含むもの	4B063QRの内、上記以外； 4B063QR06 　転移酵素、 4B063QR08 　DNA、RNAポリメラーゼ、 4B063QR10 　加水分解酵素 等	
微生物センサ	G01N27/30,355 　微生物電極 C12Q1/02 　生きた微生物を含むもの	2G045FB04 　微生物学な測定の操作、検知手段 4B063QR74 　微生物を含む測定、試験	微生物 酵母菌
免疫センサ	G01N27/30,357 　免疫電極 G01N33/53 　免疫分析； 　生物学的特異的結合分析； 　そのための物質	2G045FB03 　免疫学的な測定の操作、検知手段 4B063QS33 　抗原・抗体反応による検出処理	抗原 抗体 免疫物質
遺伝子センサ	C12Q1/68 　核酸を含むもの	4B063QS34 　核酸ハイブリダイゼーションによる検出処理	核酸 DNA RNA PNA
細胞・器官センサ	G01N27/30,351 　生化学電極	4B063QR71 　試薬としての生物体を含む測定、試験	オルガネラ 細胞 組織
その他の生体物質センサ	G01N27/30,351 　生化学電極	4B063QR41 　試薬としての酵素・核酸以外の有機物を含む測定、試験	糖鎖 ペプチド
脂質・脂質膜センサ	C12Q1/61 　トリグリセリドを含むもの	4B063QR45 　試薬としての脂質を含む測定、試験	脂質膜
感覚模倣センサ	G01N27/30,351 　生化学電極		感覚模倣 味覚 嗅覚
トランスデューサ他	G01N21/17 　調査される材料の特性に応じて入射光が変調されるシステム G01N21/64 　蛍光；燐光	2G059 　光学的手段による材料の調査、分析	トランスデューサ

注）先行技術調査を完全に漏れなく行うためには、調査目的に応じて上記以外の分類も調査しなければならないことも有り得るため注意が必要である。

1.3 技術開発の状況

技術要素の市場注目度を示すために、各々の技術要素について技術成熟度マップを作成した。1991年から2001年9月までに公開されたバイオセンサに関する特許出願（ノイズを除去したもの）はあわせて2,295件である。

1.3.1 バイオセンサ全体

図1.3.1-1にバイオセンサの技術要素別の出願件数を示す。酸化還元酵素センサの出願が多く、2番目に多い免疫センサと合わせると全体の2／3を占める。

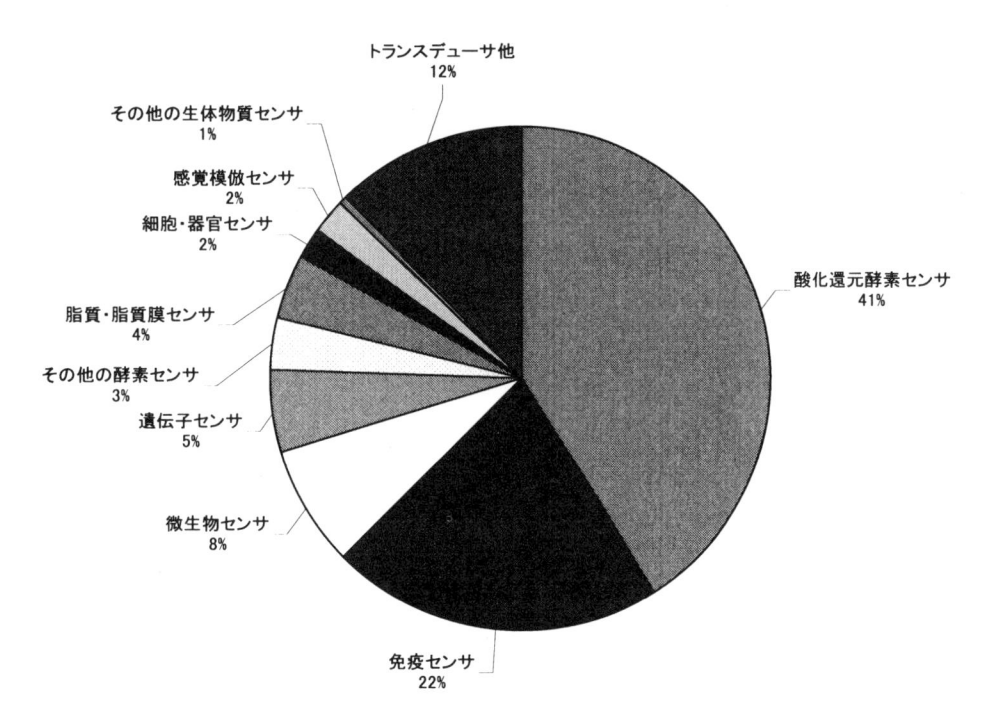

図1.3.1-1 バイオセンサの技術要素別の出願件数
（1991年～2001年9月に公開の出願）

- トランスデューサ他 12%
- その他の生体物質センサ 1%
- 感覚模倣センサ 2%
- 細胞・器官センサ 2%
- 脂質・脂質膜センサ 4%
- その他の酵素センサ 3%
- 遺伝子センサ 5%
- 微生物センサ 8%
- 免疫センサ 22%
- 酸化還元酵素センサ 41%

バイオセンサ全体での出願状況について、図1.3.1-2に出願人数と出願件数の推移を示す。出願人数が200人前後、出願件数250件前後で全期間にわたってほぼ一定の出願がある。

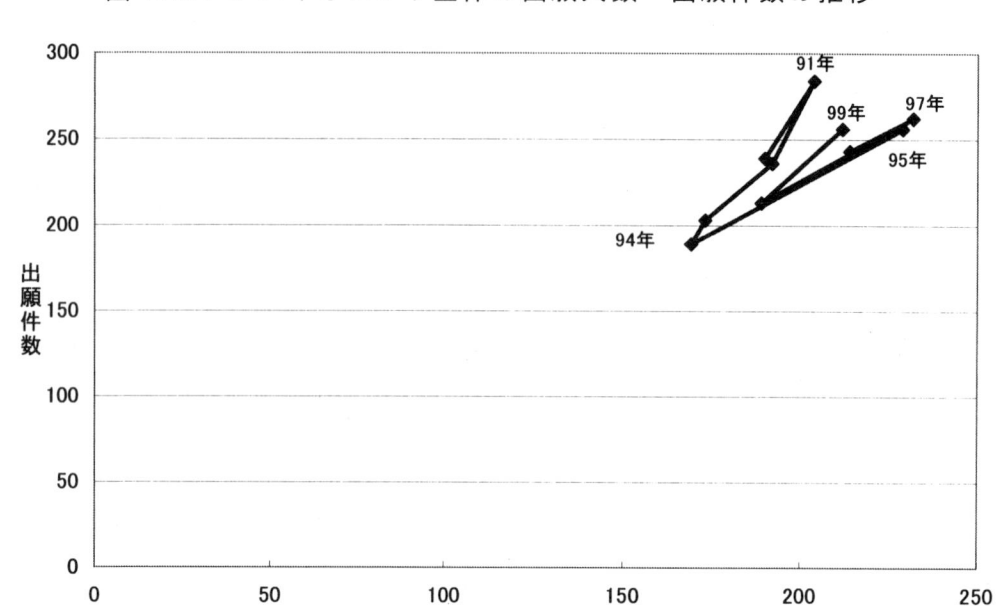

図 1.3.1-2 バイオセンサ全体の出願人数－出願件数の推移

表 1.3.1-1 にバイオセンサにおける出願件数から見た主要出願人の出願件数の推移を、出願年度別に示す。上位企業のうちで、松下電器産業が 92 年頃から急速に出願を伸ばしている。

表 1.3.1-1 バイオセンサ全体の主要出願人の出願状況

出願人	1989	1990	1991	1992	1993	1994	1995	1996	1997	1998	1999	2000	計
松下電器産業	3	8	7	13	11	14	9	24	20	17	30	8	164
東陶機器	1	3	10	10	5	4	11	7	1	6	21	4	83
日本電気	4	8	8	5	6	3	9	6	8	5	6	3	71
エヌオーケー	3	4	8	2	1	2	7	12	15	7	1	0	62
日立製作所	3	6	3	1	2	3	8	6	11	10	6	1	60
アークレイ	0	1	2	0	4	2	6	5	6	15	9	0	50
王子製紙	7	4	9	8	7	6	6	1	0	0	0	0	48
ダイキン工業	4	7	3	5	8	0	2	1	9	2	3	0	44
オムロン	6	11	8	1	1	1	1	3	1	6	5	0	44
富士写真フィルム	1	1	2	1	2	3	2	3	7	8	7	3	40
アンリツ	2	1	4	5	1	0	3	1	3	2	13	0	35
コニカ	1	13	17	2	0	0	0	0	1	1	0	0	35
バイエル	0	0	2	1	0	2	4	10	7	6	1	2	35
スズキ	0	6	2	4	1	4	2	1	2	6	5	0	33
大日本印刷	0	0	0	0	1	5	6	3	9	8	1	0	33
キャノン	5	6	2	6	6	1	0	0	0	3	1	1	31
沖電気工業	4	3	12	2	4	0	6	0	0	0	0	0	31
富士電機	1	1	2	4	3	3	1	4	4	4	3	0	30
科学技術振興事業団	2	1	4	2	2	2	2	1	4	1	5	0	26
新日本無線	3	6	2	1	2	2	5	0	0	0	0	0	21

1.3.2 酸化還元酵素センサ

図1.3.2-1に酸化還元酵素センサの出願人数と出願件数の推移を示す。酸化還元酵素センサに関する出願は、他のバイオセンサに比べて出願人数と出願件数ともに最も多い。91年と95年に出願人数と出願件数とも急増してピークを迎え、その後減少傾向にあるが依然として高水準の出願がなされ、活発な研究開発活動が見られる。

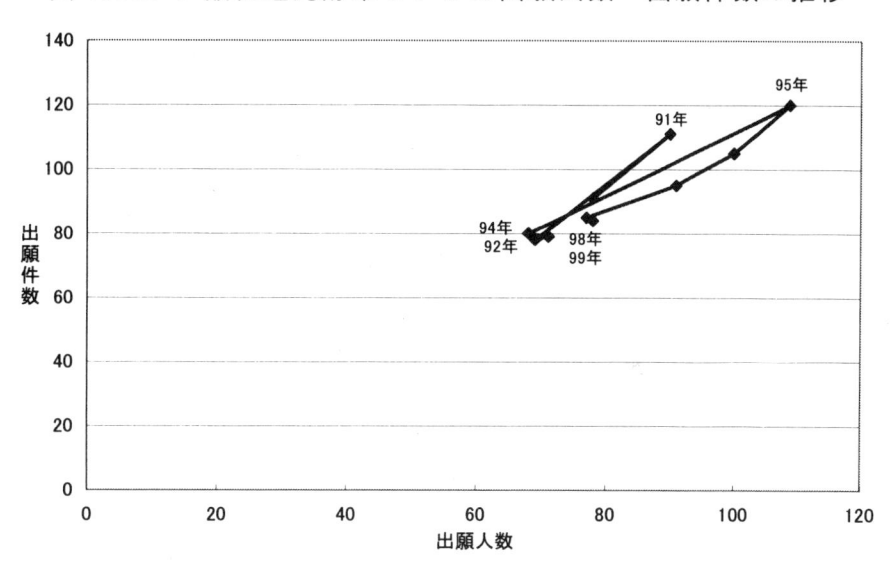

図1.3.2-1 酸化還元酵素センサの出願人数－出願件数の推移

表1.3.2-1に酸化還元酵素センサの主要出願人の出願状況を示す。上位の5社は酸化還元酵素センサへの出願を最近まで継続的に行っている。この結果90年代前半では全体に占める5社の割合は20～30%であったものが、後半では40～50%程度まで増加している。

表1.3.2-1 酸化還元酵素センサの主要出願人の出願状況

出願人	1989	1990	1991	1992	1993	1994	1995	1996	1997	1998	1999	2000	計
松下電器産業	2	5	5	12	8	11	8	17	15	13	15	7	118
エヌオーケー	2	3	7	2	1	2	6	10	15	6	1	0	55
東陶機器	1	2	8	7	4	2	7	0	0	0	13	4	48
日本電気	4	4	5	2	2	0	7	4	4	5	4	3	44
アークレイ	0	1	2	0	2	2	6	4	4	11	9	0	41
王子製紙	7	4	5	6	6	5	6	1	0	0	0	0	40
オムロン	4	9	4	0	1	0	1	3	0	5	4	0	31
バイエル	0	0	1	0	0	1	4	9	5	4	0	2	26
ダイキン工業	1	6	3	4	2	0	2	1	4	0	2	0	25
新日本無線	3	4	1	1	1	1	2	0	0	0	0	0	13
カシオ計算機	0	0	0	0	1	1	4	4	1	1	0	0	12
富士写真フィルム	0	0	0	0	0	2	0	1	3	5	1	0	12
ベーリンガーマンハイム	0	2	1	1	1	4	1	1	0	0	0	0	11
富士通	1	3	1	0	4	0	0	2	0	0	0	0	11
早出広司	0	0	0	0	0	0	0	0	1	2	4	3	10
大日本印刷	0	0	0	0	0	1	5	3	1	0	0	0	10
日本電信電話	0	0	1	1	0	0	0	2	1	1	3	1	10
日本特殊陶業	3	0	4	1	0	0	0	0	0	0	1	0	9
ブラザー工業	0	0	0	0	0	0	8	0	0	0	0	0	8
日機装	2	3	0	2	0	1	0	0	0	0	0	0	8

1.3.3 その他の酵素センサ

図1.3.3-1にその他の酵素センサの出願人数と出願件数の推移を示す。全体的に出願はほぼ一貫して減少を続けている。

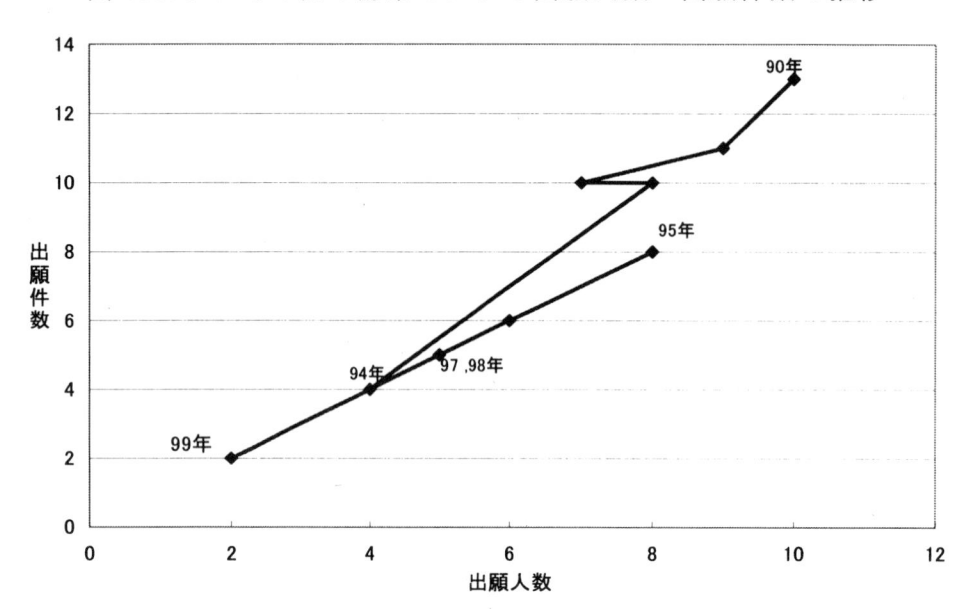

図1.3.3-1 その他の酵素センサの出願人数－出願件数の推移

表1.3.3-1にその他の酵素センサの主要出願人の出願状況を示す。90年代前半までは、年に複数の出願を行う企業も見られたが、後半はかなり少なくなっている。

表1.3.3-1 その他の酵素センサの主要出願人の出願状況

出願人	1989	1990	1991	1992	1993	1994	1995	1996	1997	1998	1999	2000	計
新日本無線	0	1	1	0	1	0	2	0	0	0	0	0	5
富士写真フィルム	0	0	0	0	1	1	0	0	2	1	0	0	5
王子製紙	0	0	3	0	1	0	0	0	0	0	0	0	4
沖電気工業	0	0	0	2	2	0	0	0	0	0	0	0	4
スズキ	0	1	0	2	0	0	0	0	0	0	0	0	3
日本電気	0	0	0	0	0	0	0	1	1	0	1	0	3

1.3.4 微生物センサ

図1.3.4-1に微生物センサの出願人数と出願件数の推移を示す。年によって変動が大きく、また92年に大きなピークがありその後一度は減少したが、出願は全体として横這いと言える。

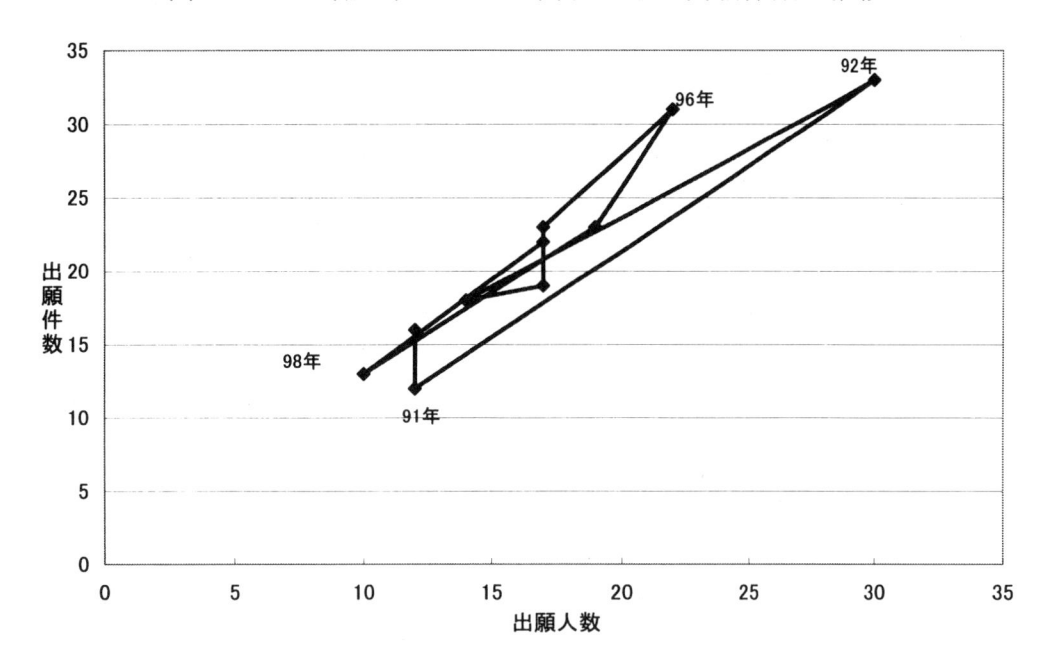

図 1.3.4-1 微生物センサの出願人数－出願件数の推移

表1.3.4-1に微生物センサの主要出願人の出願状況を示す。富士電機がコンスタントに出願を行っている他、曙ブレーキ中央技術研究所の出願が近年目立つ。

表 1.3.4-1 微生物センサの主要出願人の出願状況

出願人	1989	1990	1991	1992	1993	1994	1995	1996	1997	1998	1999	2000	計
富士電機	0	1	1	3	3	2	1	4	4	3	3	0	25
中埜酢店	0	0	2	7	0	3	0	0	0	0	0	0	12
曙ブレーキ中央技術研究所	0	0	0	0	0	1	0	0	3	0	4	0	8
松下電器産業	0	0	0	1	0	0	0	3	1	0	2	0	7
日新電機	0	0	0	0	0	0	0	3	1	2	0	0	6
ベクトンデイツキンソン	1	0	0	1	0	1	1	0	0	0	1	0	5
ミツカングループ本社	0	0	1	1	0	0	0	0	0	0	0	2	4
ジーメンス	0	0	0	0	0	0	0	3	0	0	0	0	3
ダイキン工業	0	0	0	0	1	0	0	0	1	0	1	0	3
ハイモ	0	3	0	0	0	0	0	0	0	0	0	0	3
新日本無線	0	1	0	0	0	1	1	0	0	0	0	0	3
日本バイリーン	0	0	1	0	1	0	0	0	1	0	0	0	3
富士通	0	0	1	2	0	0	0	0	0	0	0	0	3
堀場製作所	0	0	0	0	0	0	1	1	1	0	0	0	3
明電舎	0	0	0	0	0	0	2	1	0	0	0	0	3

1.3.5 免疫センサ

図1.3.5-1に免疫センサの出願人数と出願件数の推移を示す。出願件数は年間40～60件でほぼ一定の出願が続いている。

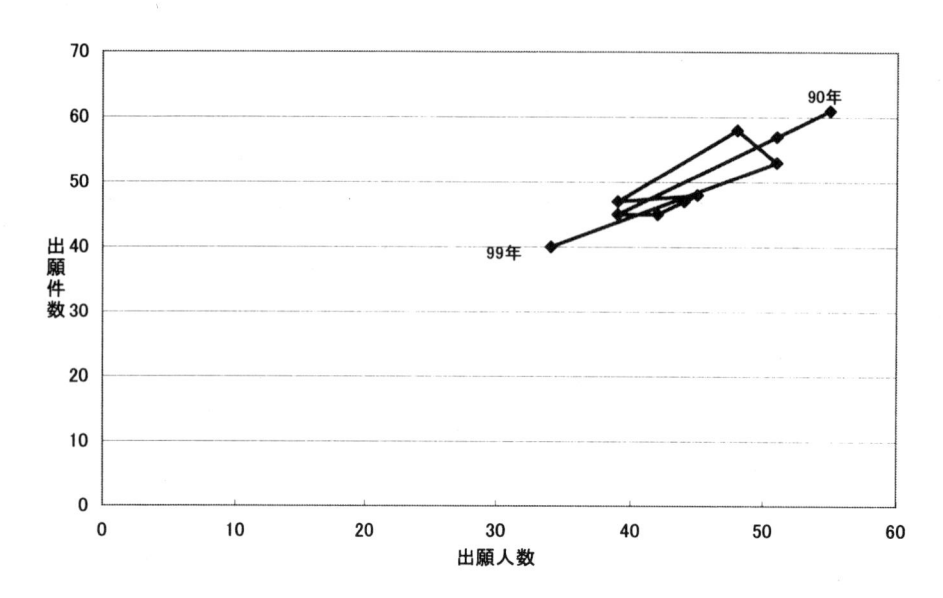

図1.3.5-1 免疫センサの出願人数－出願件数の推移

表1.3.5-1に免疫センサの主要出願人の出願状況を示す。上位の4社はコンスタントに出願を行っている。最近では日立製作所や松下電器産業の出願が増加している。

表1.3.5-1 免疫センサの主要出願人の出願状況

出願人	1989	1990	1991	1992	1993	1994	1995	1996	1997	1998	1999	2000	計
スズキ	0	5	2	2	1	2	1	1	2	6	5	0	27
東陶機器	0	1	1	1	1	1	4	6	1	6	5	0	27
日立製作所	1	3	0	0	0	2	4	4	5	6	2	0	27
松下電器産業	1	3	0	0	0	2	1	3	4	4	3	0	21
キヤノン	3	6	2	5	3	0	0	0	0	1	0	0	20
コニカ	0	8	9	0	0	0	0	0	0	0	0	0	17
大日本印刷	0	0	0	0	1	4	1	0	3	7	0	0	16
積水化学工業	0	0	0	0	3	4	6	1	1	0	0	0	15
鐘紡	0	5	5	1	0	0	1	0	0	0	0	0	12
オリンパス光学工業	0	2	2	2	2	0	1	1	0	1	0	0	11
日本電気	0	3	1	2	1	1	1	0	0	0	0	0	9
ダイキン工業	3	1	0	1	1	0	0	0	0	1	0	0	7
イゲン	2	0	0	1	0	1	1	0	0	1	0	0	6
バイエル	0	0	0	1	0	1	0	1	2	0	1	0	6
フアルマシアバイオセンサー	3	0	0	1	1	0	0	1	0	0	0	0	6
ティーディーケイ	1	0	3	1	0	0	0	0	0	0	0	0	5
豊田中央研究所	0	1	0	0	0	0	0	0	2	2	0	0	5
科学技術振興事業団	0	0	0	0	0	0	0	1	1	1	2	0	5
日本光電工業	0	0	0	0	0	0	0	0	3	2	0	0	5

1.3.6 遺伝子センサ

図1.3.6-1に遺伝子センサの出願人数と出願件数の推移を示す。年によって変動が大きく、また92年に大きなピークがありその後一度は減少したが、出願は全体として増加している。

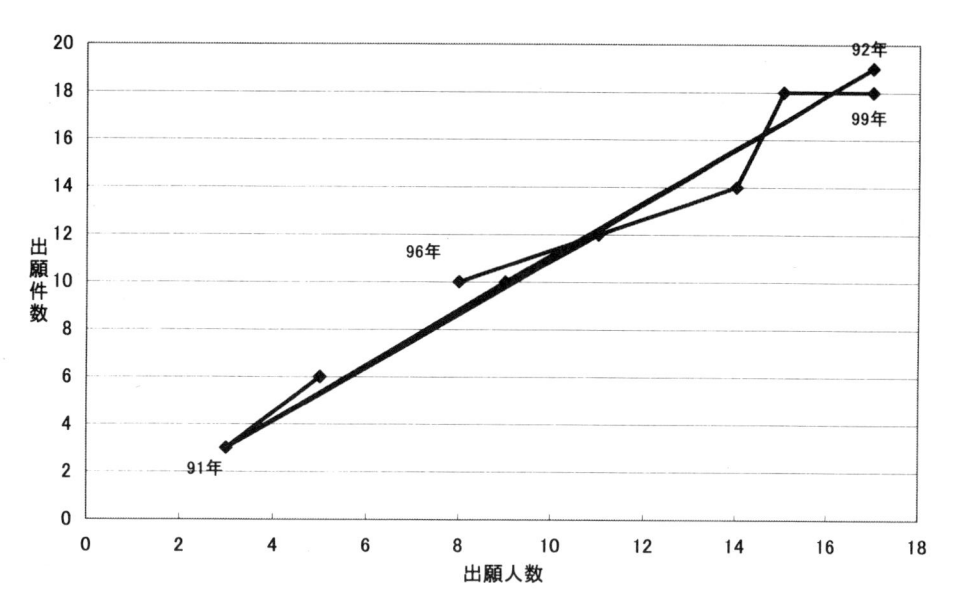

図 1.3.6-1 遺伝子センサの出願人数－出願件数の推移

表1.3.6-1に遺伝子センサの主要出願人の出願状況を示す。遺伝子解析機器の開発を行っているメーカーの出願が多く、比較的コンスタントな出願を行っている。

表 1.3.6-1 遺伝子センサの主要出願人の出願状況

出願人	1989	1990	1991	1992	1993	1994	1995	1996	1997	1998	1999	2000	計
富士写真フィルム	0	0	0	0	0	0	2	0	0	2	4	3	11
日立製作所	1	1	0	1	1	0	1	0	1	2	2	0	10
東芝	0	0	2	2	1	0	0	0	1	2	0	0	8
キャノン	2	0	0	1	1	0	0	0	0	1	1	1	7
三菱化学	0	0	0	6	0	0	0	0	0	0	0	0	6
島津製作所	0	0	0	1	1	0	3	1	0	0	0	0	6
ナノゲン	0	0	0	0	0	1	2	1	0	0	0	0	4
コミッサリアタレネルジーアトミーク	0	0	0	0	0	0	0	0	1	2	0	0	3
科学技術振興事業団	0	0	0	0	0	0	0	0	3	0	0	0	3
相互薬工	0	0	0	1	2	0	0	0	0	0	0	0	3
大日本印刷	0	0	0	0	0	0	0	0	3	0	0	0	3
日立ソフトウエアエンジニアリング	0	0	0	0	0	0	0	0	1	0	2	0	3

1.3.7 細胞・器官センサ

図1.3.7-1に細胞・器官センサの出願人数と出願件数の推移を示す。全体に出願は少ないが、最近は増加傾向にある。

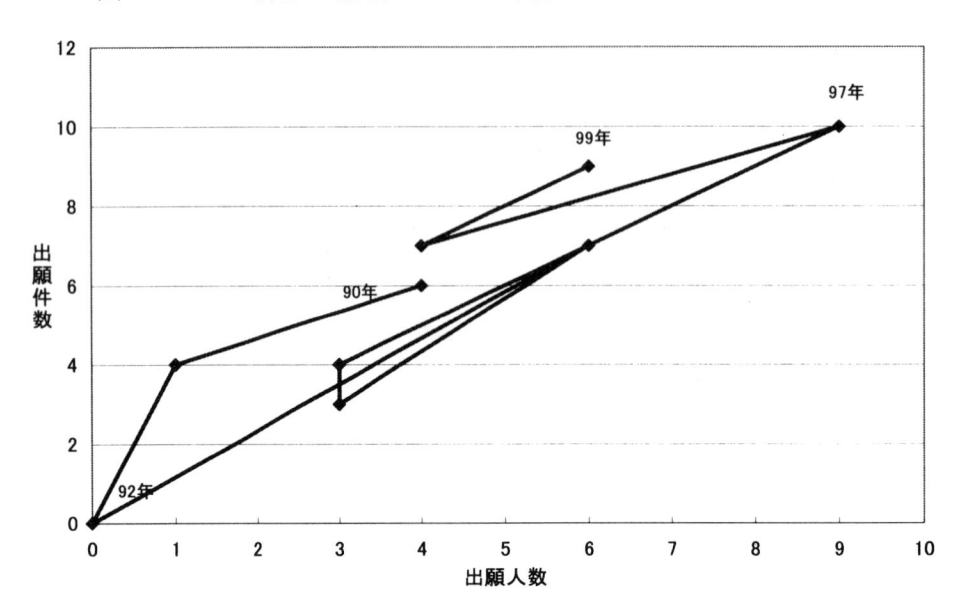

図1.3.7-1 細胞・器官センサの出願人数－出願件数の推移

表1.3.7-1に細胞・器官センサの主要出願人の出願状況を示す。

表1.3.7-1 細胞・器官センサの主要出願人の出願状況

出願人	1989	1990	1991	1992	1993	1994	1995	1996	1997	1998	1999	2000	計
日本電気	0	0	0	0	2	1	1	0	2	0	0	0	6
日立製作所	0	0	0	0	0	0	0	0	1	1	1	1	4
ダイキン工業	0	0	0	0	0	0	0	0	2	1	0	0	3
カネカ	1	0	0	0	0	1	0	0	0	0	0	0	2
科学技術振興事業団	1	0	0	0	0	0	0	0	0	0	1	0	2
三洋電機	0	0	0	0	0	0	0	0	1	0	1	0	2
日本電信電話	0	0	0	0	0	1	0	0	0	0	1	0	2

1.3.8 その他の生体物質センサ

図1.3.8-1にその他の生体物質センサの出願人数と出願件数の推移を示す。95年にピークがある他は、出願数は年間2～3件と少なく、このピーク以降減少傾向である。

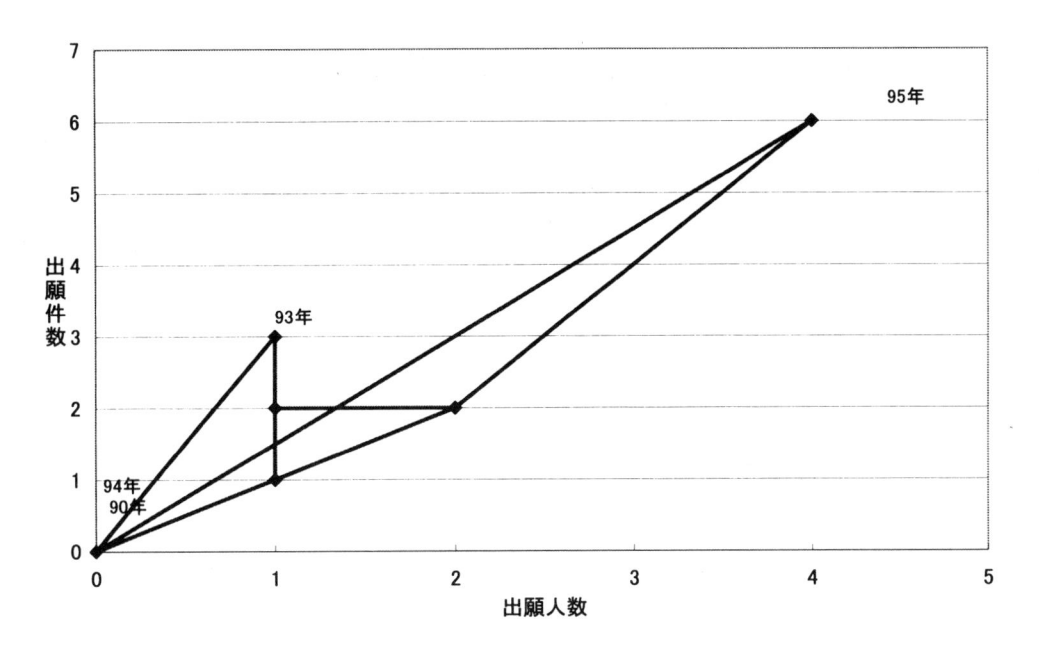

図1.3.8-1 その他の生体物質センサの出願人数－出願件数の推移

表1.3.8-1にその他の生体物質センサ主要出願人の出願状況を示す。

表1.3.8-1 その他の生体物質センサの主要出願人の出願状況

出願人	1989	1990	1991	1992	1993	1994	1995	1996	1997	1998	1999	2000	計
エヌオーケー	0	0	1	0	0	0	1	1	0	0	0	0	3
三井化学	0	0	0	0	0	0	2	0	0	0	0	0	2

1.3.9 脂質・脂質膜センサ

図1.3.9-1に脂質・脂質膜センサの出願人数と出願件数の推移を示す。94年まで出願件数は少なかったが、95年以降出願が増加傾向にある。

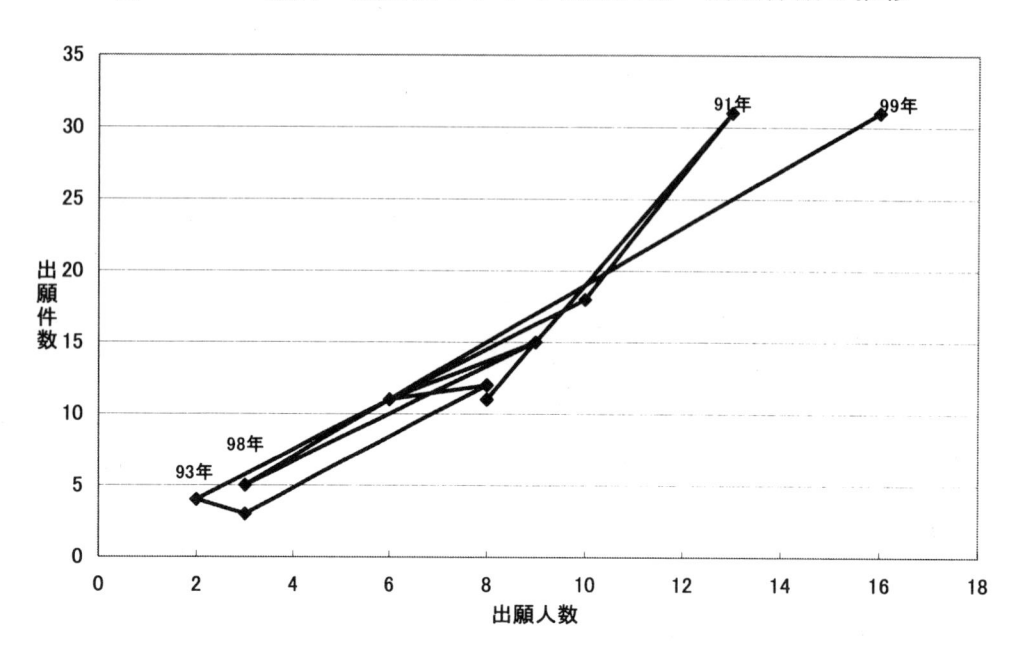

図1.3.9-1 脂質・脂質膜センサの出願人数－出願件数の推移

表1.3.9-1に脂質・脂質膜センサの主要出願人の出願状況を示す。中でもアンリツの出願が極めて多い。

表1.3.9-1 脂質・脂質膜センサの主要出願人の出願状況

出願人	1989	1990	1991	1992	1993	1994	1995	1996	1997	1998	1999	2000	計
アンリツ	2	1	3	5	1	0	3	1	3	2	13	0	34
沖電気工業	4	3	5	0	0	0	1	0	0	0	0	0	13
レインアンドバイオテクノロジイリサーチ	1	1	0	1	0	0	0	4	2	0	1	0	10
科学技術振興事業団	0	0	1	0	0	0	2	0	0	0	0	0	3
日本油脂	0	0	0	1	0	0	1	1	0	0	0	0	3

1.3.10 感覚模倣センサ

図 1.3.10-1 に感覚模倣センサの出願人数と出願件数の推移を示す。出願件数はほぼ一定に推移している。

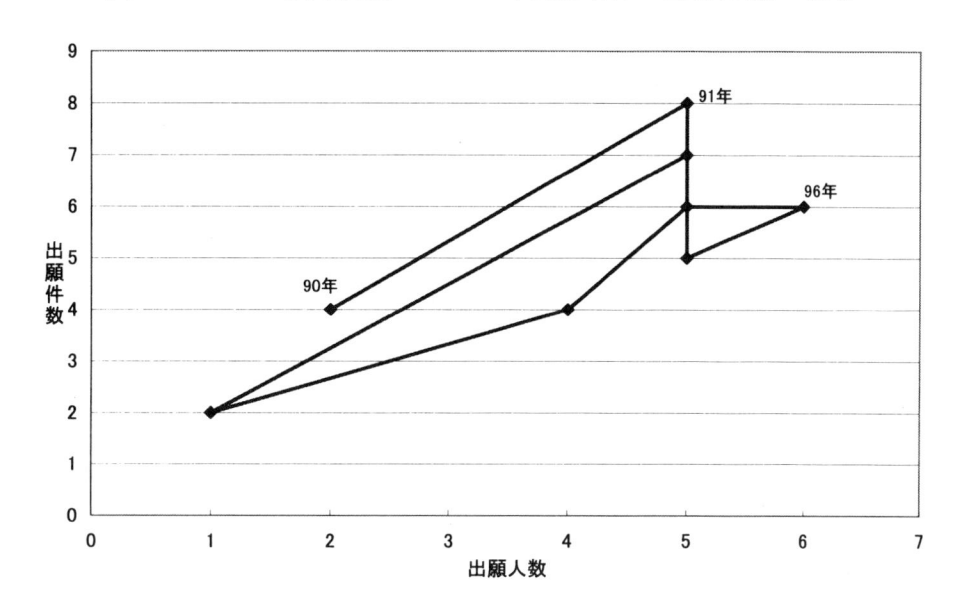

図 1.3.10-1 感覚模倣センサの出願人数－出願件数の推移

表 1.3.10-1 に感覚模倣センサの主要出願人の出願状況を示す。

表 1.3.10-1 感覚模倣センサの主要出願人の出願状況

出願人	1989	1990	1991	1992	1993	1994	1995	1996	1997	1998	1999	2000	計
前澤工業	0	0	0	0	0	0	1	1	3	0	0	0	5
科学技術振興事業団	0	1	0	0	0	1	0	0	0	0	1	0	3
島津製作所	0	0	0	0	0	0	1	0	0	0	2	0	3

1.3.11 トランスデューサ他

　図 1.3.11-1 にトランスデューサ他の出願人数と出願件数の推移を示す。出願件数は 91 年以降低い水準であったが、99 年に大きく出願がのびた。

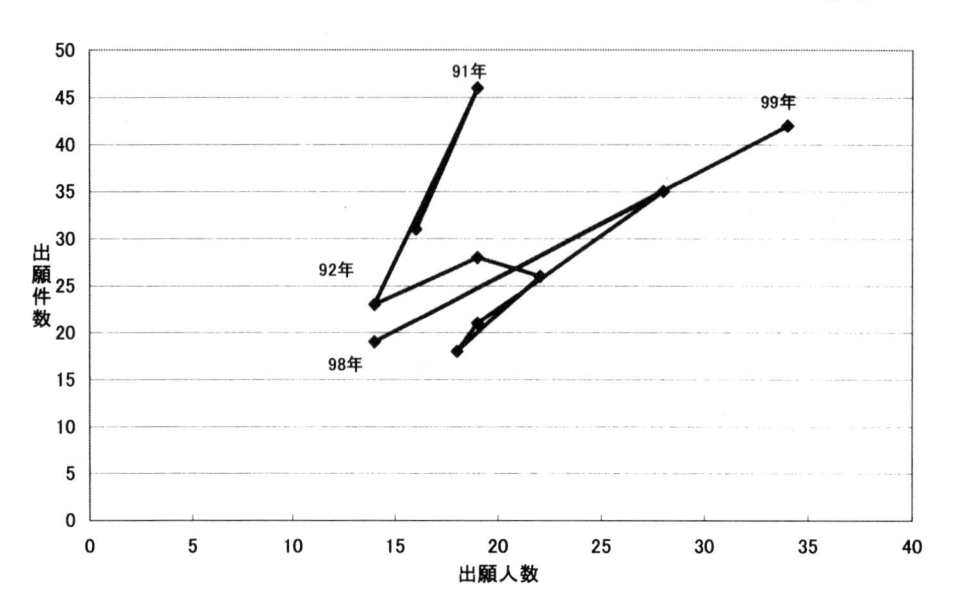

図 1.3.11-1 トランスデューサ他の出願人数－出願件数の推移

　表 1.3.11-1 に主要出願人の出願状況を示す。

表 1.3.11-1 トランスデューサ他の主要出願人の出願状況

出願人	1989	1990	1991	1992	1993	1994	1995	1996	1997	1998	1999	2000	計
松下電器産業	0	0	1	0	2	0	0	0	0	0	10	1	14
富士写真フィルム	1	0	2	0	1	0	0	2	2	0	2	0	10
日本電気	0	1	2	1	1	1	0	1	1	0	1	0	9
コニカ	0	2	6	0	0	0	0	0	0	0	0	0	8
日立製作所	1	1	0	0	1	0	1	0	2	0	1	0	7
科学技術振興事業団	0	0	1	1	2	1	0	0	0	0	1	0	6
東陶機器	0	0	0	2	0	1	0	1	0	0	2	0	6
日本油脂	0	0	0	0	0	0	1	0	4	0	1	0	6
ファイゾンス	0	0	3	1	1	0	0	0	0	0	0	0	5
アークレイ	0	0	0	0	1	0	0	0	2	2	0	0	5
イゲン	1	1	0	1	0	0	1	0	0	1	0	0	5
ダイキン工業	0	0	0	0	3	0	0	0	2	0	0	0	5
オムロン	0	0	2	1	0	0	0	0	0	1	1	0	5

1.4 技術開発の課題と解決手段

　各技術要素ごとに、技術開発の課題とその解決手段を体系化し、各企業が課題に対する解決手段をどのように行っているかを説明する。以下、権利抹消、取り下げ、放棄等を除いた1,869件の有効な特許出願について解析する。
　バイオセンサの技術課題は、大きく高性能化と実用性の向上に大別される。高性能化には高精度化と迅速化が含まれ、実用性の向上には簡便化、安定化、低コスト化、用途拡大が含まれる。
　表1.4-1にバイオセンサ技術の課題を示す。

表1.4-1 バイオセンサの課題

	課題	内容
高性能化	高精度化	精度よく測定することを目的としたもの。微量試料の検出（感度）や、血液のような混合物から特定の成分を特異的・選択的に測定する内容などを含む。
	迅速化	迅速に測定することを目的としたもの。反応速度を上げる、測定作業の工程削減等での測定時間短縮、さらに測定までの準備作業、例えば保存していた微生物の活性化時間の短縮などの内容を含む。
実用性向上	簡便化	簡単に操作し測定できることを目的としたもの。操作性改善などの内容を含む。
	安定化	長寿命化、妨害物質の除去などを目的としたもの。
	低コスト化	ランニングコストや製作費の低減を目的としたもの。製作の容易化（構造上）も含む。
	用途拡大	新用途や代替による適用範囲の拡大などを目的としたもの。

表1.4-2にバイオセンサ全体における技術開発課題とその解決手段に関する特許出願件数を示す。また、ここでの解決手段については表1.4-3に表す。

表1.4-2 バイオセンサ全体の課題と解決手段

	解決手段	測定法		装置・素子		製造法
課題		検出法	測定操作	固定化膜・電極	周辺デバイス	製造処理操作
高性能化	高精度化	149	67	111	72	40
	迅速化	74	24	26	40	5
実用性向上	簡便化	82	57	37	159	15
	安定化	55	94	145	109	74
	低コスト化	18	4	50	45	38
	用途拡大	42	10	5	7	9

表1.4-3 バイオセンサの解決手段

	解決手段	内容
測定法	検出法	新しい酵素や微生物の開発など新規な認識物質を利用したもの、補酵素などの補助物質の改良、検出原理・反応に関わる発見などがなされたもの。
	測定操作	界面活性剤など化合物の添加、電位印加法の工夫、演算処理による解析方法などに改良がなされたもの。
装置・素子	固定化膜・電極	固定化膜成分、電極材質、膜と電極配置設計に関わるもの。
	周辺デバイス	試料採取や攪拌など測定装置を構成するための、周辺デバイスの導入に関するもの。
製造法	製造処理操作	酵素や微生物などの固定化方法や固定膜形成に関する処理、パターン印刷の方法を使うなど電極形成法などに関するもの。

表1.4-2に示すようにバイオセンサ技術全体では、課題については高精度化と安定化を目的としたものが多く、これらに対して様々な解決手段を用いて研究開発が行われている。高精度化と迅速化および用途拡大については検出法の改良によって、簡便化については周辺デバイスの導入によって、安定化および低コスト化については固定化膜・電極など検出部位の改良によって対応がなされているケースが最も多い。

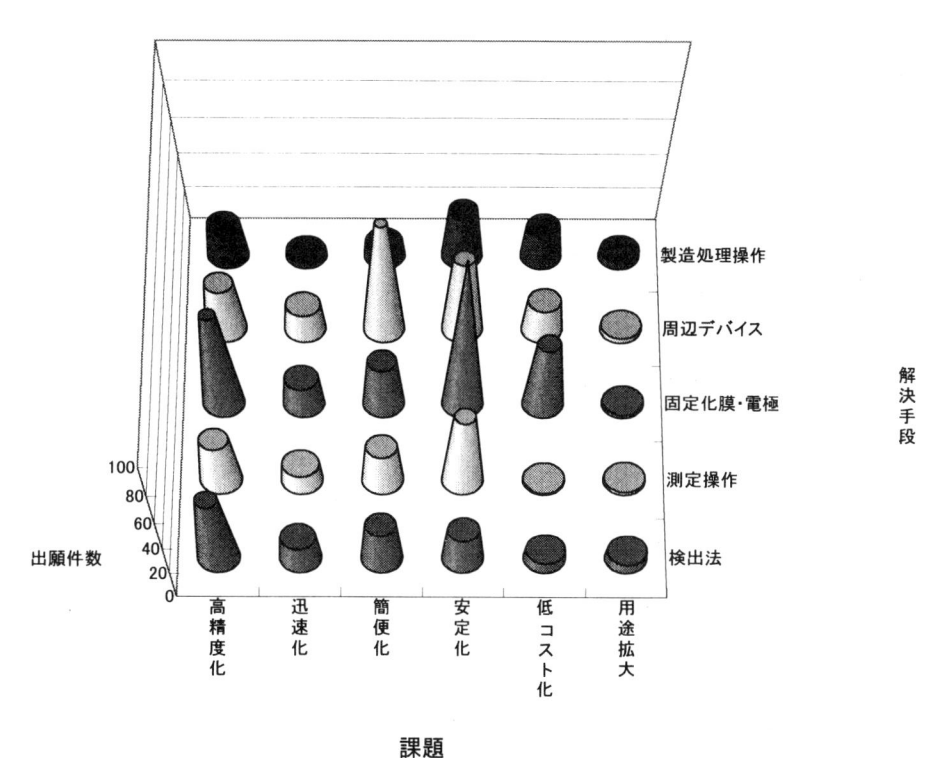

1.4.1 酸化還元酵素センサ
（１） 酸化還元酵素センサの課題と解決手段

1.3.1で前述したように、酸化還元酵素センサは他のバイオセンサに比べて出願件数がかなり多い。開発の歴史も古く、グルコースオキシダーゼを用いたグルコースセンサは、バイオセンサの中で最も早く実用化されたものである。

図1.4.1-1に酸化還元酵素センサの課題と解決手段について、その出願件数を示す。

酸化還元酵素センサの技術課題についてはバイオセンサ全体傾向と同様に、高精度化と安定化を目的としたものが多い。高精度化、迅速化、安定化および低コスト化については固定化膜・電極など検出部位の改良によって、簡便化については周辺デバイスの導入によって対応がなされているケースが最も多い。また用途拡大については件数が少ないが、検出法の改良によって対応されるケースが最も多い。バイオセンサ全体の傾向と比べ、固定化膜・電極などの改良によって対応するケースが多いことは、酵素の固定化が現在でも大きな課題であることを示している。

図1.4.1-1 酸化還元酵素センサの課題と解決手段

表1.4.1-1に酸化還元酵素センサの課題－解決手段別の各組み合わせについて、それぞれ5件以上の出願を行っている出願人を出願件数とともに示す。

表1.4.1-1 酸化還元酵素センサの課題と解決手段対応表

課題	解決手段	測定法 検出法	測定法 測定操作	装置・素子 固定化膜・電極	装置・素子 周辺デバイス	製造法 製造処理操作
高性能化	高精度化	松下電器産業 5	松下電器産業 8	松下電器産業 25	松下電器産業 7	松下電器産業 8
	迅速化			松下電器産業 6		
実用性向上	簡便化				東陶機器 11 アークレイ 9 松下電器産業 5	
	安定化		エヌオーケー 6 松下電器産業 7	松下電器産業 17 日本電気 11 エヌオーケー 9 オムロン 5	東陶機器 11 松下電器産業 5	
	低コスト化			エヌオーケー 8		

注） 数字は出願件数を示す。

松下電器産業では高性能化や安定性の課題に対して、幅広い手段で対応している。

（２）酸化還元酵素センサの測定法に関する課題と解決手段

表1.4.1-1における解決手段が「測定法」（検出操作、測定操作）のものに関して、さらに詳細に課題と解決手段を解析した。この結果を表1.4.1-2に示す。

表1.4.1-2 酸化還元酵素センサの課題と解決手段（測定法）対応表

課題	解決手段	認識物質	トランスデューサ	センシング対象	補助物質	その他	測定素子の組合せ	添加化合物の	操作法	データ処理	その他
高精度化	精度・検出感度改善	2	0	11	6	20	6	0	10	5	7
	特異性・選択性改善	1	0	5	1	0	1	0	0	0	1
迅速化		1	0	15	1	0	1	0	7	3	1
簡便化	小型化	0	0	0	0	0	1	0	0	0	0
	同時多種	0	0	0	0	0	1	0	0	0	0
	自動化	0	0	1	0	0	0	0	1	3	0
	その他の操作性向上	1	1	22	2	0	5	1	4	5	4
	直線性・微量化	1	0	0	0	0	0	0	3	1	6
	妨害物除去	2	0	1	6	0	1	2	10	4	5
	その他の安定性向上	3	0	8	2	0	1	0	5	5	4
低コスト化	ランニングコスト低下	1	0	2	3	0	0	0	0	0	0
	製作容易化	0	0	0	1	0	0	0	1	0	0
用途拡大	新用途・代替	1	0	3	0	0	0	0	0	0	0
	スペクトル拡大	0	0	2	0	0	0	0	0	0	2

ここで、解決手段の認識物質は酵素そのものに、補助物質は補酵素や標識物質について、新規の物質を用いたり改善を加えるものである。また操作法は電圧印加方法の改善など、データ処理は計算機でのアルゴリズム改良などが相当する。

　同一出願人が、検出法を解決手段とする出願を行っているケースは最大でも2件である。精度・検出感度改善（課題）－認識物質（解決手段）の組み合わせについて軽部征夫氏と新日本無線、精度・検出感度改善（課題）－操作法（解決手段）がオムロン、迅速化（課題）－操作法（解決手段）が日本電気、迅速化（課題）－データ処理（解決手段）が松下電器産業、妨害物除去（課題）－補助物質（解決手段）は日立製作所が各2件を出願している。

（3）　酸化還元酵素センサの装置・素子に関する課題と解決手段

　表1.4.1-1における解決手段が「装置・素子」（固定化膜・電極、周辺デバイス）のものに関して、さらに詳細に課題と解決手段を解析した。この結果を表1.4.1-3に示す。

表1.4.1-3 酸化還元酵素センサの課題と解決手段（装置・素子）対応表

課題	解決手段	固定化膜・電極 材質	配置等の設計	その他の仕様	デバイス 光学系	経路構成	一体化	全体構造	試料採取	その他
高精度化	精度・検出感度改善	12	45	1	0	6	0	2	12	7
	特異性・選択性改善	1	1	0	0	0	0	0	3	0
迅速化		1	1	17	0	0	5	2	2	2
簡便化	非侵襲	0	1	0	0	0	0	0	0	0
	その他の操作性向上	15	14	0	0	7	1	2	35	22
	直線性・微量化	2	9	0	0	0	1	5	1	4
	妨害物除去	7	23	0	0	3	0	0	6	8
	その他の安定性向上	22	28	2	0	4	0	2	2	10
低コスト化	ランニングコスト低下	6	9	0	1	2	1	2	1	4
	製作容易化	10	17	0	0	0	1	0	5	2
用途拡大	新用途・代替	1	0	0	0	0	0	0	1	1
	スペクトル拡大	0	0	1	0	0	0	0	1	0

　この中では、「その他」となるものを除くと、「配置等の設計」（積層法等の膜と電極配置に関する設計）を解決手段とするものについては、同一出願人で2件以上のものが「精度・検出感度改善（課題）」で6社（その中で松下電器産業が4件）、「妨害物除去（課題）」で3社（その中で松下電器産業が5件）で集中している。松下電器産業についてはこの他、精度・検出感度改善（課題）－試料採取（解決手段）の組み合わせについて8件の出願がある。

（4） 酸化還元酵素センサの製造法に関する課題と解決手段

表 1.4.1-1 における解決手段が「製造法」（製造処理操作）のものに関して、さらに詳細に課題と解決手段を解析した。この結果を表 1.4.1-4 に示す。

表 1.4.1-4 酸化還元酵素センサの課題と解決手段（製造法）対応表

課題	解決手段	電極・固定膜形成法	固定化	組立	製造工程	その他の製造処理操作
高精度化	精度・検出感度改善	6	4	1	7	0
	特異性・選択性改善	0	2	0	0	0
迅速化		1	1	1	0	1
簡便化	その他の操作性向上	6	1	0	2	0
	直線性・微量化	1	0	0	0	0
	妨害物除去	3	0	0	2	1
	その他の安定性向上	4	8	0	8	2
低コスト化	ランニングコスト低下	2	0	0	3	0
	製作容易化	5	4	1	4	0
用途拡大	新用途・代替	0	0	0	1	3

ここで、「電極・固定膜形成法」は酵素や微生物などの分子認識材料を妨害物質から保護する保護膜の形成等、「固定化」は分子認識材料の固定化方法、「組立」は電極製造へのパターン印刷の応用やセンサ組立装置の開発、「製造工程」は電極検査・評価法開発と工程への導入などが相当する。

全体に数が少なく、また同一出願人での出願は 2 件が最大である。「その他」を除くと、妨害物除去（課題）－電極・固定膜形成法（解決手段）の組み合わせと、妨害物除去（課題）－製造工程（解決手段）の組み合わせで松下電器産業が各 2 件を出願している。

（5） 酸化還元酵素センサの課題と解決手段別傾向

酸化還元酵素センサにおける、課題－解決手段別の出願傾向を、バイオセンサ技術全体と比較する。

バイオセンサ全体での出願傾向は表 1.4.1-5 である。これは表 1.4-2 の課題と解決手段の分布をパーセントで表したものである。

表 1.4.1-5 バイオセンサ全体の課題と解決手段対応別傾向

課題	解決手段	測定法 検出法	測定操作	装置・素子 固定化膜・電極	周辺デバイス	製造法 製造処理操作
高性能化	高精度化	9.0%	4.0%	6.7%	4.3%	2.4%
	迅速化	4.4%	1.4%	1.6%	2.4%	0.3%
実用性向上	簡便化	4.9%	3.4%	2.2%	9.6%	0.9%
	安定化	3.3%	5.7%	8.7%	6.6%	4.4%
	低コスト化	1.1%	0.2%	3.0%	2.7%	2.3%
	用途拡大	2.5%	0.6%	0.3%	0.4%	0.5%

次に、酸化還元酵素センサの分布を同様に調べ、これと表1.4.1-5のバイオセンサ全体の分布との比較を表1.4.1-6に示す。表中、カラムの左欄は酸化還元酵素センサの課題－解決手段の分布を示し、カラムの右欄はこれとバイオセンサ全体の分布とを比較した数値を示す。　数値の算出は、例えば高精度化（課題）－検出法（解決手段）では、6.1%／9.0%=0.7となる。

表1.4.1-6 酸化還元酵素センサの課題と解決手段対応別傾向

課題	解決手段	測定法 検出法		測定操作		装置・素子 固定化膜・電極		周辺デバイス		製造法 製造処理操作	
高性能化	高精度化	6.1%	0.7	4.0%	1.0	8.0%	1.2	4.0%	0.9	2.7%	1.1
	迅速化	2.3%	0.5	1.6%	1.1	2.4%	1.5	2.1%	0.9	0.4%	1.3
実用性向上	簡便化	3.6%	0.7	3.3%	1.0	4.0%	1.8	8.9%	0.9	1.2%	1.3
	安定化	3.1%	0.9	6.2%	1.1	12.4%	1.4	6.1%	0.9	3.9%	0.9
	低コスト化	0.9%	0.9	0.1%	0.6	5.6%	1.9	2.5%	0.9	2.5%	1.1
	用途拡大	0.8%	0.3	0.3%	0.4	0.3%	0.9	0.4%	0.9	0.5%	1.0

低コスト化（課題）－固定化膜・電極（解決手段）、簡便化（課題）－固定化膜・電極（解決手段）の組み合わせはバイオセンサ全体の分布に比べ1.8倍多く、用途拡大（課題）－検出法（解決手段）の組み合わせは0.3倍と少ない。

この傾向は、酸化還元酵素センサ、中でも古くからあり出願数も多い血糖値計測のセンサは、原理的には完成しており用途拡大の開発よりは、在宅で使用できるような簡易で安価なセンサの開発が行われていることを表している。

図1.4.1-2に酸化還元酵素センサのバイオセンサ全体の分布に対する比（表1.4.1-6のカラム右欄参照）をバブルの大きさで示す。

なお、以下の各技術要素については、同様の方法でバイオセンサ全体の分布に対する比を算出し、これに基づいてバブル図を示している。

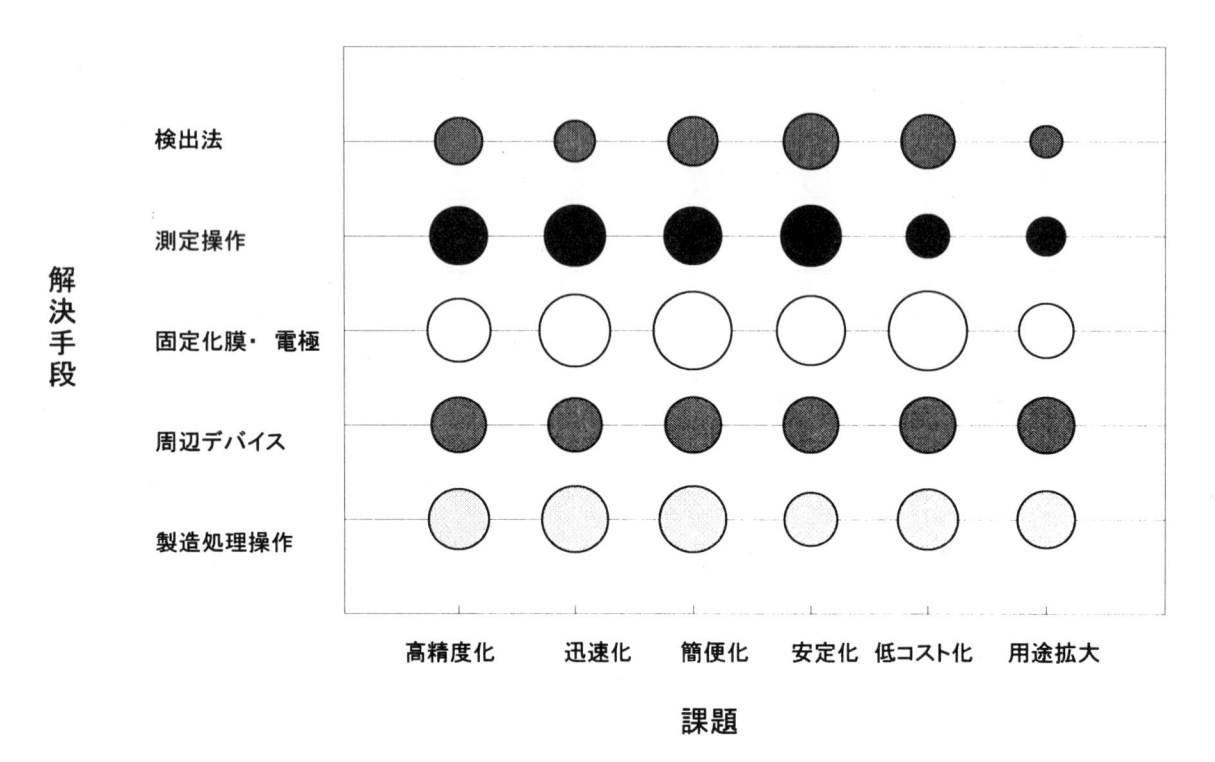

図1.4.1-2 酸化還元酵素の出願の課題と解決手段別出願傾向

注） バブルの大きさはバイオセンサ全体との比を表す。

1.4.2 その他の酵素センサ

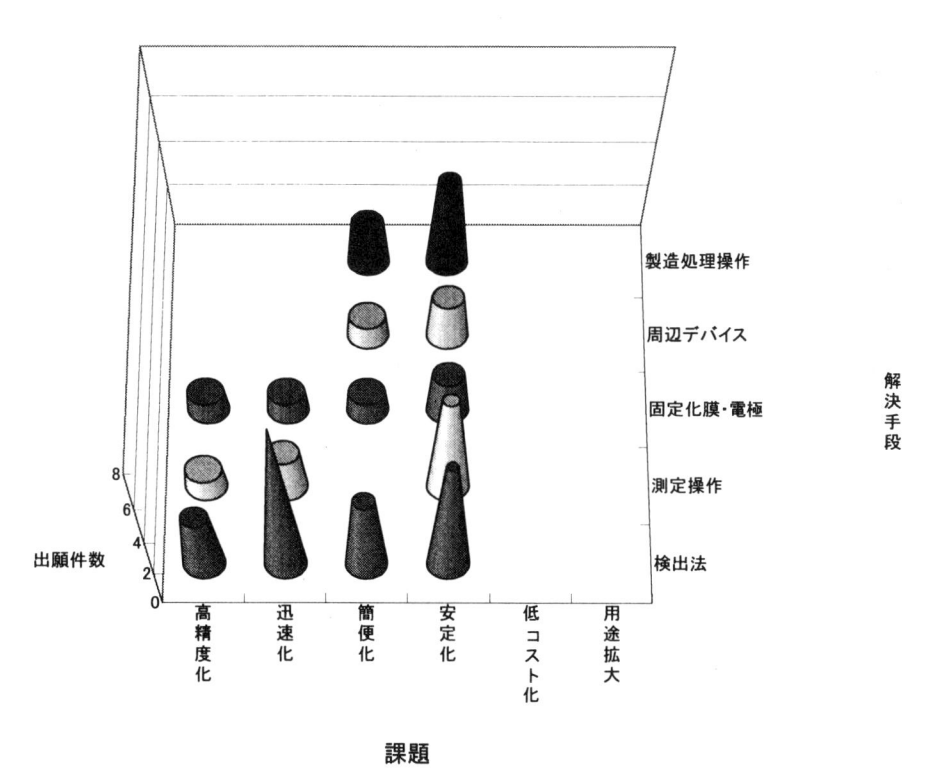

図1.4.2-1にその他の酵素センサの課題と解決手段を示す。酸化還元酵素センサに比べると、その他の酵素センサの出願は少ない。課題については、酸化還元酵素センサでは安定化、高精度化の順に多いが、その他の酵素センサでは安定化、迅速化の順で高精度化は4番目である。また解決手段については、酸化還元酵素センサでは、固定化膜・電極、周辺デバイスの順に多いが、その他の酵素センサでは検出法、測定操作の順に多く、固定化膜・電極を解決手段とするものは少ない。

図1.4.2-1 その他の酵素センサの課題と解決手段

その他の酵素センサの課題と解決手段別の出願傾向を、バイオセンサ全体の分布と比較したものを図1.4.2-2に示す。簡便化（課題）－製造処理操作（解決手段）の組み合わせおよび、解決手段として「検出法」が用いられているものが多く、中でも迅速化（課題）－検出法（解決手段）、安定化（課題）－検出法（解決手段）の組み合わせが多い。一方低コスト化および用途拡大を課題とするものは見られなかった。

図 1.4.2-2 その他の酵素センサの出願の課題と解決手段別出願傾向

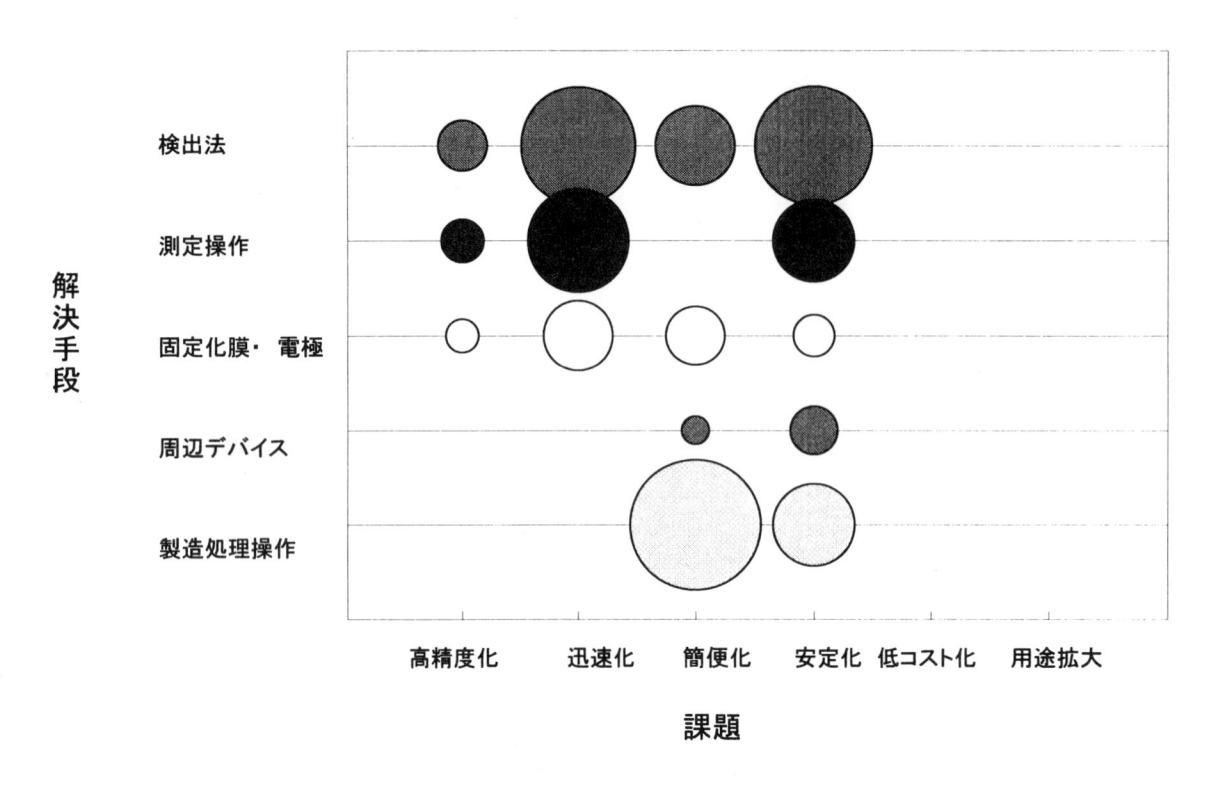

注) バブルの大きさはバイオセンサ全体との比を表す。

表1.4.2-1にその他の酵素センサの課題-解決手段別の各組み合わせについて、それぞれ2件以上の出願を行っている出願人を出願件数とともに示す。

表 1.4.2-1 その他の酵素センサの課題と解決手段対応表

課題	解決手段	測定法		装置・素子		製造法
		検出法	測定操作	固定化膜・電極	周辺デバイス	製造処理操作
高性能化	高精度化					
	迅速化		新日本無線 2			
実用性向上	簡便化					富士写真フィルム 2
	安定化	オリエンタル酵母 2	日本電気 2			
	低コスト化					
	用途拡大					

注) 数字は出願件数を示す。

1.4.3 微生物センサ

図 1.4.3-1 に微生物センサの課題と解決手段を示す。

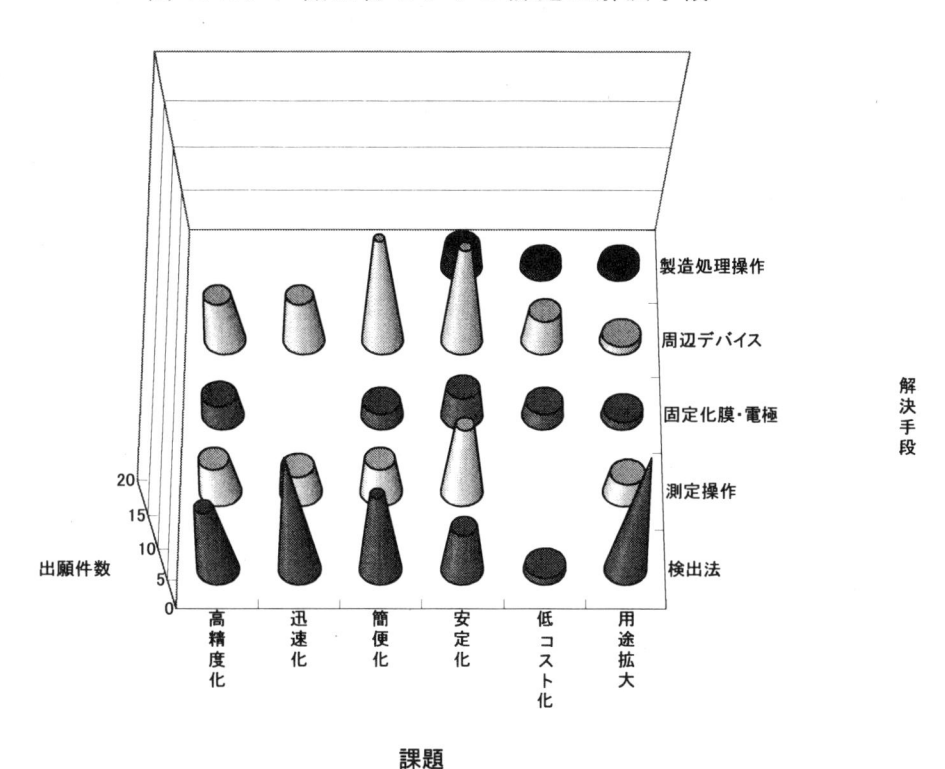

図 1.4.3-1 微生物センサの課題と解決手段

微生物センサの課題と解決手段別の出願傾向を、バイオセンサ全体の分布と比較したものを図 1.4.3-2 に示す。課題として「用途拡大」が用いられているものが多く、中でも用途拡大（課題）－検出法（解決手段）の組み合わせが最も多く、低コスト化を課題とするものは少ない。

図1.4.3-2 微生物センサの出願の課題と解決手段別出願傾向

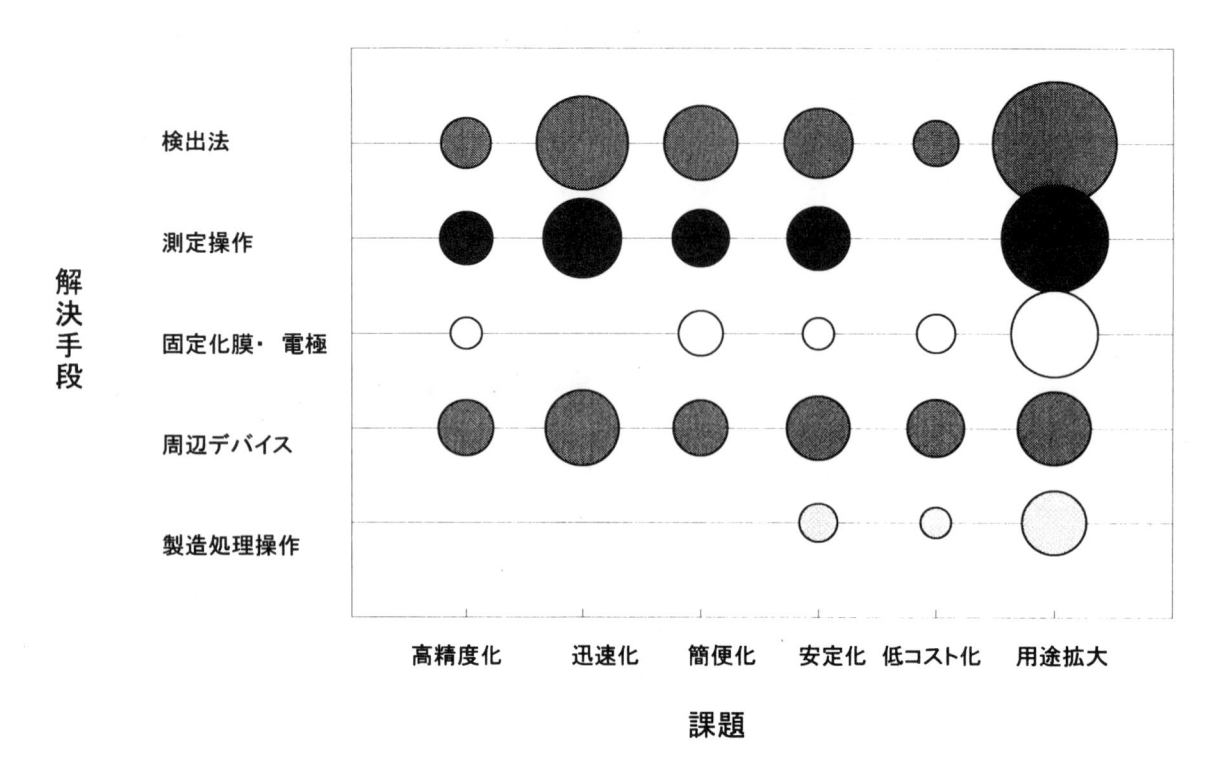

注) バブルの大きさはバイオセンサ全体との比を表す。

表1.4.3-1に微生物センサの課題-解決手段別の各組み合わせについて、それぞれ2件以上の出願を行っている出願人を出願件数とともに示す。

表1.4.3-1 微生物センサの課題と解決手段対応表

課題	解決手段	測定法		装置・素子		製造法
		検出法	測定操作	固定化膜・電極	周辺デバイス	製造処理操作
高性能化	高精度化	科学技術振興事業団 2		富士電機 3		
	迅速化	ベクトン 2 東芝 2		島津製作所 2		
実用性向上	簡便化	松下電器産業 3				
	安定化	富士電機 3	富士電機 4 日新電機 3		富士電機 6 日新電機 2	
	低コスト化		松下電器産業2			
	用途拡大	国土交通省2 同和鉱業 2	富士電機 2			

注) 数字は出願件数を示す。

1.4.4 免疫センサ

図1.4.4-1に免疫センサの課題と解決手段を示す。

図1.4.4-1 免疫センサの課題と解決手段

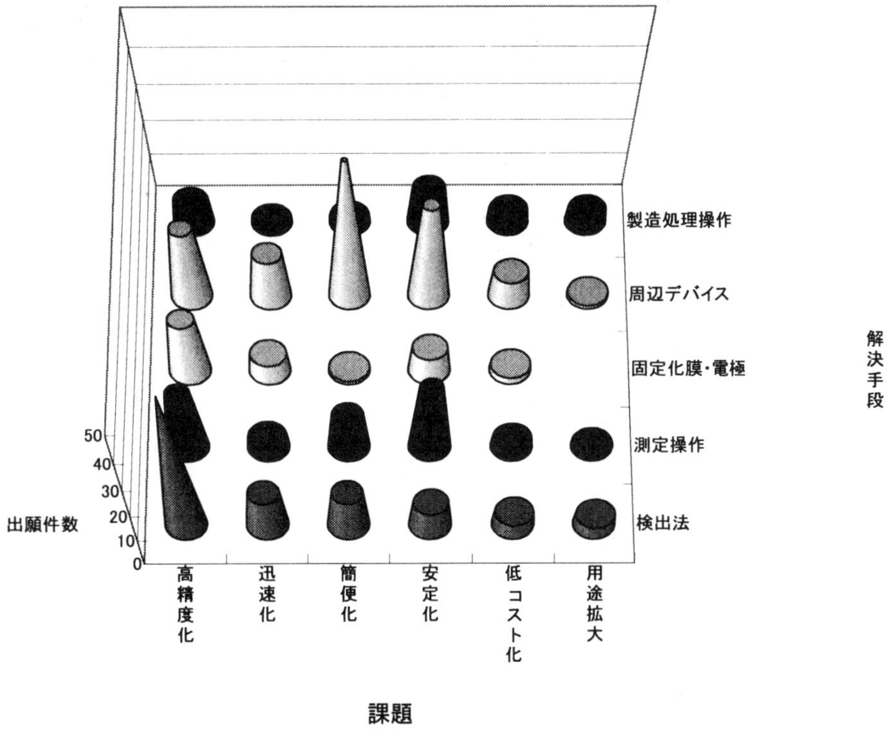

免疫センサの課題と解決手段別の出願傾向を、バイオセンサ全体の分布と比較したものを図1.4.4-2に示す。低コスト化（課題）－測定操作（解決手段）および用途拡大（課題）－製造処理操作（解決手段）の組み合わせが多い。

図 1.4.4-2 免疫センサの出願の課題と解決手段別出願傾向

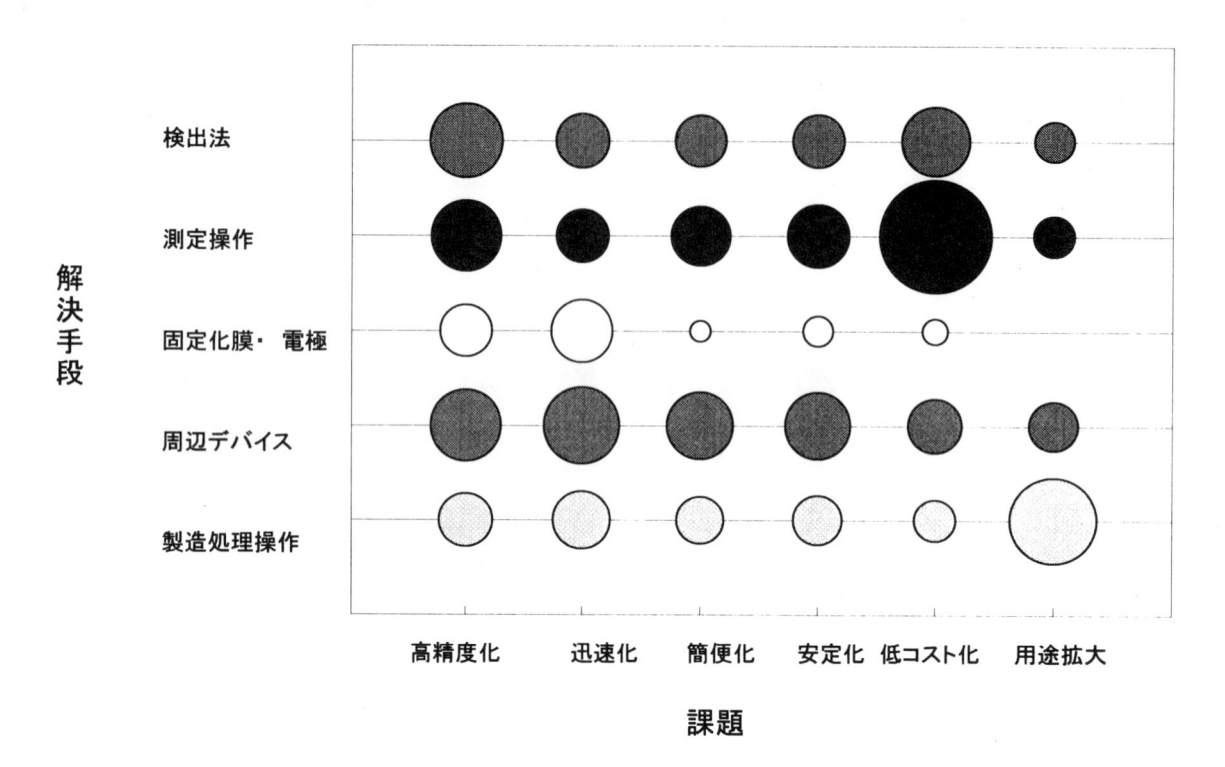

解決手段: 検出法、測定操作、固定化膜・電極、周辺デバイス、製造処理操作
課題: 高精度化、迅速化、簡便化、安定化、低コスト化、用途拡大

注) バブルの大きさはバイオセンサ全体との比を表す。

表1.4.4-1に免疫センサの課題-解決手段別の各組み合わせについて、それぞれ5件以上の出願を行っている出願人を出願件数とともに示す。

表 1.4.4-1 免疫センサの課題と解決手段対応表

課題	解決手段	測定法		装置・素子		製造法
		検出法	測定操作	固定化膜・電極	周辺デバイス	製造処理操作
高性能化	高精度化	松下電器産業 5		東陶機器 5	東陶機器 3 日立製作所 3	
	迅速化				スズキ 7	
実用性向上	簡便化				積水化学 13 大日本印刷 5 東陶機器 4 松下電器産業 3	
	安定化		オリンパス 4 松下電器産業 3		日立製作所 6 オリンパス 3 スズキ 3	
	低コスト化				東陶機器 3 スズキ 3	
	用途拡大					

注) 数字は出願件数を示す。

1.4.5 遺伝子センサ

図1.4.5-1に遺伝子センサの課題と解決手段を示す。

図1.4.5-1 遺伝子センサの課題と解決手段

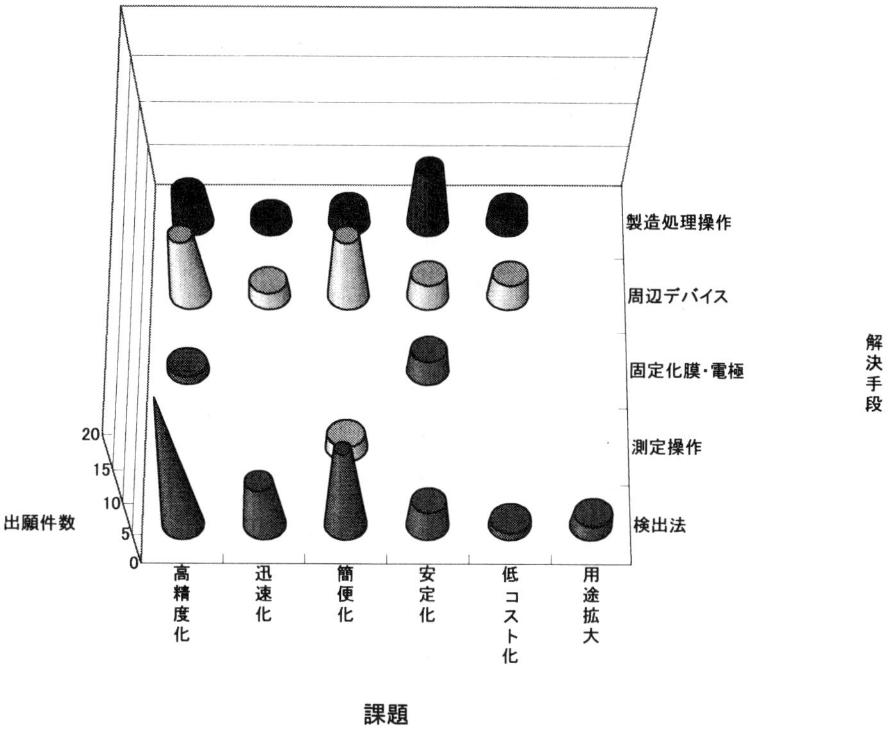

遺伝子センサの課題と解決手段別の出願傾向を、バイオセンサ全体の分布と比較したものを図1.4.5-2に示す。解決手段として検出法と製造処理操作に関する出願が多く、また迅速化（課題）－製造処理操作（解決手段）の組み合わせの比率が大きい。

図 1.4.5-2 遺伝子センサの出願の課題と解決手段別出願傾向

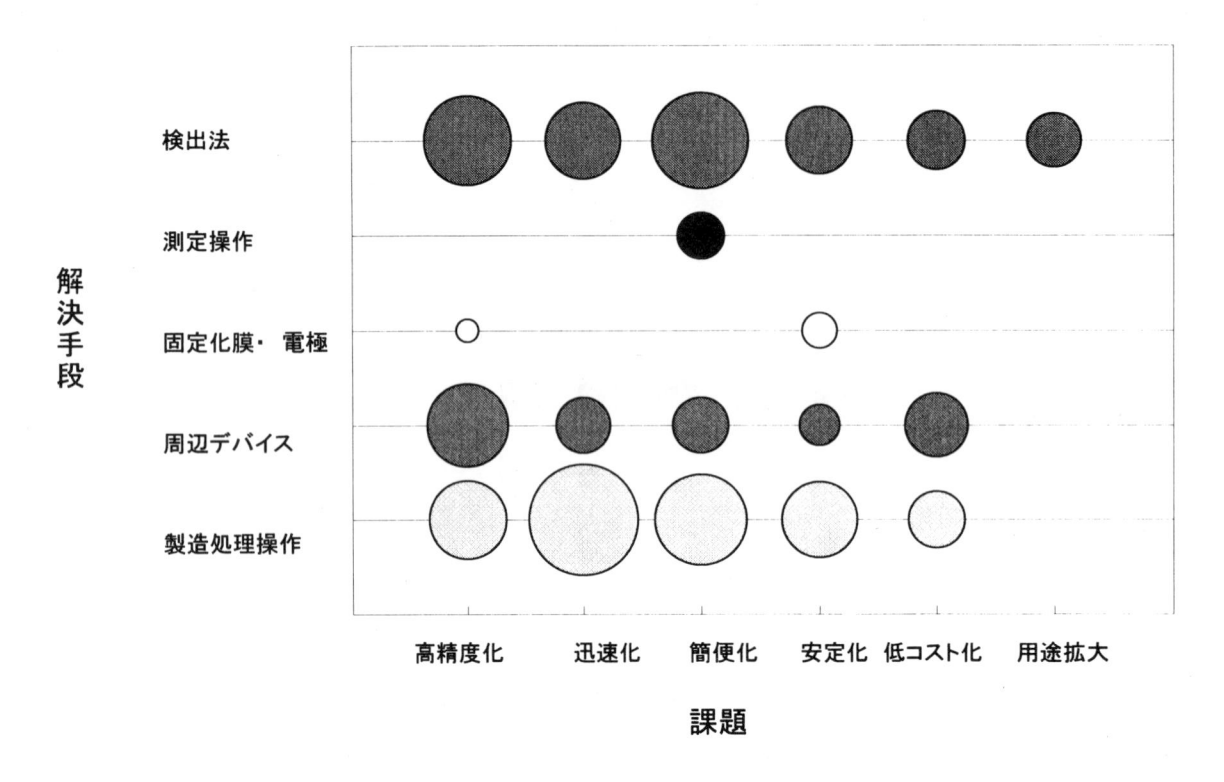

注） バブルの大きさはバイオセンサ全体との比を表す。

表 1.4.5-1 に遺伝子センサの課題-解決手段別の各組み合わせについて、それぞれ 2 件以上の出願を行っている出願人を出願件数とともに示す。

表 1.4.-1 遺伝子センサの課題と解決手段対応表

課題	解決手段	測定法		装置・素子		製造法
		検出法	測定操作	固定化膜・電極	周辺デバイス	製造処理操作
高性能化	高精度化	富士写真フィルム 4 東芝 3			キャノン 2 日立製作所 2	
	迅速化					
実用性向上	簡便化	日立製作所 2 科学技術振興事業団 2 富士写真フィルム 2			ナノゲン 2	
	安定化					大日本印刷 5
	低コスト化				横河電機 2	
	用途拡大					

注） 数字は出願件数を示す。

1.4.6 細胞・器官センサ

図 1.4.6-1 に細胞・器官センサの課題と解決手段を示す。

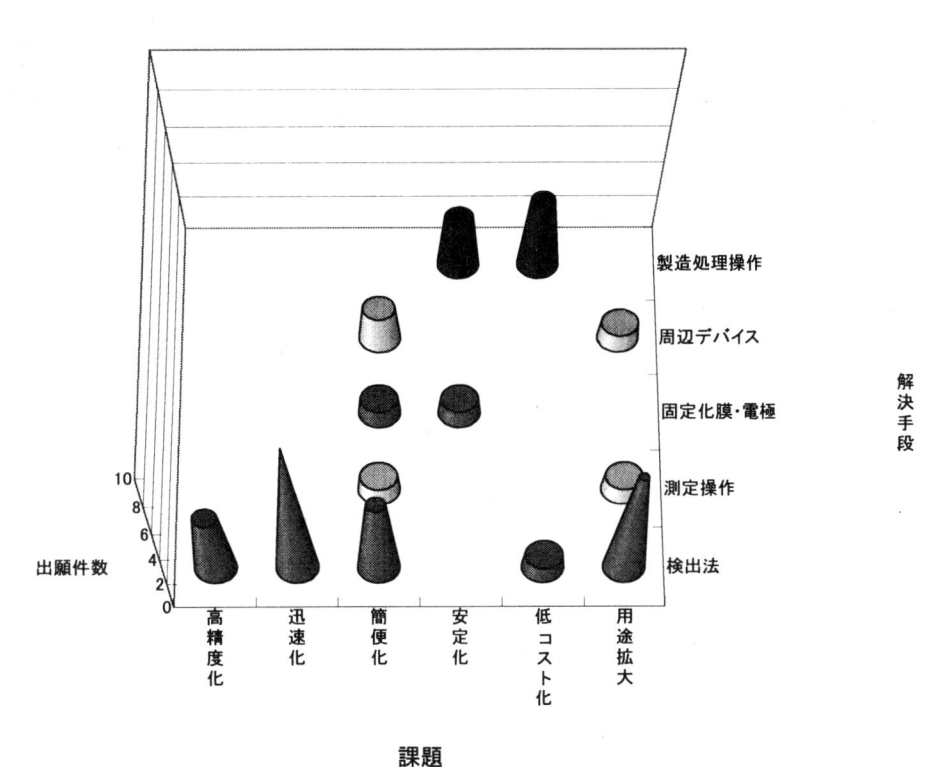

図 1.4.6-1 細胞・器官センサの課題と解決手段

細胞・器官センサの課題と解決手段別の出願傾向を、バイオセンサ全体の分布と比較したものを図 1.4.6-2 に示す。件数が少ないため偏りは大きいが、課題では「用途拡大」、解決手段では「検出法」に関する出願が多い。

図 1.4.6-2 細胞・器官センサの出願の課題と解決手段別出願傾向

注) バブルの大きさはバイオセンサ全体との比を表す。

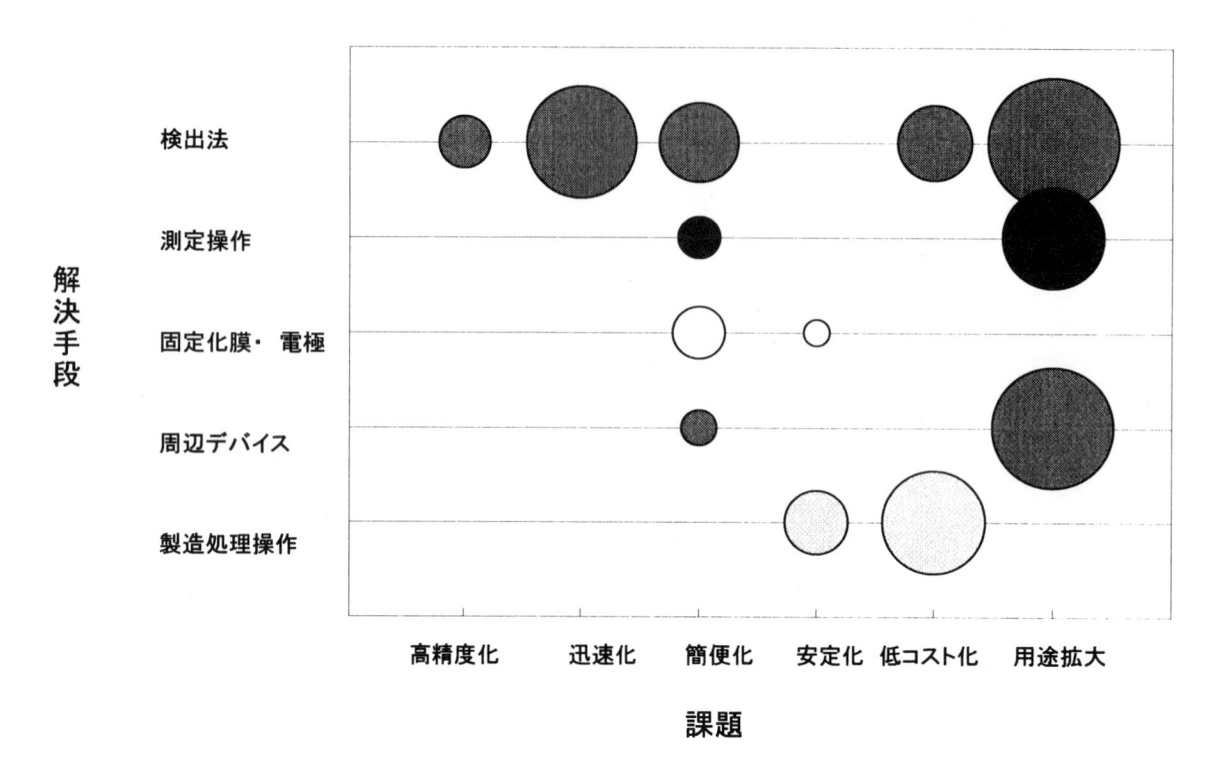

表 1.4.6-1 に細胞・器官センサの課題－解決手段別の各組み合わせについて、それぞれ 1 件以上の出願を行っている出願人を出願件数とともに示す。

表1.4.6-1 細胞・器官センサの課題と解決手段対応表

課題	解決手段	測定法		装置・素子		製造法
		検出法	測定操作	固定化膜・電極	周辺デバイス	製造処理操作
高性能化	高精度化	敬穏国際実業 1 科学技術振興事業団 1 三洋電機 1 北陸先端大 1				
	迅速化	ダイキン 3 日本電気 3 ミキモト 1 科学技術振興事業団 1 日立製作所 1				
実用性向上	簡便化	家畜衛試験場 1 松永是 1 ルードビッヒ Inst1 日本電気 1 日本電信電話 1 浜松ホトニクス 1	ペンス 1	モレキュラーデイバイシズ 1	バイオメデイカルセンサズ 1	
	安定化			松下電器産業 1		ジーメンス 1 日本電気 1 日本電信電話 1
	低コスト化	日本電気 1				カネカ 2 ビオプロツエス 1 日立製作所 1
	用途拡大	野菜茶業試験場 1 トムソン 1 バイオサーキッツ 1 デフオルシユングスツエントルムユーリッチ 1 産業技術総合研究所 1 三菱化学 1 三洋電機 1	堀場製作所 1		物質材料研究機構 1	

注） 数字は出願件数を示す。

　傾向としては課題としては迅速化や用途拡大に関するもの、その解決手段としては、測定法の改善および認識物質に関する出願が多い。酵素センサや微生物・免疫物質を使用したセンサに比べればまだ開発中で、新規な認識物質を利用した新規用途やユニークな反応系での高性能化を目指していると考えられる。

1.4.7 その他の生体物質センサ

図1.4.7-1にその他の生体物質センサの課題と解決手段を示す。

図1.4.7-1 その他の生体物質センサの課題と解決手段

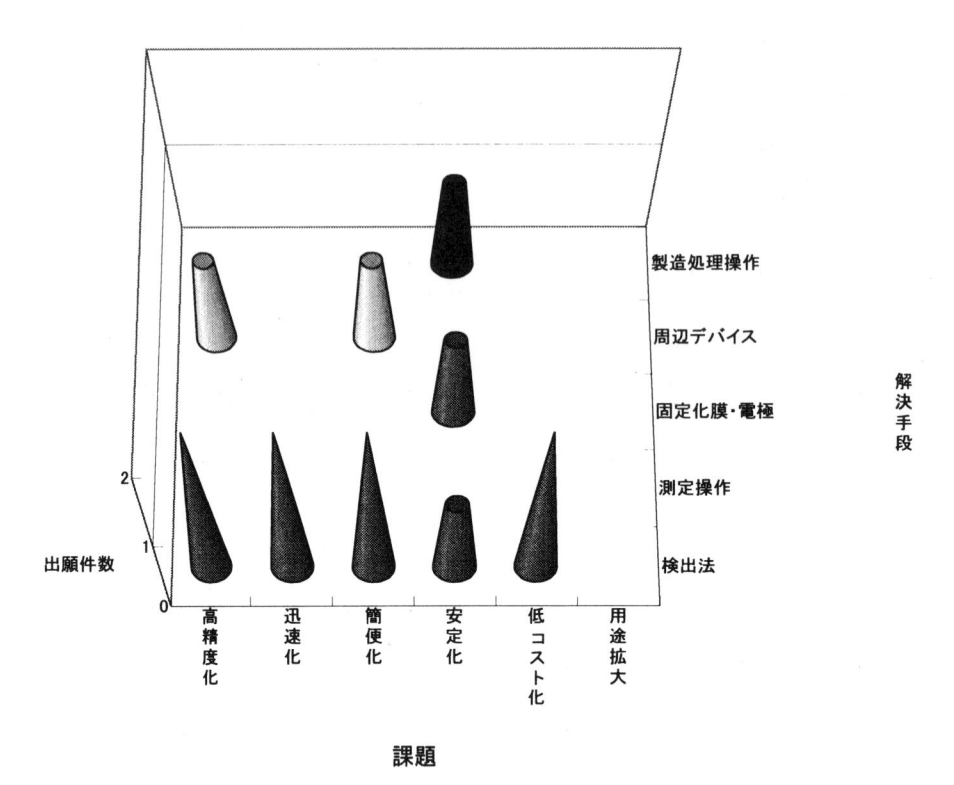

その他の生体物質センサの課題と解決手段別の出願傾向を、バイオセンサ全体の分布と比較したものを図1.4.7-2に示す。出願件数が少なく課題には特に目立つ傾向はないが、主に検出法を解決手段として用いている。またバイオセンサ全体に比べると、低コスト化の比率が大きい。

図 1.4.7-2 その他の生体物質センサの出願の課題と解決手段別出願傾向

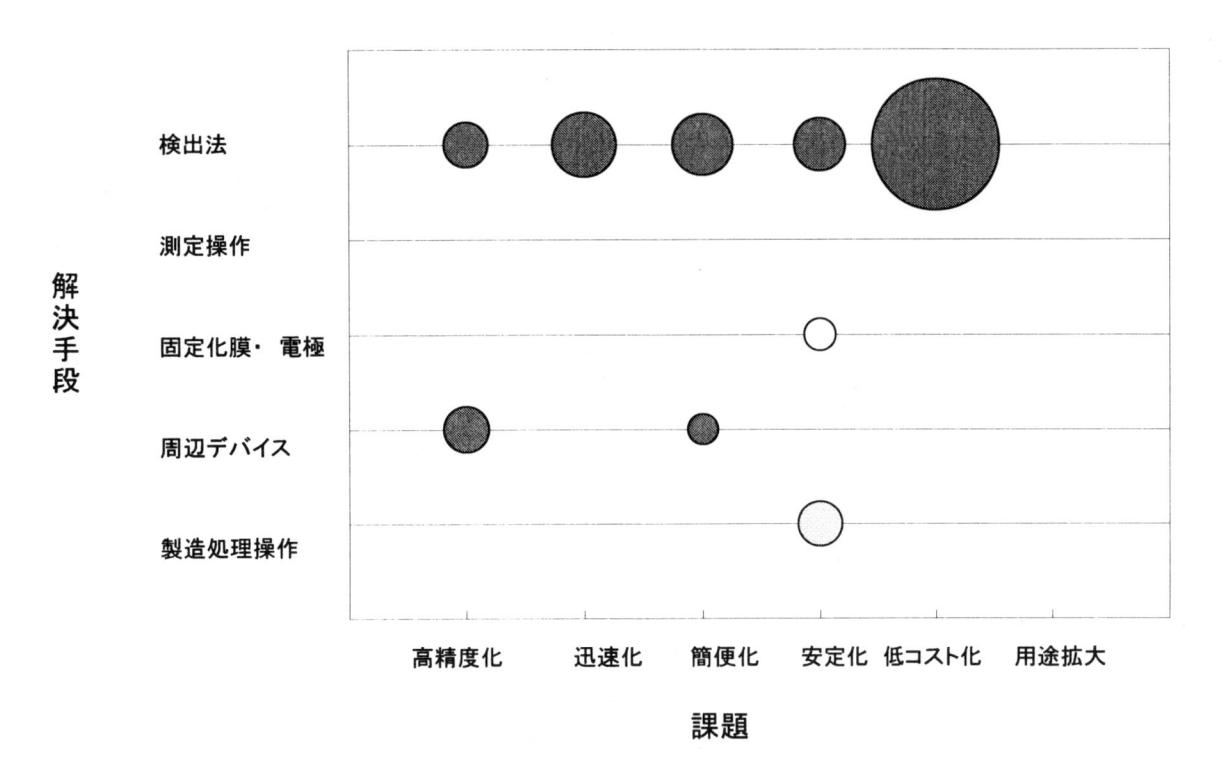

注) バブルの大きさはバイオセンサ全体との比を表す。

表 1.4.7-1 にその他の生体物質センサの課題－解決手段別の各組み合わせについて、それぞれ1件以上の出願を行っている出願人を出願件数とともに示す。

表 1.4.7-1 その他の生体物質センサの課題と解決手段対応表

課題	解決手段	測定法		装置・素子		製造法
		検出法	測定操作	固定化膜・電極	周辺デバイス	製造処理操作
高性能化	高精度化	農業生物資源研 1 キャノン 1			エヌオーケー1	
	迅速化	同仁科学研究所 1 コレチカ 1				
実用性向上	簡便化	科学技術振興事業団 2 三井化学 2			エヌオーケー1	
	安定化	アソシエイツオブケープコッド 1		豊田中央研究所 1		カネカ 1
	低コスト化	エヌオーケー1 産業技術総合研究所 1				
	用途拡大					

注) 数字は出願件数を示す。

ここで、科学技術振興事業団と三井化学の2件は、両者の共同出願である。

1.4.8 脂質・脂質膜センサ

図1.4.8-1に脂質・脂質膜センサの課題と解決手段を示す。

図1.4.8-1 脂質・脂質膜センサの課題と解決手段

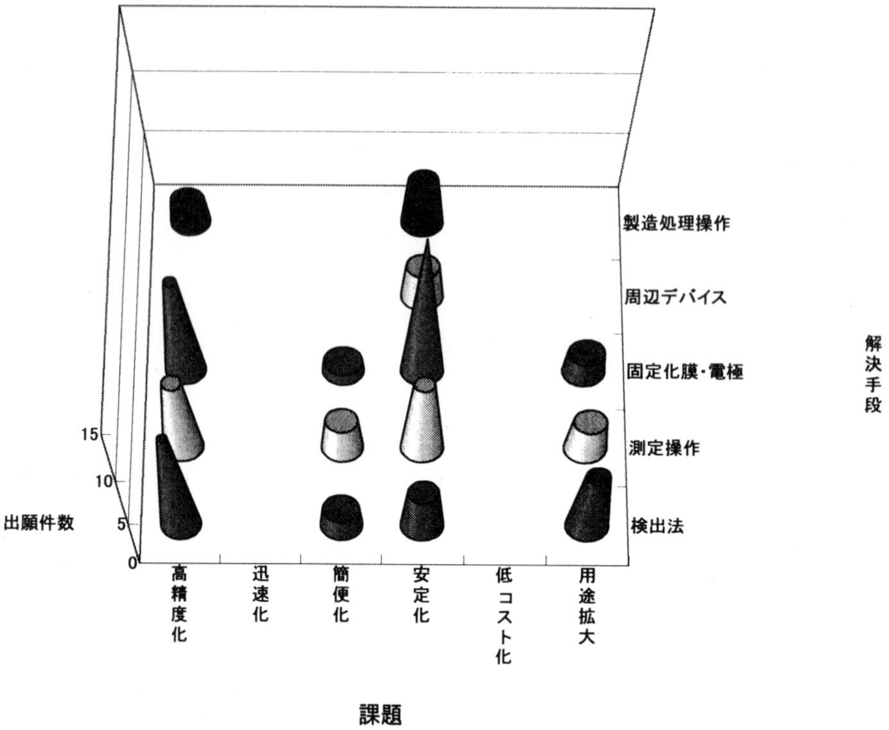

脂質・脂質膜センサの課題と解決手段別の出願傾向を、バイオセンサ全体の分布と比較したものを図1.4.8-2に示す。偏りが大きく、用途拡大に関する出願が多い。

図1.4.8-2 脂質・脂質膜センサの出願の課題と解決手段別出願傾向

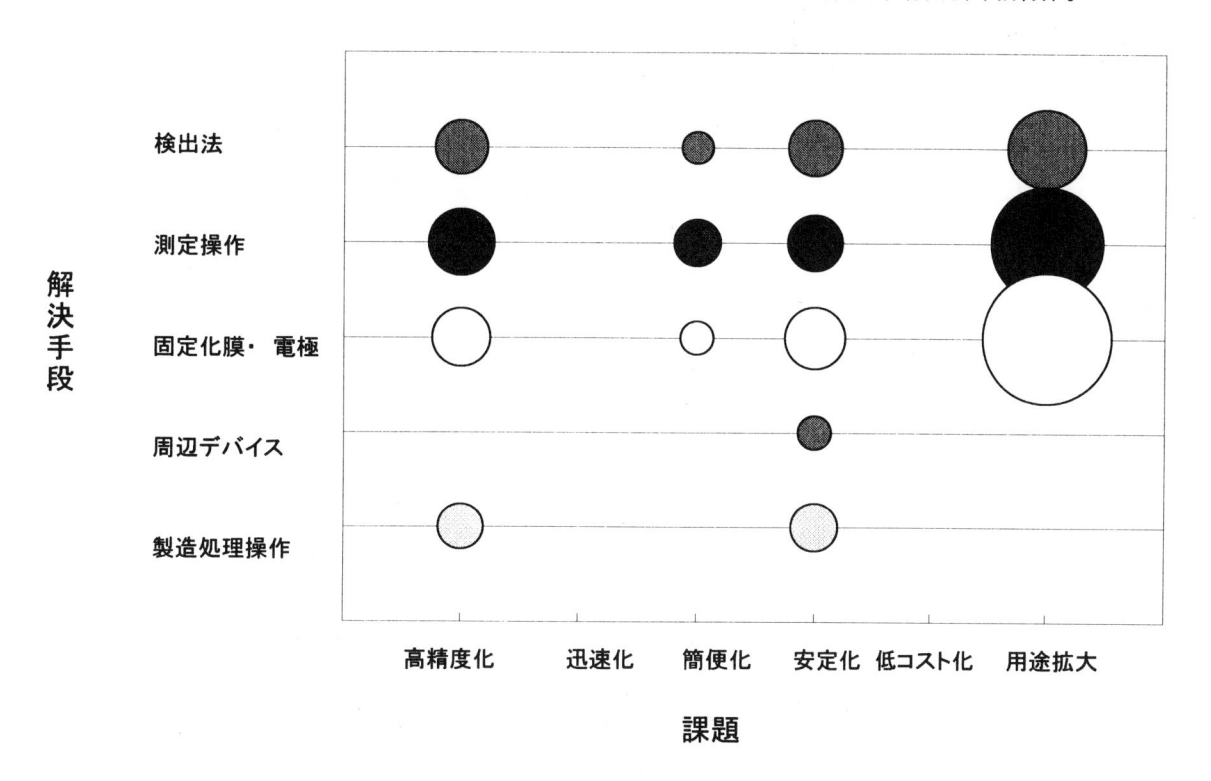

注) バブルの大きさはバイオセンサ全体との比を表す。

表1.4.8-1に脂質・脂質膜センサの課題-解決手段別の各組み合わせについて、それぞれ1件以上の出願を行っている出願人を出願件数とともに示す。

表1.4.8-1 脂質・脂質膜センサの課題と解決手段対応表

課題	解決手段	測定法		装置・素子		製造法
		検出法	測定操作	固定化膜・電極	周辺デバイス	製造処理操作
高性能化	高精度化	沖電気工業 4	アンリツ 4	アンリツ 3 レイン 3		
	迅速化					
実用性向上	簡便化	アンリツ 2	アンリツ 6	アンリツ 4 レイン 3 日本油脂 3		アンリツ 2
	安定化					
	低コスト化	アンリツ 4	アンリツ 3			
	用途拡大	アンリツ 2	アンリツ 6	アンリツ 4 レイン 3 日本油脂 3		アンリツ 2

注) 数字は出願件数を示す。

1.4.9 感覚模倣センサ

図1.4.9-1に感覚模倣センサの課題と解決手段示す。

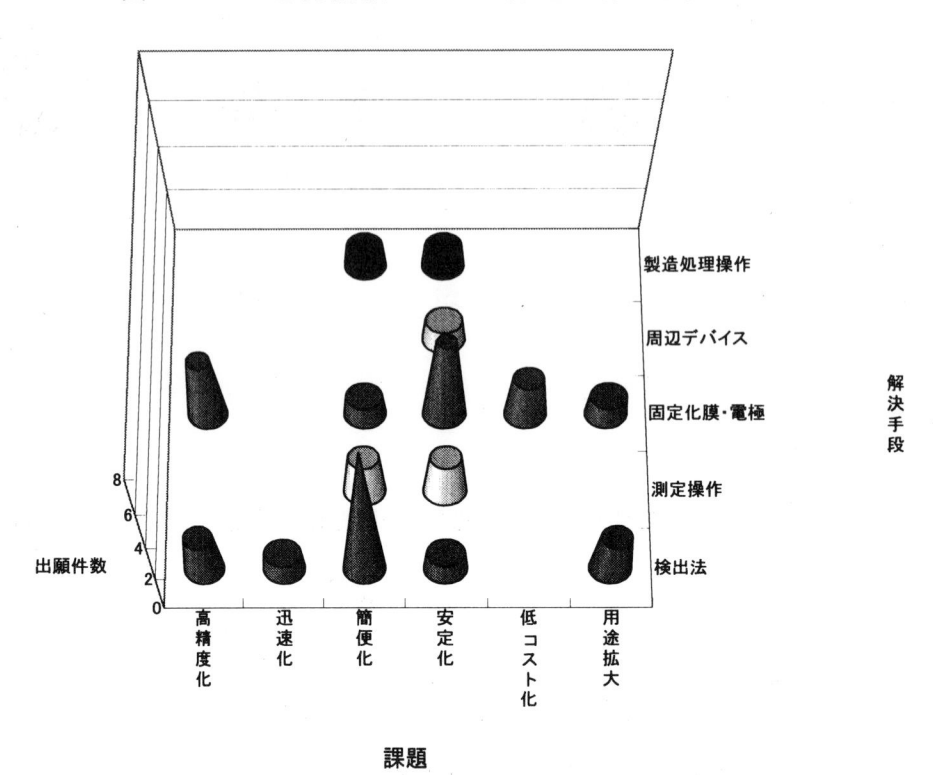

図1.4.9-1 感覚模倣センサの課題と解決手段

感覚模倣センサの課題と解決手段別の出願傾向を、バイオセンサ全体の分布と比較したものを図1.4.9-2に示す。簡便化（課題）－検出法（解決手段）の組み合わせの件数が最も多く、用途拡大（課題）－固定化膜・電極（解決手段）の組み合わせの比率が最も高い。

図1.4.9-2 感覚模倣センサの出願の課題と解決手段別出願傾向

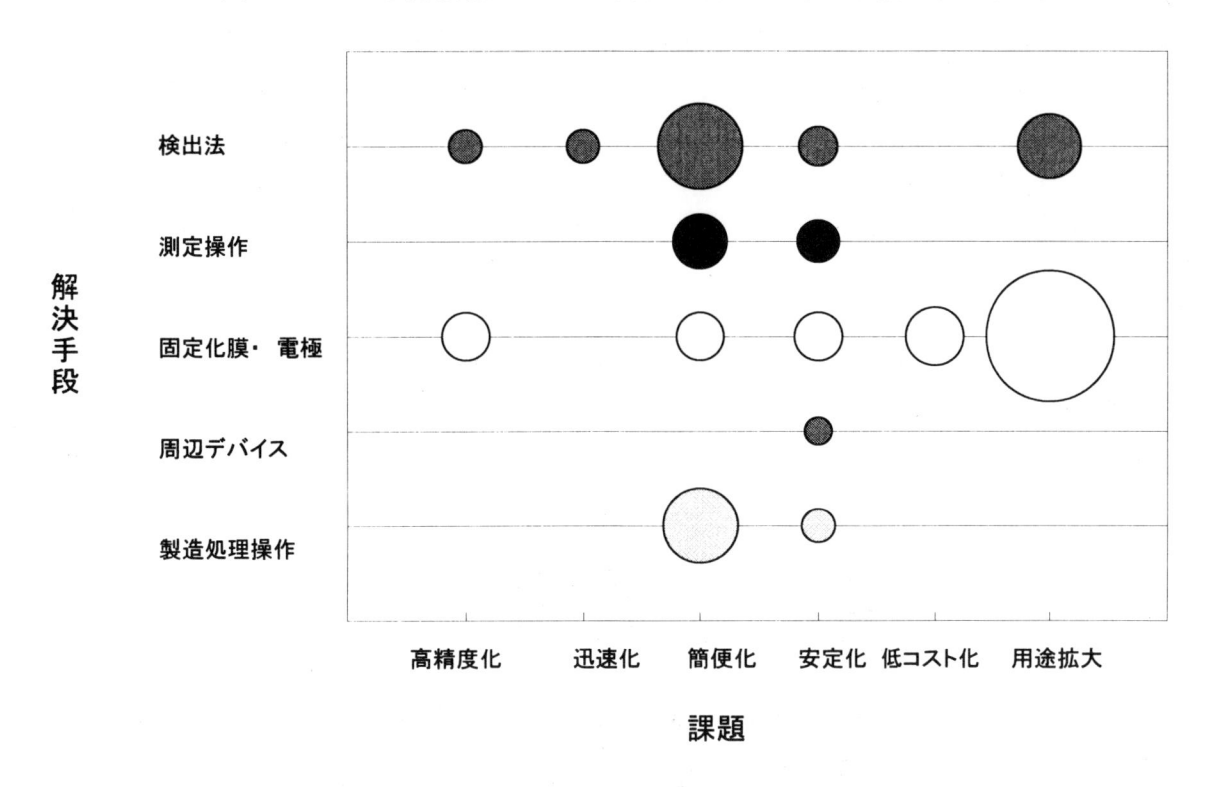

注) バブルの大きさはバイオセンサ全体との比を表す。

表1.4.9-1に感覚模倣センサの課題－解決手段別の各組み合わせについて、それぞれ1件以上の出願を行っている出願人を出願件数とともに示す。

表1.4.9-1 感覚模倣センサの課題と解決手段対応表

課題	解決手段	測定法		装置・素子		製造法
		検出法	測定操作	固定化膜・電極	周辺デバイス	製造処理操作
高性能化	高精度化	日本電信電話 2		日本コーリン 2 富士電機 1		
	迅速化	九州大学 1				
実用性向上	簡便化	前澤工業 5 エイブル 1 沖電気工業 1	竹内俊文 1 科学技術振興事業団 1	科学技術振興事業団 1		曙ブレーキ中央研究所 1
	安定化	東陶機器 1	果実非破壊品質研究所 1 日立製作所 1	リケン 1 大阪瓦斯 1 カンタムグループ 1 松下電器産業 1	大阪瓦斯 1	アンリツ 1
	低コスト化			新電元工業 1 産業技術総合研究所 1		
	用途拡大	ワーブレーン環境設計 1 神奈川県 1		クランフィールド 1		

注) 数字は出願件数を示す。

1.4.10 トランスデューサ他

　図1.4.10-1にトランスデューサ他の課題と解決手段を示す。課題としては、安定化、高精度化の順に多く、解決手段は周辺デバイス、固定化膜・電極の順である。固定化膜・電極については、各種のバイオセンサに使用できる固定材料に関する出願が多い。

　課題と解決手段の組み合わせとしては、安定化（課題）－固定化膜・電極（解決手段）、高精度化（課題）－固定化膜・電極（解決手段）、簡便化（課題）－周辺デバイスの導入（解決手段）の順に多い。

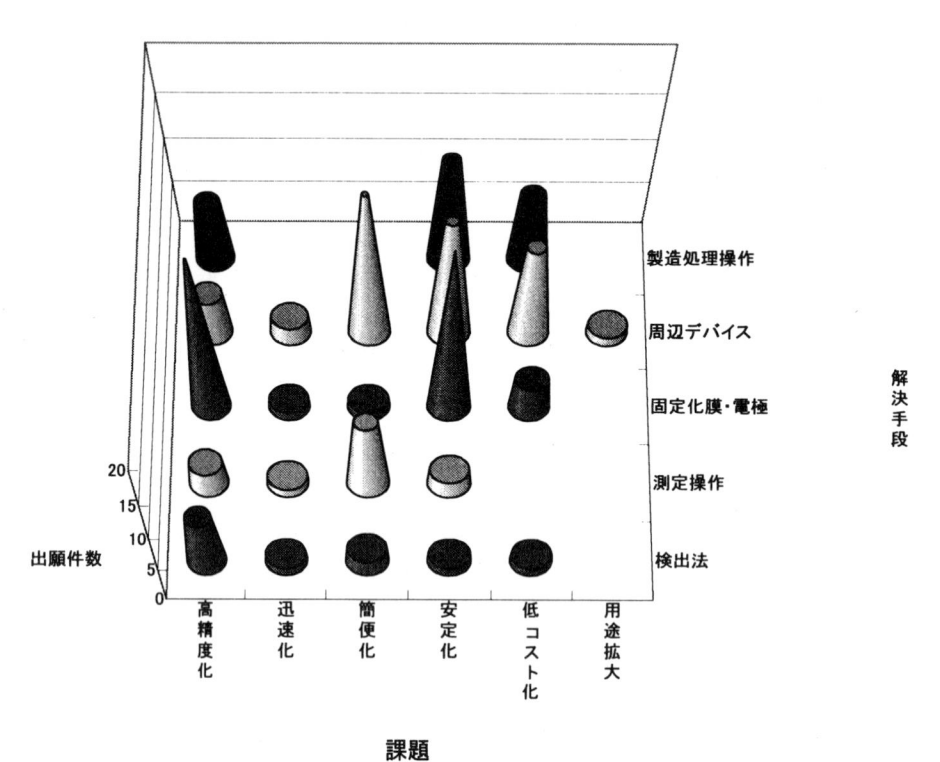

図1.4.10-1 トランスデューサ他の課題と解決手段

　トランスデューサ他の課題と解決手段別の出願傾向を、バイオセンサ全体の分布と比較したものを図1.4.10-2に示す。低コスト化（課題）－周辺デバイス（解決手段）の組み合わせの比率が最も高い。

図 1.4.10-2 トランスデューサ他の出願の課題と解決手段別出願傾向

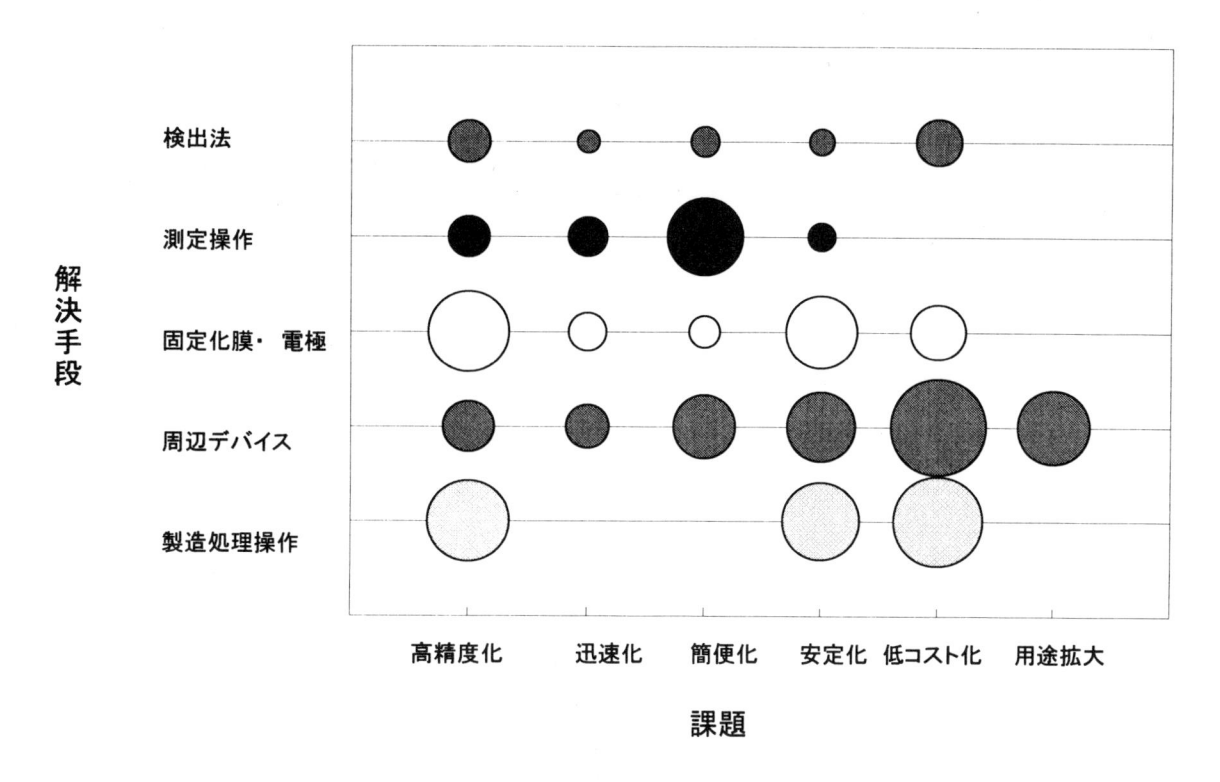

注） バブルの大きさはバイオセンサ全体との比を表す。

表 1.4.10-1 にトランスデューサ他の課題-解決手段別の各組み合わせについて、それぞれ2件以上の出願を行っている出願人を出願件数とともに示す。

表 1.4.10-1 トランスデューサ他の課題と解決手段対応表

課題	解決手段	測定法		装置・素子		製造法
		検出法	測定操作	固定化膜・電極	周辺デバイス	製造処理操作
高性能化	高精度化			ポリプラスチックス 2 日立製作所 2 浜松ホトニクス 2		科学技術振興事業団 2
	迅速化					
実用性向上	簡便化		アジレント 2 イゲン 2		東陶機器 2 日立製作所 2 日本電気 2	
	安定化			日本油脂 2 富士通 2	松下電器産業 9 富士写真フィルム 4	川村理化学研究所 2 大日本印刷 2
	低コスト化					曙ブレーキ中央研究所 2 産業技術総合研究所 2
	用途拡大					

注） 数字は出願件数を示す。

2. 主要企業等の特許活動

2.1 松下電器産業
2.2 東陶機器
2.3 エヌオーケー
2.4 日本電気
2.5 日立製作所
2.6 アークレイ
2.7 大日本印刷
2.8 富士写真フィルム
2.9 アンリツ
2.10 ダイキン工業
2.11 富士電機
2.12 新日本無線
2.13 前澤工業
2.14 島津製作所
2.15 三井化学
2.16 スズキ
2.17 日本油脂
2.18 王子製紙
2.19 東芝
2.20 曙ブレーキ中央技術研究所
2.21 大学および公共研究機関

> 特許流通
> 支援チャート

2．主要企業等の特許活動

バイオセンサは、様々な企業が携わっているが、
商品として出ているものは医療用のものを除くと
未だ少ない。

　バイオセンサに対する出願件数の多い主要企業 20 社について、企業毎にその概要、技術、保有特許等を紹介する。

　主要 20 社は、バイオセンサ全体で出願件数の上位のもの 10 社および、各技術要素毎の上位をとり、合わせて 20 社とした。なお、上位出願人に個人や公共研究機関が入っている場合はこれを除き、企業を含めた。さらに出願件数上位の大学関係および公共研究機関についても、2.21 でまとめて紹介する。

　ここでは、バイオセンサに関する特許出願、1,869 件（1991 年～2001 年 9 月に公開の出願のうち、権利抹消、取り下げ、放棄等を除いたもの）を対象とする。なお、以下に掲載する特許は、全てが開放可能とは限らないため、個別の対応が必要である。

2.1 松下電器産業

2.1.1 企業の概要

表 2.1.1-1 松下電器産業の企業概要

商号	松下電器産業株式会社
設立年月日	昭和 10 年 12 月
資本金 (百万円)	210,995　(2001 年 3 月 31 日現在)
従業員	44,951 名
事業内容	映像・音響機器、情報・通信機器、家庭電化・住宅設備機器、産業機器他
技術・資本 提携関係	技術提携／マイクロソフト(米国)、ノーテル(米国)、コンパック(米国) 三菱電機、ダイキン工業、フィリップス　他 ※　松下グループの松下寿電子工業では血糖センサを製造し、その売り上げは 150 億円を超えている。
事業所	本社／大阪府 支社／東京都 主要生産拠点／門真、豊中、茨木、草津、岡山他
関連会社	日本ビクター、九州松下電器、パナソニック映像、 PHP 研究所、松下通信工業、松下精工、松下寿電子工業他
業　績 (百万円)	01/3 売上高 4,831,866　　経常利益 115,494
主要製品	映像・音響機器、情報・通信機器、家庭電化・住宅設備機器
主要取引先	新日本製鐵、住友金属工業、直系販売店他
特許流通窓口	IPR オペレーションカンパニー　ライセンスセンター／大阪府大阪市中央区城見 1-3-7　松下 IMP ビル 19 F ／TEL 06-6949-4525

2.1.2 バイオセンサ技術に関する製品・技術

バイオセンサ技術が適用されている可能性がある製品を表 2.1.2-1 に示す。

Gluco Jr は清酒もろみ、酒母のグルコース濃度測定に使用可能な、手のひらサイズのグルコース計(酵素・メディエータ電極)であり、松下電器産業とエイブルが開発し、松下寿産業が生産、エヌ・ワイ・ケイが販売している。

ラクテートプロは血中乳酸測定センサで、運動選手の疲労や医学領域でのリハビリメニュー作成に応用できる。松下電器産業がアークレイと開発し、松下寿産業が生産、アークレイが販売している。

表 2.1.2-1 松下電器産業のバイオセンサ技術に関する製品・技術

製品	製品名	発売年月日	出典
グルコース計	Gluco Jr	1997 年	http://www.nyk-tank.co.jp/htm/gluco.htm
携帯型簡易乳酸測定器	ラクテートプロ (アークレイと共同開発)	1997 年	日経バイオ年鑑

2.1.3 技術開発課題対応保有特許の概要

図2.1.3-1に松下電器産業の分野別出願比率を、表2.1.3-1にバイオセンサ技術開発課題対応特許の概要を示す（課題と解決手段の詳細については、前述の1.4を参照）。酸化還元酵素センサに関する出願が多く、課題は高精度化、解決策は固定化膜・電極によるものが多い。

図2.1.3-1 松下電器産業の分野別出願比率

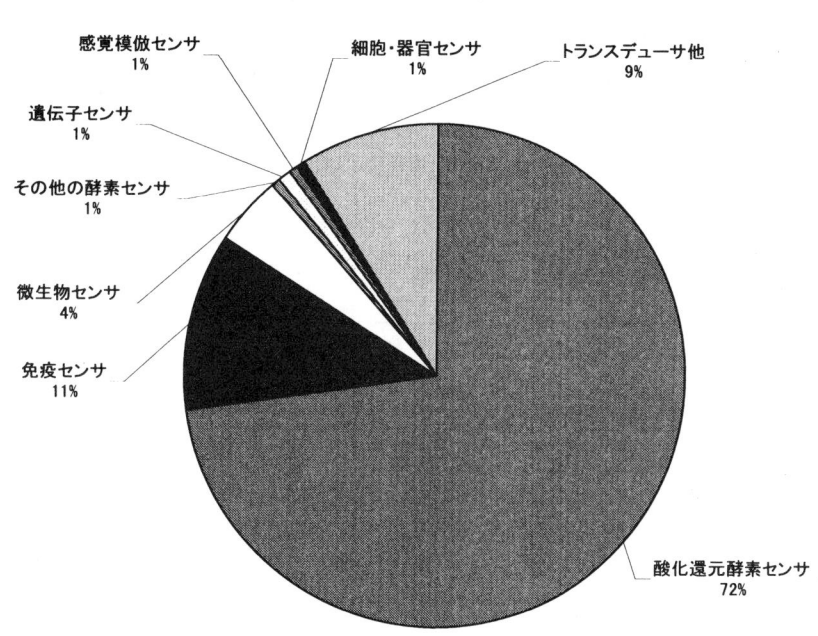

表2.1.3-1 松下電器産業のバイオセンサ技術開発課題対応特許の概要（1／6）

技術要素	課題	特許番号	特許分類	概要（解決手段要旨）
酸化還元酵素センサ	高精度化	特開2001-174432 特開平6-88805	G01N 27/327	電極系に接して親水性高分子受容体、酵素の組み合せ（インベルターゼ、ムタロターゼ、グルコースオキシダーゼ）を利用し、これらを担持する反応層を形成することにより、スクロース測定の高精度化を図る。
	高精度化	特開2001-153838	G01N 27/416	アレルゲンに標識抗体を結合させ、抗体反応に特異的に反応する基質物質を添加して電極活性物質を生成する。標識抗体が固定化された導入部を設置したシステムを構成する。

表2.1.3-1 松下電器産業のバイオセンサ技術開発課題対応特許の概要（2／6）

技術要素	課題	特許番号	特許分類	概要(解決手段要旨)
酸化還元酵素センサ（続き）	迅速化	特開2001-201479 特開2001-201480 特許3027306	G01N 27/327	反応試薬系の電子メディエータや酸化還元酵素を担持する多孔質担体を配置した試料液供給路において、電極系とカバー部材の手陰上に相当する部分との距離を短くして、反応迅速化を図る。
	迅速化	特開2001-159618	G01N 27/327	キャビテティ（毛細血管現象により血液を吸引する空間部位）に面するスペーサおよびカバーの側壁の一部に親水性を有するように処理して、血液試料液導入を効率化。
	迅速化	特許3163218	G01N 27/327	反応層は親水性高分子膜（基板）-酵素膜-親水性高分子膜-電子受容体の積層形成において、酵素膜形成後の工程を低湿度の雰囲気下で実施することで、酵素膜の乾燥状態を維持。
	簡便化	特許2517151 特開2001-208718 特開平9-43189	G01N 27/416 G01N 27/327	絶縁基板上に第3電極を設置し、この電極と対極間、もしくは作用極間で得られる酸化電流値や波形の違いにより検体液種を判別することにより、人為的な前操作なしで自動判別。
	簡便化	特開2001-141686	G01N 27/28	複数のセンサを格納して1枚ずつ所定の向きにて送り出す供給構造手段を装置に具備して、確実な測定を実現。
	安定化	特開平11-42098 特開平11-23515 特開平9-243599	G01N 27/327 C12Q 1/26 G01N 27/48	基質と酵素とを電子伝達体の酸化体の存在下反応させ、還元されなかった電子伝達体の酸化体を電気化学的に還元して還元電流値を得る方法であり、妨害物質の影響を回避。

表2.1.3-1 松下電器産業のバイオセンサ技術開発課題対応特許の概要 (3/6)

技術要素	課題	特許番号	特許分類	概要(解決手段要旨)
酸化還元酵素センサ（続き）	安定化	特開2000-81408	G01N 27/327	電極系上に酵素および糖類を含む反応層を構築することにより、糖類は酵素表面を被覆して酵素を保護する。
	安定化	特開平11-101771	G01N 27/327	対極の材質が少なくとも1種の電解酸化可能な金属を適用することにより、試料中の易酸化性物質混入に影響なく安定した出力が得られる。
	安定化	特許2563739	C07K 17/08	LB法（ラングシュアー・ブロジェット法）適用により、FETゲート電極上などの金属表面に反応性単分子膜を介してタンパクを反応固定し、固定の耐久性の向上を図る。
	安定化	特許3060700	G01N 27/28	センサのカバーシートとの間に、血液吸入溝用の透孔を有する両面に接着材層が形成された両面接着シートを介在させて接着したものを切断し、複数のセンサを得る工程。
その他の酵素センサ	迅速化	特開平10-197473	G01N 27/327	フェロシアン化物イオンは酵素間の2次反応速度が比較的遅かったので、反応を速めるため、電子メディエーターとしてフェロセン6フッ化リン酸塩を利用。当該電子メディエーターは酸性溶液中では長期間安定に存在。これらの化合物を酸性溶液に溶解させ、この溶液を滴下し乾燥させる。

表2.1.3-1 松下電器産業のバイオセンサ技術開発課題対応特許の概要 (4/6)

技術要素	課題	特許番号	特許分類	概要(解決手段要旨)
微生物センサ	高精度化	特開平10-185865	G01N 27/416	非測定時に活性低下したBOD膜が測定時に活性が立ち上がるように、測定予定時を入力し逆算で活性を上げるように設定する。
	簡便化	特開平10-142195	G01N 27/416	BOD膜交換時期は勘で決めていたので、検出値と所定の設定値を比較するという明確な基準を導入した。
	簡便化	特開平10-170478	G01N 27/416	測定液の貯留部、電極近辺に酸素供給部、貯留部上部に空気抜き部を設置してコンパクト化することで、少量のサンプルで測定ができ小型で持ち運びも容易なBOD測定装置。
免疫センサ	高精度化	特開平11-322800 特開平11-322796 特開平9-325147 特開平11-322797 特開平11-322798	C07K 19/00	色素に抗原との反応部位を多数付けて高感度化(従来は2カ所)。抗体－タンパク質複合体では標識シアニン系色素が結合できる面積が広がる。工程としては、リン酸緩衝液中でタンパク質を還元し、抗体を添加して複合体としてシアニン系色素を添加して標識する。
	簡便化	特公平7-113638	G01N 33/543	反応物の検出セルへの導入が大変なので、反応層をRNAの端に設け、検出物質は通し抗体は通さない半透膜で検体に接するようにする。結合すると蛍光が変化する。
	簡便化	特開平10-282089 特開平10-31016 特開平11-14622	G01N 33/50	便潜血検査に当たり、便が水に落ちる前に取って溶かし、緩衝液を噴霧して便を柔らかくし、便受けに散布液をかけて懸濁するなど取得法を改良し、ヒトヘモグロビン抗体で呈色。

表2.1.3-1 松下電器産業のバイオセンサ技術開発課題対応特許の概要（5/6）

技術要素	課題	特許番号	特許分類	概要（解決手段要旨）
免疫センサ（続き）	安定化	特開平10-177026	G01N 33/543	酵素拡散が装置でばらつくので、抗原固定化膜にサンプルを展開させる不透過シートを、酵素基質のみ通過しラベルは通さないものとし、電極への拡散を均一にする。
	用途拡大	特開平9-243596	G01N 27/42	免疫物質のように酸化還元酵素以外の高分子も測定するため、電極にリポ酸経由で抗体付けてクロノクーロメトリで電極表面積測る。
細胞・器官センサ	安定化	特許3101122	G01N 33/483	神経組織の電位測定のため、一つの細胞に多数の電極を長期に渡って刺す手段として、基板上に等距離に電極を配置し放射状にリード線を設置。
感覚模倣センサ	安定化	特開平8-94576	G01N 27/409	触媒層の劣化に対し、触媒量を飛躍的に多く用いうるセンサ構成とすることで、触媒の耐久性に優れ高感度とする。円筒状の固体電解質の内面側に抵抗加熱ヒータを配し、電極の一方に多孔質触媒被膜を形成し従来に比べて触媒層厚が10倍以上となる。
トランスデューサ他	高精度化	特許3047492	H01M 4/60	電極材料
	高精度化	特開2001-4582	G01N 27/327	組立精度の向上により測定精度を上げるため、組立用部材を用いて内部材料の位置決めをしながらセンサを組立、完了後は分離用部材によりセンサから組立部材を分離する。水不透過性下部ケースと多孔質材料層の位置決め部材と、バイオセンサを抜き取るための凹部を備えた分離用部材を有する。

表2.1.3-1 松下電器産業のバイオセンサ技術開発課題対応特許の概要（6／6）

技術要素	課題	特許番号	特許分類	概要(解決手段要旨)	
トランスデューサ他（続き）	簡便化	特許3149597	G01N 27/28	抗菌剤等の使用によるサンプル部の衛生化	
	安定化	特許3050012	G01N 27/41	シール版のガラス螺旋型スペーサ両側のカソード電極と相対する位置に、スペーサを配設した構成の酸素センサ。スペーサを介して電極空間が小さくなるため、電極空間内の酸素はその分早く注入・放出され応答性がよくなるとともに、温度を高めに設定する必要がないので耐久性も向上。	
	低コスト化	特開2001-50955 特開2001-74734 特開2001-74735 特開2001-74733 特開2001-83148 特開2001-50957 特開2001-83149 特開2001-50954 特開2001-208751	G01N 33/493	尿分析装置を利用して、各種ホルモンや尿糖などを検出する。洗浄、センサの保存、位置制御等に関する。図は尿が付着する可能性のある全ての部分を確実に洗浄することが可能な尿検査装置。	

2.1.4 技術開発拠点

特許出願においては、発明者住所は全て本社（大阪）の住所となっている。

2.1.5 研究開発者

松下電器産業の出願件数と発明者数を図2.1.5-1に示す。1994年まで発明者数が増加し、その後97年にピークはあるが、減少傾向にある。96年頃から出願自体は増加している。

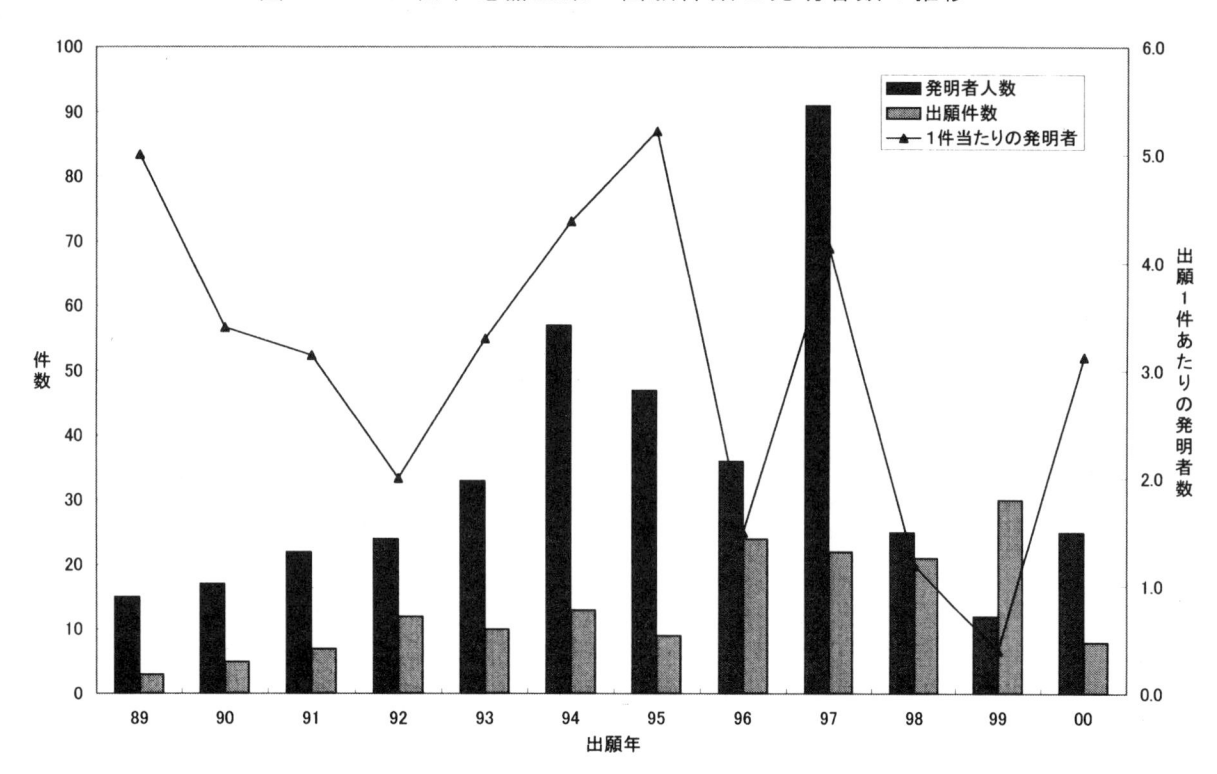

図2.1.5-1 松下電器産業の出願件数と発明者数の推移

2.2 東陶機器

2.2.1 企業の概要

表 2.2.1-1 東陶機器の企業概要

商号	東陶機器株式会社
設立年月日	大正6年5月
資本金（百万円）	35,579（2001年3月現在）
従業員	9,452名
事業内容	衛生陶器、水栓金具、バス・キッチン商品他製造販売
技術・資本提携関係	技術提携／PPG Inc（米国）
事業所	本社／北九州市 工場／小倉、行橋、中津、大分、滋賀、茅ヶ崎、岐阜
関連会社	国内／東陶メンテナンス、東陶エンプラ、日本タイル、東陶メンテナンス、愛知東陶、千葉東陶他 海外／東陶機器中国、TOTOKIKI マレーシア、TOTOUSA、北京東陶、南京東陶他
業績（百万円）	01/3 売上高 371,765　経常利益 6,944
主要製品	レストルーム商品、バス・キッチン・洗面機器、光触媒
主要取引先	愛知電機、小糸工業、川崎製鉄、販売代理店

2.2.2 バイオセンサ技術に関する製品・技術

バイオセンサ技術が適用されている可能性がある製品を表2.2.2-1に示す。

表 2.2.2-1 東陶機器のバイオセンサ技術に関する製品・技術

製品	製品名	発売年月日	出典
尿糖検査機	ウェルユー	1999年8月	東陶機器のホームページ

2.2.3 技術開発課題対応保有特許の概要

図2.2.3-1に東陶機器の分野別出願比率を、表2.2.3-1にバイオセンサ技術開発課題対応特許の概要を示す（課題と解決手段の詳細については、前述の1.4を参照）。酸化還元酵素センサおよび免疫センサの出願比率が高い。

図2.2.3-1 東陶機器の分野別出願比率

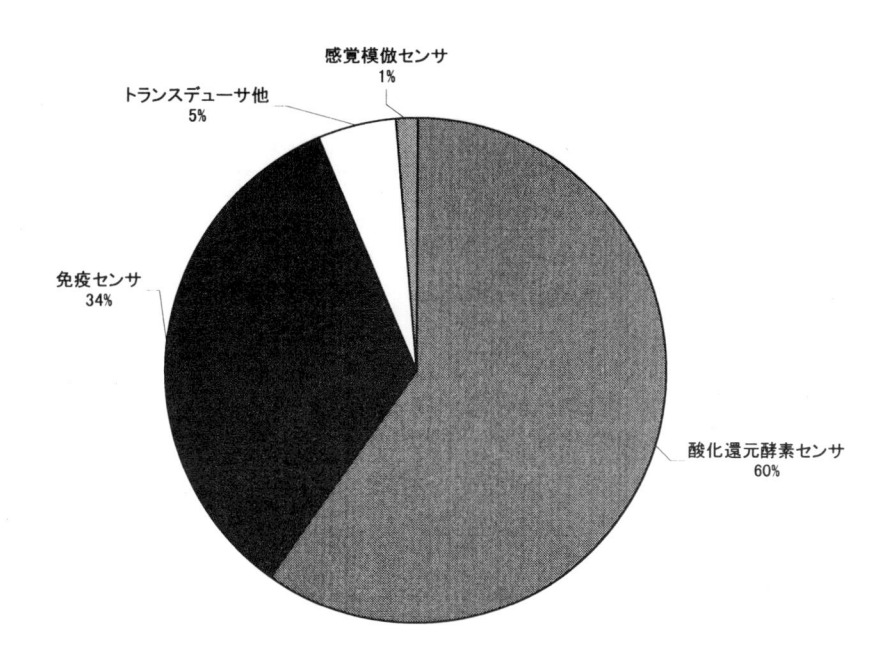

- 感覚模倣センサ 1%
- トランスデューサ他 5%
- 免疫センサ 34%
- 酸化還元酵素センサ 60%

表2.2.3-1 東陶機器のバイオセンサ技術開発課題対応特許の概要（1／5）

技術要素	課題	特許番号	特許分類	概要(解決手段要旨)
酸化還元酵素センサ	高精度化	特開平6-324015	G01N 27/327	絶縁性基板に測定用凹所を設け、その開口部の上部に作用電極、対極、撥水層を形成、凹部内に識別層を形成した構造で、固定化酵素の失活を防止。
	高精度化	特許3063352 特開平9-21779	G01N 27/416	ハンディタイプの尿糖センサは、尿中の糖濃度が濃すぎると正しく測定できない。制限透過膜を用いることにより、成分の一部のみを透過させて測定する。
	高精度化	特開平5-126792	G01N 27/416	注水を感知し、注水終了後に尿糖測定をすることで、測定精度の向上をはかる。
	迅速化	特許3084956	G01N 27/414	尿糖値測定において、エラーチェックを要求すると、補充的較正が行われ、較正液に対する更新されたフローセル出力に基づいて尿糖値演算のやり直しを行うシステムの導入。

表2.2.3-1 東陶機器のバイオセンサ技術開発課題対応特許の概要（2/5）

技術要素	課題	特許番号	特許分類	概要（解決手段要旨）
酸化還元酵素センサ（続き）	安定化	特開平9-15204	G01N 27/416	水素イオン濃度の変化を測定することによって、安定した排卵日の測定が可能。作用極表面に酵素固定化膜を形成する。
	安定化	特開平5-87768	G01N 27/327	センサに酸化還元酵素及び酸化型色素のほかに阻害物質を酸化する酵素を担持する固定化酵素膜を形成して、阻害物を排除する。
	安定化	特開2001-165892	G01N 27/327	共存妨害物質の透過を選択的に阻止する選択透過膜を担持する集電体は、少なくとも表層部を、金属と無機物や有機物とを共に含む混合体にする。
	安定化	特開2000-310635 特開2000-241414 特開2000-310634 特開2000-241411 特開2000-241413 特開2000-310631 特開2000-241420 特開2000-241419	G01N 33/493	健康管理に際して、温度環境を準備する環境準備手段と、所定の条件が成立したときに、温度環境準備手段に温度環境準備動作させる等の検出制御手段を具備。
	安定化	特開2001-66285 特開2001-66299 特開2001-66277 特開2001-66286 特開2001-66284	G01N 27/416 G01N 33/493 G01N 27/327	液体供給路内に滞留する溶液を置換する必要があるかを判断し、置換が必要な場合には、液体供給内に滞留する溶液を、新たな溶液により置換させる制御手段を導入することより、気泡混入を防止。
	安定化	特開平7-113773	G01N 25/48	生体物質担体を温度検出素子と区画部材の区画体との間隙に介在。PVA-SbQの光重合を経て、酵素を生体物質担体に固定した上で、さらにサーミスタに直接固定して、固定化向上を図る。

表2.2.3-1 東陶機器のバイオセンサ技術開発課題対応特許の概要 (3/5)

技術要素	課題	特許番号	特許分類	概要(解決手段要旨)	
酸化還元酵素センサ（続き）	低コスト化	特開平8-178887	G01N 27/327	基板、電極、選択透過膜、酵素膜、選択透過膜をはさんで、電極に対向して配置された端子を具備した構造により、端子の取り出し部の改良及び製造低コスト化。	
免疫センサ	高精度化	特開2000-65708	G01N 5/02	特定の生体成分に親和性を持つ補足物質を、圧電素子上に積層下電極上に担持して、尿中の特定成分を高精度・低コストで測定。	
	高精度化	特開2000-266749	G01N 33/531	免疫センサについて、特に便器利用型の場合、素子を再生する際には抗原・抗体を解離する作業が必要である。この解離条件が過酷で抗体タンパク質の立体構造が崩壊し、感度低下し易い。抗原との結合部位だけを取り出した1本鎖抗体に、分子内架橋や分子表面への親水性アミノ酸導入して安定化する。	
	高精度化	特開平8-193946 特開平9-96605	G01N 21/27	SPRセンサの場合、基質吸着量が少ないと感度が低下するので、凹レンズを介在させて広い範囲の光をCCD素子に集める。	
	迅速化	特開平9-257701	G01N 21/27	短時間の多サンプル処理のため、測定毎に交換可能な検知ピースを取り付けることにより、抗体の再生用に測定毎に膜を洗浄する作業を不要とした。	
	簡便化	特開2000-55805	G01N 21/27	入射を拡散する扇形ビームとする拡散手段を設けたことで、集光レンズのような焦点距離の考慮が不用で小型化可能なSPRセンサ。	

表2.2.3-1 東陶機器のバイオセンサ技術開発課題対応特許の概要（4／5）

技術要素	課題	特許番号	特許分類	概要(解決手段要旨)
免疫センサ（続き）	簡便化	特開平11-118802	G01N 33/543	基準となる共振カーブと、色素を結合させた際の共振カーブを比較することにより低濃度・低分子サンプルを検出する。
	安定化	特開平7-159311	G01N 21/27	表面金属薄膜でエバネッセント波を検出するSPRセンサについて、繰り返し使用で機能が劣化しないように、被測定用液の保水部に基質と認識物質を固定し、これを金属薄膜に固定する。
	安定化	特開2001-59846	G01N 33/543	チップ表面に試料を供給し補足物質との結合量を測定するモードと、この補足物質の活性を維持するための溶液を供給する第2のモードを備えた、高温・長期間でも安定なバイオセンサチップ。
	安定化	特開平11-281570	G01N 21/27	SPRセンサは周囲温度の影響を受けやすいので、検出部位上流に温度調節手段を設ける。
	低コスト化	特開2000-65839	G01N 33/72	ヒトヘモグロビン量と糖加型ヒトヘモグロビン量を在宅で容易に測定できるように、ヒトヘモグロビンを検出する機能と、糖加型ヒトヘモグロビン量を測定する機能を有するセンサ部（センサ上に抗体を配置）と、これに試料を供給する流路を設ける。

表2.2.3-1 東陶機器のバイオセンサ技術開発課題対応特許の概要（5／5）

技術要素	課題	特許番号	特許分類	概要(解決手段要旨)
免疫センサ（続き）	低コスト化	特開平9-33427 特開平9-257698	G01N 21/27	従来のSPRセンサの光学系は高価でレンズを汚さぬよう扱い煩雑だったので、光透過媒体への伝送に全反射面を対向させたアクリルの透光性基板を用いるだけで、高価な光デバイス不用とした。安価な屈折率分布型レンズを使用し、小型化・低コスト化し、結果として測定精度向上を実現。
感覚模倣センサ	安定化	特開2000-356639	G01N 33/543	家庭トイレで使用のセンサは抗体を使う限り蛋白の劣化が不可避なので、分子認識部位を残して基本構造が堅牢な人工高分子を、モレキュラーインプリンティングで作成。
トランスデューサ他	高精度化	特開2001-183292	G01N 21/27	銀薄膜の上に無機物または有機物を含む第二層を設けることで、SPRセンサの温度変化の影響低減。
	簡便化	特開平7-234217 特開平11-326316	G01N 33/493	細長い尿収集樋を有する採尿容器とし、尿量の測定により一定量を超えた場合にのみ測定することで、確実な採取ができ男女問わず確実に尿サンプリングが可能な装置。
	用途拡大	特開平9-257696	G01N 21/27	SPRセンサのRNAの先端にセンサチップユニットを取り付け、狭い場所での測定に適応した。

2.2.4 技術開発拠点

　　福岡県　　本社・小倉第一工場
　　　　　　　小倉第二工場
　　神奈川県　茅ヶ崎工場

2.2.5 研究開発者

東陶機器の出願件数と発明者数を図2.2.5-1に示す。同社の出願は97年に減少したが、総じて増加傾向にあり99年には急増した。なお、この99年にバイオセンサを使用した尿糖検査器ウェルユーを発売した。

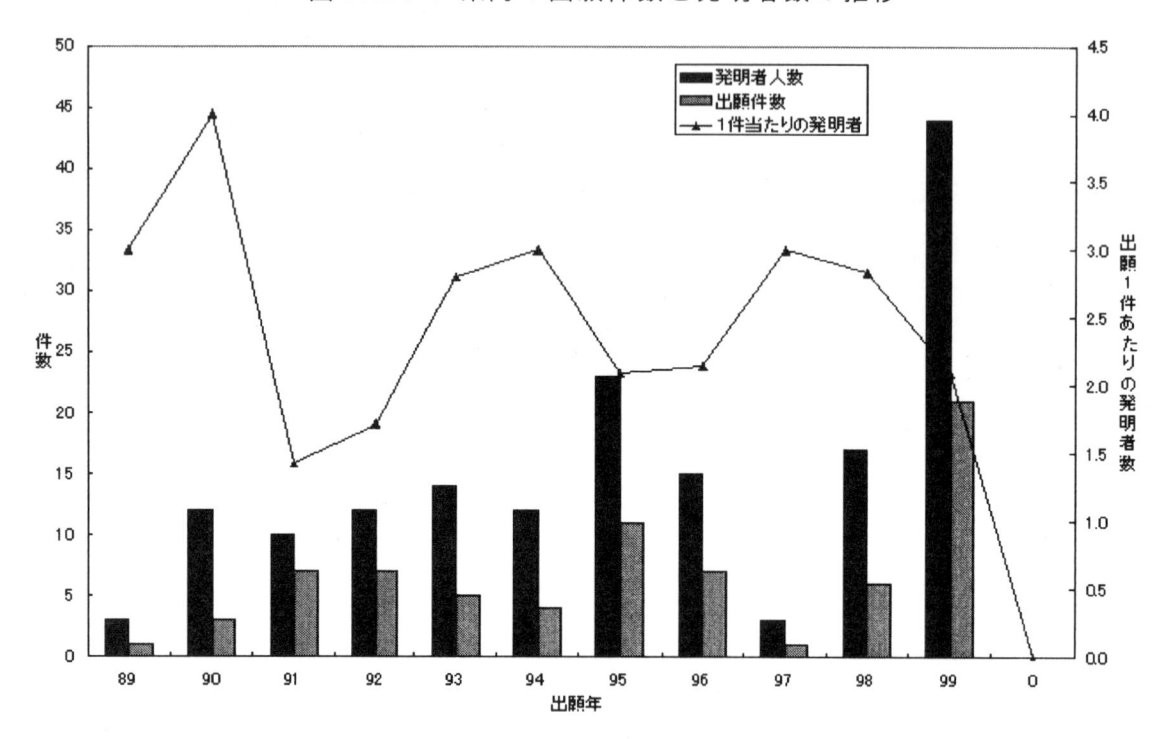

図2.2.5-1 東陶の出願件数と発明者数の推移

2.3 エヌオーケー

2.3.1 企業の概要

表2.3.1-1 エヌオーケーの企業概要

商号	エヌオーケー株式会社
設立年月日	1939年12月
資本金 （百万円）	15,911 （1992年5月現在）
従業員	4,280名 （2001年6月現在）
事業内容	工業用ゴム製品、シール製品、フレキシブル基盤他
技術・資本 提携関係	資本提携／フロイデンベルグ社(独)、ルブラジルUSA、インテグラルアキュームレータKG(独)
事業所	本社／東京都 工場／茨城、鳥取、福島、神奈川、静岡、佐賀、熊本
関連会社	国内／イーグル工業、日本メクトロン、ネオプト 海外／NOKアジア、NOKインドネシア(インドネシア)、平和オイルシール工業(韓国)他
業　績 （百万円）	01/3 売上高234,933　　経常利益7,047
主要製品	工業用ゴム製品、自動車用オイルシール、フレキシブル基板
主要取引先	トヨタ自動車、日産自動車、ホンダ、三菱自動車、マツダ他
特許流通 窓口	知的財産部　技術契約課／神奈川県藤沢市辻堂新町4-3-1 ／TEL 0466-35-4608

2.3.2 バイオセンサ技術に関する製品・技術

　調査した範囲では製品情報は得られなかった。なお、同社では農林水産省の「高機能バイオセンサーを活用した新食品製造技術の開発」プロジェクト（平成10年度～平成14年度）で、「マルチセンサを用いた食品製造工程及び出荷工程における糖・有機酸等の品質指標を同時に測定できるバイオセンサの開発」の開発を行っている。

2.3.3 技術開発課題対応保有特許の概要

図2.3.3-1にエヌオーケーの分野別出願比率を、表2.3.3-1にバイオセンサ技術開発課題対応特許の概要を示す（課題と解決手段の詳細については、前述の1.4を参照）。酸化還元酵素センサの出願比率が高い。

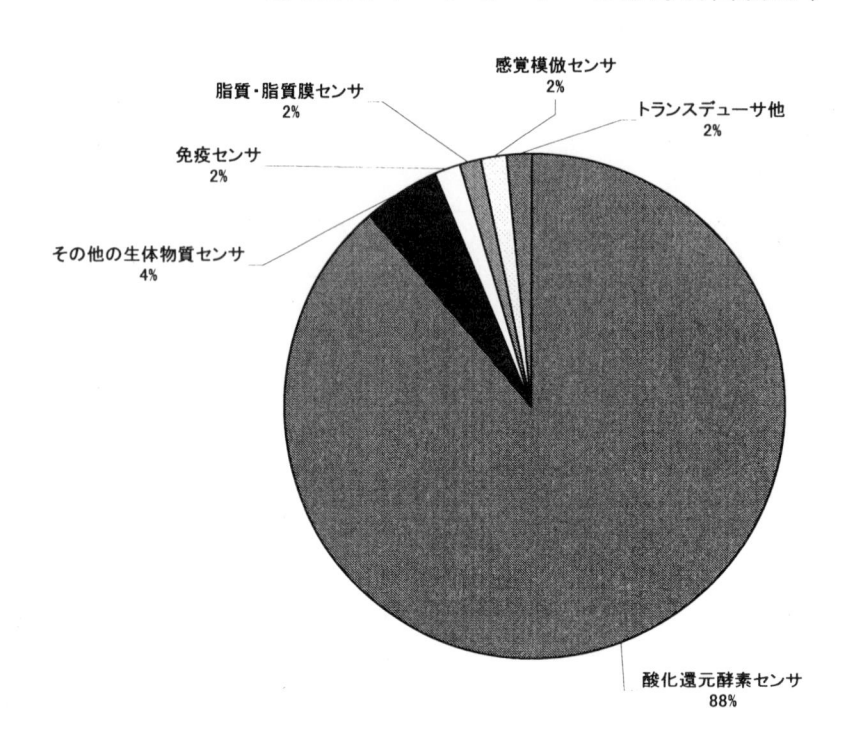

図2.3.3-1 エヌオーケーの分野別出願比率

- 脂質・脂質膜センサ 2%
- 感覚模倣センサ 2%
- トランスデューサ他 2%
- 免疫センサ 2%
- その他の生体物質センサ 4%
- 酸化還元酵素センサ 88%

表2.3.3-1 エヌオーケーのバイオセンサ技術開発課題対応特許の概要（1/5）

技術要素	課題	特許番号	特許分類	概要（解決手段要旨）
酸化還元酵素センサ	高精度化	特開2001-50925 特開平9-210948 特開2000-39415 特開平6-317554 特開平9-152415 特開平10-153571 特開平9-222412 特開平4-370756 特開平5-273173	G01N 27/327	絶縁性基板の電極系上に、酵素、電子伝達体、陽イオン界面活性剤の混合物層を形成することにより、混合層が均一化し測定出力が向上する。

表2.3.3-1 エヌオーケーのバイオセンサ技術開発課題対応特許の概要 (2/5)

技術要素	課題	特許番号	特許分類	概要(解決手段要旨)
酸化還元酵素センサ (続き)	高精度化	特開平11-101772 特開平11-83786 特開平11-101772 特開平10-153572 特開平10-19834	G01N 27/327	バイオセンサのカーボン電極をアセチレンブラック-グラファイト(重量比:1:2.5-5.5)混合物よりなるカーボンペーストから形成し、少なくとも作用極はグルタルアルデヒドで表面処理する。
	安定化	特開平9-65897	C12Q 1/54	ワサビ中に存在するシニグリンから生産されるグルコース量を定量し、ワサビ辛さの指標とすることで直接測定を実現。
	安定化	特開平11-14585 特開平10-153573 特開平10-19832	G01N 27/327 G01N 27/27	電極間に規定の電位を印加することにより、低濃度から高濃度の被測定溶液について直線性のよい検量線が得られる。
	安定化	特開平11-108879 特開平10-332626 特開平11-94791	G01N 27/327	デバイス本体へのセンサ挿入判断を、センサ側にセンサ挿入判別用電極による挿入信号端子を設置に具備して、装置の誤動作を防止。
	安定化	特開2000-131262 特開平9-189677	G01N 27/28 G01N 27/416	測定液の注入口および排出口を設けた多孔質体側に作用極を、多孔質体外または壁内に作用極と電気導通しを確保した対極を設置した構造を導入する。

表2.3.3-1 エヌオーケーのバイオセンサ技術開発課題対応特許の概要 (3/5)

技術要素	課題	特許番号	特許分類	概要(解決手段要旨)
酸化還元酵素センサ（続き）	安定化	特開平10-340758	H01R 13/642	センサモジュール端子と本体モジュール端子とを着脱自在に電気的に接続するコネクタを作成。
	安定化	特開平4-222590	C12N 11/10	キトサン膜にグルタルアルデヒドを介して酵素を固定化することで、酵素の結合力を強化する。
	安定化	特開平10-185859	G01N 27/327	酸化還元酵素-電子伝達体混合物溶液を塗布した後の乾燥を真空乾燥法によって実施し、出力安定性の向上を図る。
	低コスト化	特開2000-65777 特開平11-125618 特開2000-65777 特開平11-248667 特開平11-201933	G01N 27/327	電極を形成した２枚の基板を、基板側面部に設けられた折り曲げ可能な立ち上り部によって一体化させた対面構造。
	低コスト化	特開平11-94790	G01N 27/327	対面構造において、各電極を内側に設けた各基板を接着剤層を介して接着する工程。
その他の生体物質センサ	高精度化	特開平9-189677	G01N 27/416	タンパク質バイオセンサを用いたフロー・インジェクション・アナリシス法によるタンパク質量の測定では、タンパク質選択性が不充分なのでタンパク質以外の成分の影響を排除するため、センサと測定サンプル注入部とを別流路にした。注入された測定サンプルを分離膜と接触させ、タンパク質以外の成分を分離した後にタンパク質バイオセンサと接触させてタンパク質量を測定する。

表2.3.3-1 エヌオーケーのバイオセンサ技術開発課題対応特許の概要 (4/5)

技術要素	課題	特許番号	特許分類	概要(解決手段要旨)
その他の生体物質センサ(続き)	簡便化	特開平8-189913	G01N 27/327	構成が簡単であり、そのため小型化が可能であって、製作性および操作性の点でも容易なタンパク質バイオセンサの開発作用極リード電極上またはタンパク質感応性金属薄膜を、また参照極リード電極上には銀／塩化銀電極を設ける。単純構成作用極感応部をニッケルとした場合、強アルカリ溶液と接触することで水酸化ニッケルを生成。この生成物とタンパク質還元性残基と接触すると残基を酸化し、電流が発生する。
	低コスト化	特開平4-244944	G01N 5/02	カリウムの安価な定量法として、カリウムと結合するバリノマイシンを使用することが考えられるが、共有固定化に適さず分子が小さく普通の膜からも漏れるので、水晶振動子表面にバリノマイシンを入れた脂質膜を用いる。
脂質・脂質膜センサ	安定化	特開平11-248669	G01N 27/333	味覚センサを用いる測定方法において、測定履歴が残り再現性悪い。同一基板上に参照極を含む複数の電極を形成させ、参照極以外の電極部上に脂質膜を形成することで、製作を容易とし、使い捨てを可能とした。
感覚模倣センサ	簡便化	特開平4-52546	G01N 5/02	水溶液中のコレステロールやトリハロメタンをTOC計で測ると、装置大きくコストとかかるので、水晶振動子表面にシクロデキストランを固定したセンサで計測。

表2.3.3-1 エヌオーケーのバイオセンサ技術開発課題対応特許の概要 (5／5)

技術要素	課題	特許番号	特許分類	概要(解決手段要旨)
トランスデューサ他	簡便化	特開平10-104191	G01N 27/28	電源切り忘れ防止のため、自動オフ機能を付与。

2.3.4 技術開発拠点
　神奈川県　　藤沢事業所

2.3.5 研究開発者
　エヌオーケーの出願件数と発明者数を図2.3.5-1に示す。

図2.3.5-1 エヌオーケーの出願件数と発明者数の推移

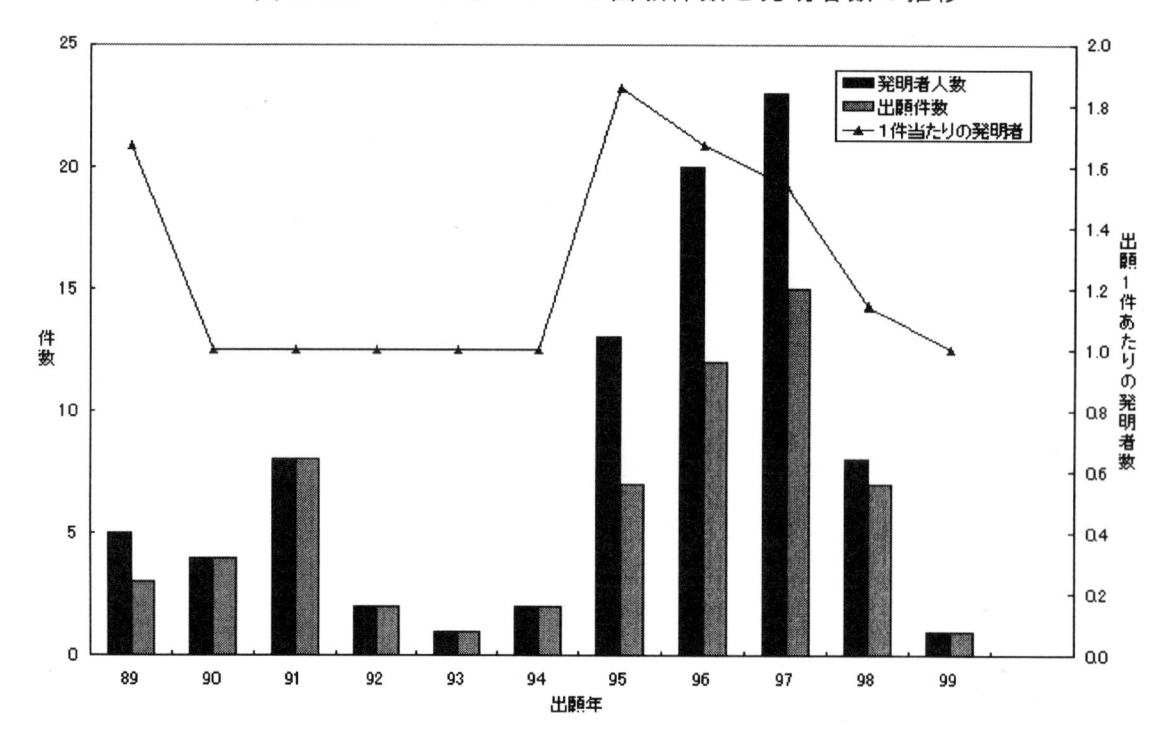

2.4 日本電気

2.4.1 企業の概要

表 2.4.1-1 日本電気の企業概要

商号	日本電気株式会社
設立年月日	明治 32 年 7 月
資本金 （百万円）	244,700(2001 年 3 月現在)
従業員	単独 34,878 名、連結 149,931 名
事業内容	コンピュータ、通信機器、電子デバイス、ソフトウェアなどの製造販売を含むインターネットソリューション事業
技術・資本 提携関係	技術提携／マイクロソフト（米国）、三星電子(韓国)他
事業所	本社／東京都 事業所／三田、玉川、府中他 3 ヵ所
関連会社	アネルバ、アンリツ、NEC 東芝情報システム、東洋通信機、トーキン、日本電気硝子、昭和オプトロニクス他
業　績 （百万円）	01/3 売上高 5,409,736　　経常利益 92,323
主要製品	パソコン及びその周辺機器、ビジネス・ハード、ビジネス・ソフト、ネットワークシステム、電子デバイス他
主要取引先	ＮＴＴ、ＫＤＤＩ等

2.4.2 バイオセンサ技術に関する製品・技術

　日本電気では、表 2.4.2-1 に示すようにバイオセンサの研究開発を進めてはいるが、調査した範囲では製品情報は得られなかった。なお、バイオセンサは CMOS センサ、加速度センサとともに、現在研究中である（出典；日本電気のホームページ）。

表 2.4.2-1 日本電気のバイオセンサ技術に関する製品・技術

製品	製品名	発売年月日	出典
集積型 SOS/ISFET バイオセンサ	－	研究中	化学センサ研究会発表
無侵襲連続血糖値測定装システム	－	研究中	ＮＥＤＯのプロジェクト参加

2.4.3 技術開発課題対応保有特許の概要

　図 2.4.3-1 に日本電気の分野別出願比率を、表 2.4.3-1 にバイオセンサ技術開発課題対応特許の概要を示す（課題と解決手段の詳細については、前述の 1.4 を参照）。細胞器官センサの出願比率が比較的高い。

図2.4.3-1 日本電気の分野別出願比率

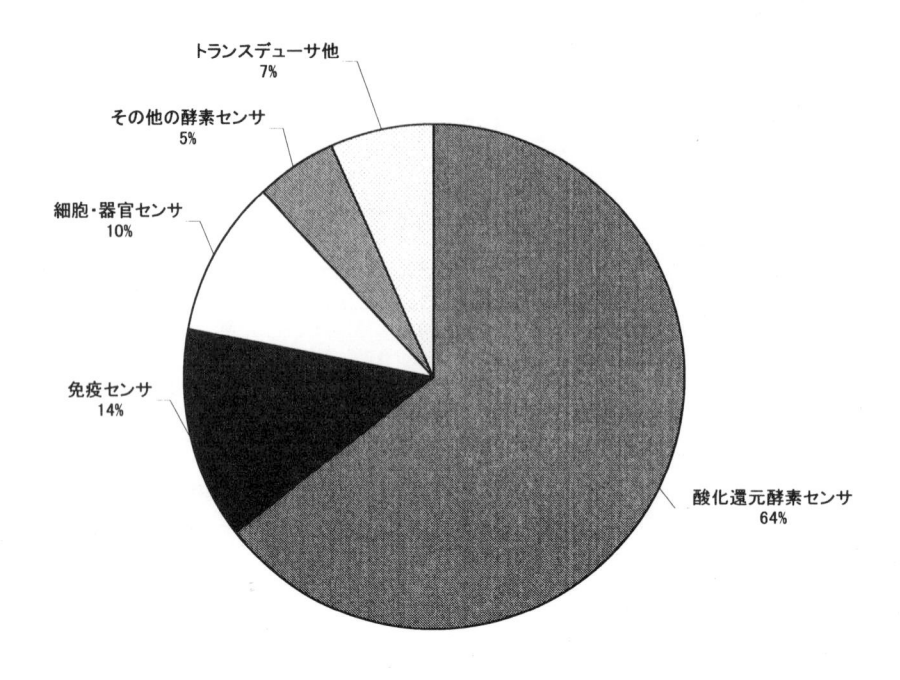

- トランスデューサ他 7%
- その他の酵素センサ 5%
- 細胞・器官センサ 10%
- 免疫センサ 14%
- 酸化還元酵素センサ 64%

表2.4.3-1 日本電気の日本電気技術開発課題対応特許の概要（1／5）

技術要素	課題	特許番号	特許分類	概要(解決手段要旨)	
酸化還元酵素センサ	高精度化	特開2001-215208	G01N 27/333	反応部を設けたセンサ素子基板と、二つ以上の配線導体が表面に設けられた配線基板とを内蔵構成。接続される作用極において、表面積可変制御が可能なため、高精度化。	
	簡便化	特開2001-194334 特許3060991	G01N 27/28	センサカートリッジにおいて、試料導入流路と、試料流入のための吸引孔とが形成され且つ、反応部と伝達手段とが隔絶された構造で保存中の反応部の乾燥を防止する。	
	簡便化	特許2953505	G01N 27/28	測定セルの秤量部の上部を円錐型にし、この頂点に試料注入口を設置。また秤量部の底面にOリングを介してセンサを実装することで、微量定量が可能。	

表2.4.3-1 日本電気の日本電気技術開発課題対応特許の概要（2／5）

技術要素	課題	特許番号	特許分類	概要（解決手段要旨）
酸化還元酵素センサ（続き）	簡便化	特許2692650 特許2687947	A61B 5/14	皮膚表面を吸引することで表面から体液をしみ出させ、非侵襲的に体液試料を取得する。
	安定化	特開平7-103939	G01N 27/416	通常のセンサ出力を測定する印加電位の他にアスコルビン酸のみに反応する電位を繰り返して印加する測定法。
	安定化	特許3063716	G01N 27/48	試料溶液の電位を基準として、その電位から電圧漸増させて、作用極と参照極間に最適な測定電位を印加。
	安定化	特開2000-81410	G01N 27/327	電極と、尿素化合物を主成分とし電極の少なくとも一部を被覆する電極保護層と、電極および保護層を覆うように形成された固定化酵素からなる構造。
	低コスト化	特開2001-215207 特開2001-41919	G01N 27/327	トランスデューサが形成された基板上に機能性膜を形成し、その上に測定対象物質を透過する物質、すなわちスペーサを島状に形成する方法。
	低コスト化	特許2770783 特許2946913 特許2993240 特許2687942	G01N 27/327 G01N 27/414 C12Q 1/00	電極系基板上において、固定化された酵素膜の1個にのみ赤外レーザ光を、マスクを用いないで選択的に照射し不活性酵素膜にする工程により、固定の効率化を図る。

表2.4.3-1 日本電気の日本電気技術開発課題対応特許の概要（3／5）

技術要素	課題	特許番号	特許分類	概要（解決手段要旨）
酸化還元酵素センサ（続き）	低コスト化	特許3102378	G01N 27/327	製造工程において、粘着性シートを用いてリフトオフする。また粘着性シート上に酵素及び架橋剤を含む溶液をスピンコーティングあるいはキャスティングによる塗布を行う。
	低コスト化	特許2737710	G01N 27/327	導電性マスクを密着して設置、電極材となる金属を堆積した後、マスクを介して導通した絶縁基板全面に電解液中にシランカップリング剤処理前の電解処理を施す工程と、基板上にシランカップリング剤を塗布する工程と、酵素膜を形成する工程で絶面基板を分断することなく一貫して行う方法。
	低コスト化	特許2694818	G01N 27/414	ISFETでは外部と半導体層の絶縁重要だが、サファイア基板は高価である。一方プラズマCVDで島状に作ると壊れやすい。これを防ぐため、半導体層と同じ高さにしたゲート絶縁膜を平坦状に形成。
	低コスト化	特許3104669	G01N 27/327	バイオセンサをフォトリソグラフィで作ると設備投資必要で価格高騰しがちになるので、製造工程を簡素化する。コンタクトピンの圧接でグルコース検出膜を破り、電極に接触させるようにしたため、電極上の検出膜を除去する工程が不要である。

表2.4.3-1 日本電気の日本電気技術開発課題対応特許の概要（4/5）

技術要素	課題	特許番号	特許分類	概要(解決手段要旨)
その他の酵素センサ	簡便化	特許2760335	G01N 27/416	測定操作が簡単で信頼性もある蛋白質センサを開発するため、基板上にある二つのトランジスタの一方に親水性有機膜を形成し、二つのトランジスタの出力電位差に基づき濃度を換算。親水性有機膜を形成したトランジスタでは蛋白質の電荷が打ち消されて、トランジスタの界面電極は変化しない。イオン感応性電解効果型トランジスタとし、同膜をアルブミン-グルタルアルデヒド架橋膜とすることも可能。
	安定化	特許2946913 特許2993240	G01N 27/414 C12Q 1/00	半導体ウェハ上にフォトレジストを塗布した後、フォトリソグラフィー法によるタンパク質固定化膜または固定化酵素が設けられべき所定のISFET表面のフォトレジストを除外。その上からシランカップリング剤をスピン塗布して、膜層の均一化する。
	安定化	特許2616117	G01N 27/333	修飾電極用金属層上に機能性膜が被覆された平板金属電極において、金属層の縦および/または横方向の幅を機能性膜幅の10分の1以下に設定。膜密着性の向上を図る。
免疫センサ	簡便化	特許2694809	G01N 33/543	基質を酸や塩基に分解する酵素を入れておき（例えば、ウレアーゼで尿素をアンモニアに分解）非反応分を緩衝液でうち消し、反応分のpH変化を検出することで、酵素の基質溶液添加と共用となりセンサ洗浄の手間を省く。
	安定化	特開平4-320967 特許2560538 特許2962031	G01N 33/543	免疫センサの反応を音響で拾うとノイズが多くなる。反応時は反応層側に磁石を置いて反応を促進し、反応後は反対側に磁石を置いて（残り粒子遠ざけ）ノイズを低減する。ラテックスラベルの際は、デバイス部分をセルの上部にし未反応のラテックス下にためる。

表2.4.3-1 日本電気の日本電気技術開発課題対応特許の概要（5／5）

技術要素	課題	特許番号	特許分類	概要（解決手段要旨）
免疫センサ（続き）	低コスト化	特許2924707	G01N 33/543	光導波路型蛍光免疫センサにおいて、グレーティングを光カップリングに応用するためにはサブミクロンの微細加工必要なので、光導波路層に酸化シリコンやポリイミド採用。
細胞・器官センサ	迅速化	特開平8-242885 特開平7-184686 特許3052895	C12Q 1/02	キノンの酸化還元、インピーダンス測定、光プローブの走査などで、細胞活性測定を迅速に行う。
	簡便化	特許2973976	C12Q 1/06	毒性試験に接着性細胞を用いる方法である。基板上に細胞接着性の領域を配列し、この上で接着性細胞を培養する。検体に毒性があるとこの領域への選択的接着が阻害される。細胞が並ぶので計数しやすい。
	安定化	特許2570621	C12M 3/00	細胞を基板に望むように配列させるパターンニング方法。細胞が不用なところには、細胞の生育に必要な酸素消費する酵素膜を固定する。その部分に細胞は生えない。
	低コスト化	特開平6-311879	C12M 1/00	個体撮像素子の撮像面上部で培養細胞の形態変化を検出することで、総合的毒性判断を行う。

2.4.4 技術開発拠点
特許出願においては、発明者住所は全て本社（東京）の住所となっている。

2.4.5 研究開発者
日本電気の出願件数と発明者数を図2.4.5-1に示す。

図2.4.5-1 研究開発担当者数の推移

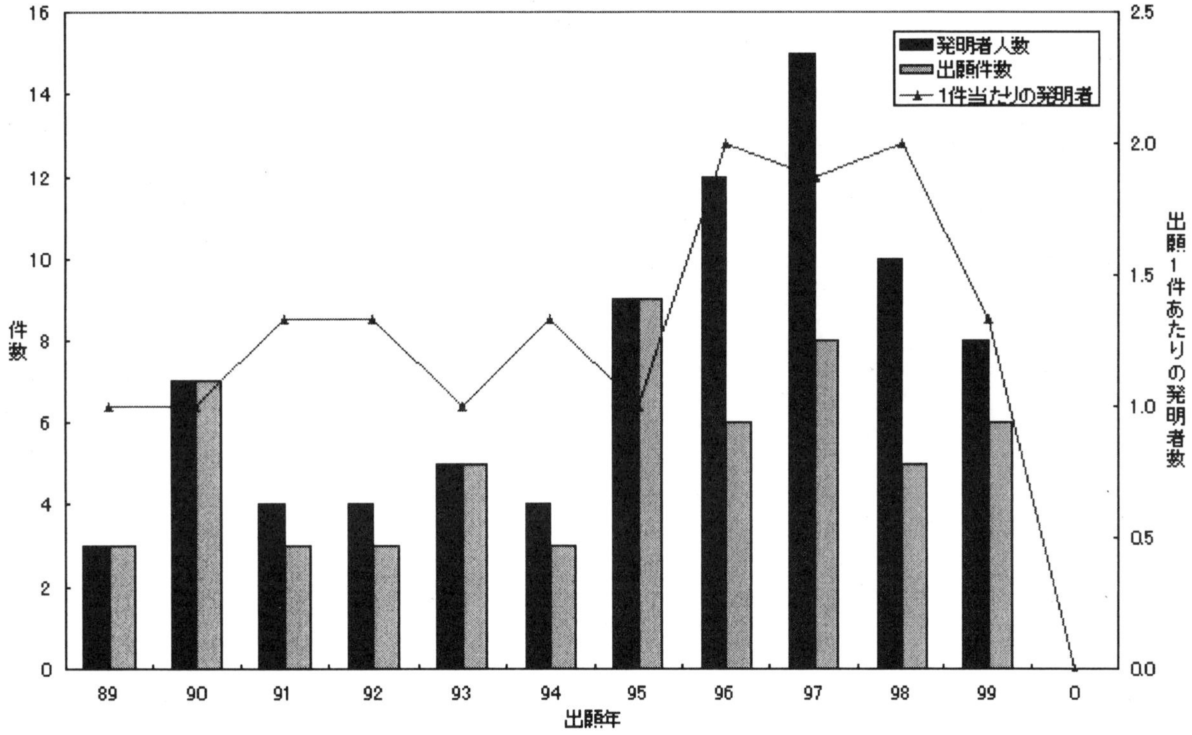

2.5 日立製作所

2.5.1 企業の概要

表 2.5.1-1 日立製作所の企業概要

商号	株式会社日立製作所
設立年月日	大正 9 年 2 月
資本金 (百万円)	281,754(2001 年 3 月現在)
従業員	55,609 名
事業内容	情報・エレクトロニクス機器、電力・産業システム、家庭電機、材料他
技術・資本 提携関係	技術提携／日立ハイテクノロジーズ、ラクセル社（カナダ） ※日立ハイテクノロジーズ：日本計測器グループと半導体製造装置グループ及び日製産業との統合によりバイオ機器、医療・臨床分析機器等を扱う新会社として 2001 年 10 月にスタート。 ※ラクセル社（カナダ）：有機ＥＬ向け光学干渉膜技術ライセンス販売代理店契約締結。
事業所	本社／東京都 工場／グループ企業 13 社、研究所 7 社、支社 10 社
関連会社	国内／日立エンジニアリング、日立計測器サービス、日立ハイテクノロジーズ、日立メディコ、日立工機、日立メディアエレクトロニクス、日立化成工業、堀場製作所他 海外／Hitachi America,Ltd.（米国）他
業　績 (百万円)	01/3 売上高 4,015,824　経常利益 56,058
主要製品	家庭電気機器、コンピューター、産業システム機器、材料、電力機器
主要取引先	ＮＴＴ、東京電力、松下電器産業、大日本印刷他
特許流通 窓口	知的財産権本部　ライセンス第一部／東京都千代田区丸の内 1-5-1 ／TEL 03-3212-1111

2.5.2 バイオセンサ技術に関する製品・技術

　バイオセンサ技術が適用されている可能性がある製品を表 2.5.2-1 に示す。この他に遺伝子や抗体の検出に利用できるバイオセンサ用新材料を 2000 年 4 月に開発している。(出典；日経ベンチャー)

表 2.5.2-1 日立製作所のバイオセンサ技術に関する製品・技術

製品	製品名	発売年月日	出典
水道向け計装システム	EX-W7000 シリーズ	発売中	日立製作所のホームページ
自動分析装置	尿自動分析装置 6800	発売中	同上
生化学分析装置	日立自動分析装置 7600	発売中	同上
水質管理	配水水質モニタ AN570	発売中	同上
水質計測	多項目水質計 AN530	発売中	同上

2.5.3 技術開発課題対応保有特許の概要

図2.5.3-1に日立製作所の分野別出願比率を、表2.5.3-1にバイオセンサ技術開発課題対応特許の概要を示す（課題と解決手段の詳細については、前述の1.4を参照）。免疫センサおよび遺伝子センサの出願比率が高い。

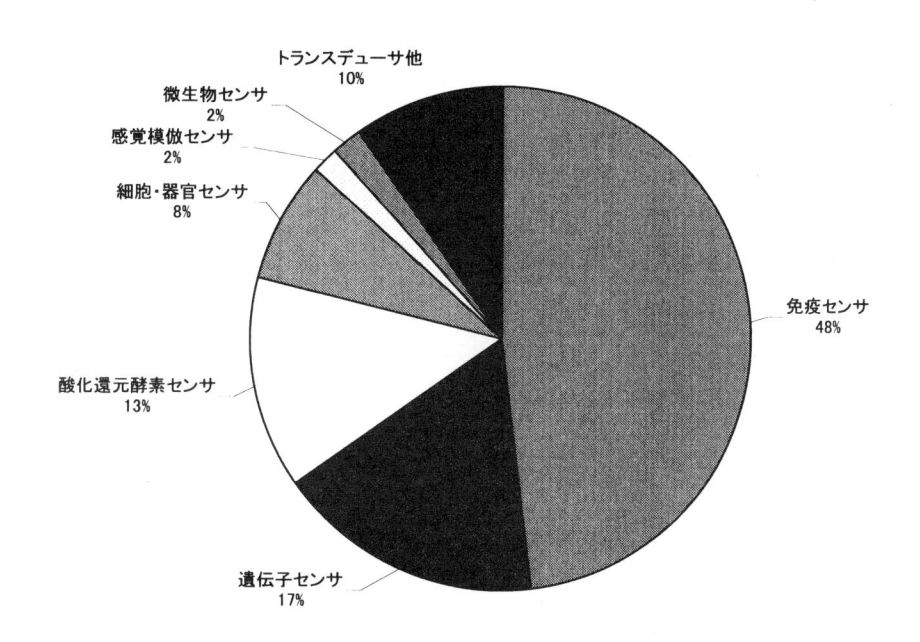

図2.5.3-1 日立製作所の分野別出願比率

- トランスデューサ他 10%
- 微生物センサ 2%
- 感覚模倣センサ 2%
- 細胞・器官センサ 8%
- 酸化還元酵素センサ 13%
- 遺伝子センサ 17%
- 免疫センサ 48%

表2.5.3-1 日立製作所のバイオセンサ技術開発課題対応特許の概要（1/5）

技術要素	課題	特許番号	特許分類	概要（解決手段要旨）
酸化還元酵素センサ	迅速化	特開平8-278281	G01N 27/414	FET電極のチャンネル幅を擬1次元的にまで短くし、ここに1本鎖DNA分解酵素を固定することで、処理速度を上げる。
	簡便化	特許 2601075	G01N 21/78	簡易血液取得法。

95

表 2.5.3-1 日立製作所のバイオセンサ技術開発課題対応特許の概要（2／5）

技術要素	課題	特許番号	特許分類	概要（解決手段要旨）
微生物センサ	簡便化	特開平7-323034	A61B 10/00	尿素を投与しアンモニアをガスセンサで検出することで、強力なウレアーゼを持つピロリ菌を検出。
免疫センサ	高精度化	特開平8-146002	G01N 33/543	測定試料中の特定物質に免疫学的な方法により磁性粒子及び電気的に化学発光する物質を標識として結合させ、この反応生成物を含む懸濁液をセルの流路に導く。続いて磁石により反応生成物を作用電極に捕捉し、さらに電圧印加を用いて化学発光を起こさせて、これを光電子倍増管により検出。
	高精度化	特開2000-55920	G01N 33/543	センサチップの基板はパターンニング法で複数の領域に分割され、各領域では異なる生体分子で修飾されているポリスチレン微粒子が一層吸着されている。被検体を蛍光色素で修飾し、これを基板に加えると抗体に対して特異的結合能を有する被検体であるタンパク質がポリスチレン微粒子に吸着し、蛍光色素が領域に結合。励起光照射により、蛍光色素または色素が励起されて発する蛍光信号を光学的を介しカメラモニタを行い、高感度の検出を図る。

表2.5.3-1 日立製作所のバイオセンサ技術開発課題対応特許の概要 (3/5)

技術要素	課題	特許番号	特許分類	概要(解決手段要旨)
免疫センサ（続き）	迅速化	特開2000-65833 特開平9-325148 特開平11-242032 特開2000-65833 特開平8-240596 特開平9-210999	G01N 33/543 G01N 35/02	発光物質と結合した磁性粒子と特定物質を含む懸濁液を吸引し、表面に溝または窪みが形成された磁石により磁性粒子を作動電極に捕捉する。捕捉後、緩衝液を流してBF分離を行い、磁性粒子からの発光量を光センサで高速検出する。
	安定化	特開平9-127126	G01N 35/08	反応用の導管は細いので公差が20%もあり誤差につながるので、反応部位の体積を電気化学的に測る。
	安定化	特開平10-111293	G01N 33/543	抗原決定基を持つ分子を膜に固定し、非特異吸着の原因となるF型を固定化するバックグラウンド排除機構。
	安定化	特開平8-136543	G01N 33/543	ECL効率上げるため、磁性で集めてから発光させたいが、電磁石は磁界が残る。そこで永久磁石で引きつけた後、磁石退避させ電極に印加する。
遺伝子センサ	高精度化	特開平5-236997	C12Q 1/68	独立したセルに異なるプローブを用いて、複数の標的ポリヌクレオチドを検出・分種する。

表 2.5.3-1 日立製作所のバイオセンサ技術開発課題対応特許の概要（4／5）

技術要素	課題	特許番号	特許分類	概要（解決手段要旨）
遺伝子センサ（続き）	簡便化	特開2001-56337	G01N 33/53	DNA伸張時の無機リン酸をATPに変換しルシフェラーゼで検出する。ゲルを使わない小型DNA分析装置。
	簡便化	特開2000-60554	C12N 15/09	DNAプローブを多種類保持したDNA検出用ポリヌクレオチドプローブチップ（多項目センサ）とするため、反応残基を持つゲル前駆体と、残基と結合する複数種のポリヌクレオチドプローブチップを準備し、セットから選んだプローブを種類毎にゲル前駆体と混合。試料を電気泳動で移動し、レーザ光で出る蛍光を一括して検出。
	低コスト化	特開平11-243997 特許3058667	C12Q 1/68	プローブDNAをまばらに配列させた微粒子に結合させた後に、他の細管や溝に移動させ密集構造とする安価で密なDNAプローブアレー。
細胞・器官センサ	迅速化	特開平11-83785	G01N 27/327	レセプターを卵母細胞に発現させた細胞プローブを作り、電気生理学的に測定するヒスタミンの短時間検出法。
	簡便化	特開2001-201481 特開2001-183329	G01N 27/327	卵細胞への薬剤注入・測定の自動化制御をガラス電極からの信号で行う電気生理自動計測方法。

表2.5.3-1 日立製作所のバイオセンサ技術開発課題対応特許の概要（5／5）

技術要素	課題	特許番号	特許分類	概要（解決手段要旨）
細胞・器官センサ（続き）	低コスト化	特開平11-299496	C12Q 1/02	卵母細胞を錐型の固定具で確実に固定して、薬剤を注入する。
感覚模倣センサ	安定化	特開平9-196883	G01N 27/333	感応膜と内部電極に応答する陽イオンと、内部電極に応答しない陰イオンとからなる内部電解質を適用し、起電力の安定性を高めたイオンセンサの開発。内部電解質を構成するイオンの種類に関し、陽イオンとして感応膜が応答を示す陽イオンと内部電極が応答を示す陽イオンを混合して用い、陰イオンとして内部電極が応答を示さない陰イオンを適用。

2.5.4 技術開発拠点

東京都　　基礎研究所
　　　　　中央研究所
茨城県　　那珂工場
　　　　　計測器事業部
　　　　　日立研究所
　　　　　機械研究所
埼玉県　　基礎研究所

2.5.5 研究開発者

日立製作所の出願件数と発明者数を図 2.5.5-1 に示す。

図 2.5.5-1 日立製作所の出願件数と発明者数の推移

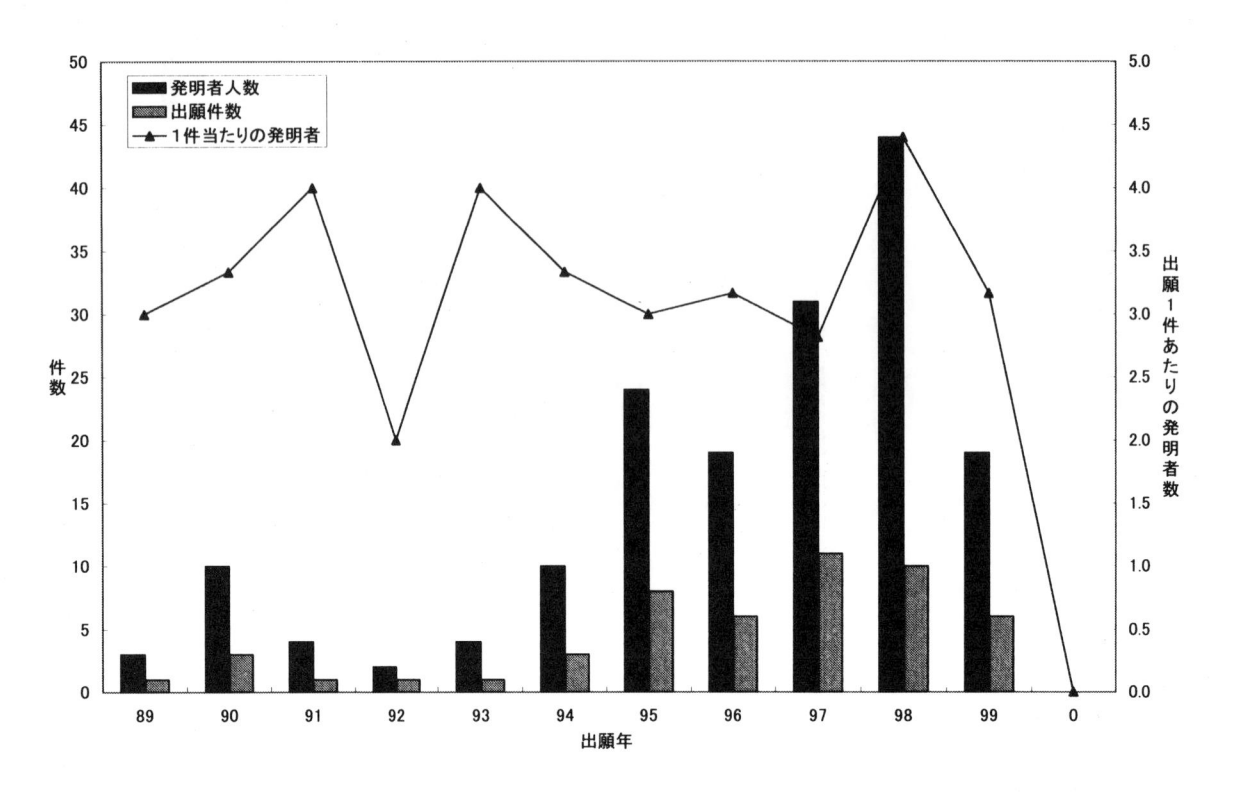

2.6 アークレイ

2.6.1 企業の概要

表 2.6.1-1 アークレイの企業概要

商号	アークレイ株式会社
設立年月日	1963 年 9 月
資本金 （百万円）	793（2001 年 11 月現在）
従業員	160 名
事業内容	臨床検査機器製造
技術・資本 提携関係	技術提携／宝酒造、松下電器産業 ※ 宝酒造：ライフサイエンス分野での宝酒造との関係は、遺伝子増幅技術 ICAN 法を用いた核酸検査システムに関する業務提携である。宝酒造が ICAN に使用するキメラプライマーや酵素等の試薬部分を開発、アークレイが機器と専用試薬からなるシステム開発及び本システムの医療現場での評価試験などの臨床開発および製造承認申請を担当するものである。 ※ 松下電器産業：血中乳酸センサであるラクテートプロを、松下電器産業と共同開発。松下寿産業が生産し、アークレイが販売している。
事業所	本社／京都市 工場／グループ企業 8 社
関連会社	国内／アークレイマーケティング、アークレイグローバルビジネス、アークレイファクトリー、アークレイデジタルラボラトリ、アークレイデジタルコンサルティング、アークレイオプトロン、自然科学、今津精器
主要製品	糖尿病検査システム、尿分析システム、健康食品他
主要取引先	松下電器産業、積水化学工業、東洋紡績、旭化成

2.6.2 バイオセンサ技術に関する製品・技術

バイオセンサ技術が適用されている可能性がある製品を表 2.6.2-1 に示す。

表 2.6.2-1 アークレイのバイオセンサ技術に関する製品・技術

製品	製品名	発売年月日	出典
糖尿病検査システム	ヘモグロビン測定装置	1981 年	アークレイのホームページ
	グルコース測定装置	1979 年	同上
	グリコアルブミン測定装置		同上
	関連項目測定装置	2000 年	同上
尿分析システム	全自動分析装置	1999 年	同上
	自動分析装置	1972 年	同上
	小型分析装置	1996 年	同上
	浸透圧測定装置	1979 年	同上
	ＰＳＰ測定装置	1978 年	同上
簡易検査システム	生化学分析装置	1988 年	同上
	自動免疫分析装置	1998 年	同上
	免疫反応測定装置	2000 年	同上
	小型自動測定機	1998 年	同上
	簡易乳酸測定器	1997 年	同上
	指先式脈拍計	2001 年	同上
	自動血球計数装置	2000 年	同上
	簡易血糖測定器	2000 年	同上

2.6.3 技術開発課題対応保有特許の概要

　図 2.6.3-1 にアークレイの分野別出願比率を、表 2.6.3-1 にバイオセンサ技術開発課題対応特許の概要を示す（課題と解決手段の詳細については、前述の 1.4 を参照）。酸化還元酵素センサの出願比率が高い。

図 2.6.3-1 アークレイの分野別出願比率

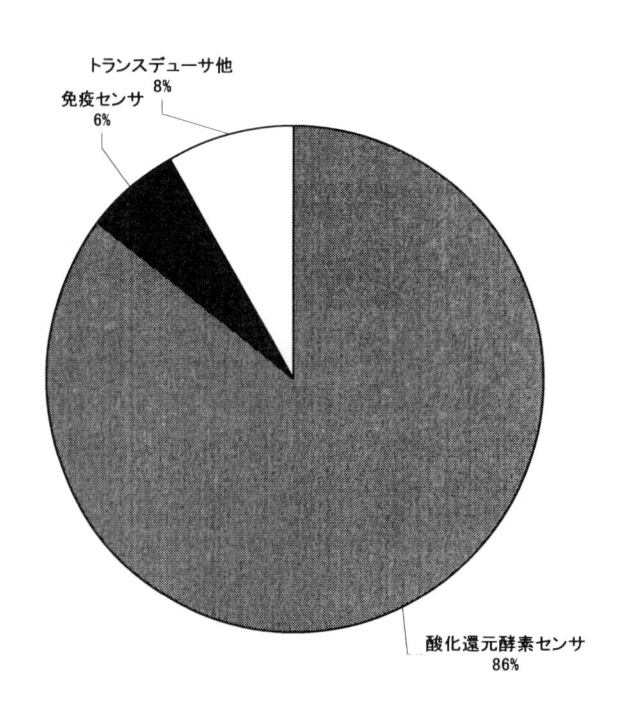

トランスデューサ他 8%
免疫センサ 6%
酸化還元酵素センサ 86%

表2.6.3-1 アークレイのバイオセンサ技術開発課題対応特許の概要（1/3）

技術要素	課題	特許番号	特許分類	概要（解決手段要旨）
酸化還元酵素センサ	高精度化	特開平9-127053	G01N 27/416	液体試料中の過酸化水素により電子伝達メディエータを酸化して、測定電極により酸化された電子伝達メディエータを電気化学的に還元してその際に得られる還元電流または電気量を測定。
	高精度化	特開平8-278276	G01N 27/327	親水性高分子層と、乳酸オキシダーゼおよび電子伝達体からなる反応層から構成されたセンサ。反応層に燐酸塩およびアルキレンオキサイド系ポリマーを含有することで高精度化。
	高精度化	特開平6-313760 特開平11-75894	G01N 27/416 C12Q 1/26	電極間に電圧を印加した酵素電極が浸漬されるように反応容器内に緩衝液を注入し、電極間の電流をサンプリングして電流の減衰曲線を予測することで、測定時間の短縮化を図る。
	高精度化	特開平11-194108	G01N 27/26	補正用テーブルの中の共存物質とその電流電圧値の対応関係から濃度を測定することで、共存物質の影響に対する補正を自動化。
	迅速化	特開2000-221157	G01N 27/327	基板とスペーサ、およびカバー板とで囲まれる空間部が試料液通路であるキャピラリーを形成し、反応迅速性向上を図る。
	簡便化	特開2001-33461 特開2000-131263	G01N 33/66 G01N 27/28	使用者がどのような方向で測定装置を把持しても、測定データの上下表示方向が使用者から見て常に上下方向を向くことを特徴とする構造設計。
	簡便化	特開平11-230934	G01N 27/416	測定した電流とその時間微分の比を算出し、これを指標としてサンプル弁別を行う制御システムの内蔵することで、対照液と血液を弁別可能。
	簡便化	特開2000-221121	G01N 1/10	骨格部がサンプルをかき集めながら移動することを特徴とし、かき集めのワイパー、湾曲構造をなす装置で、操作容易性向上。

表2.6.3-1 アークレイのバイオセンサ技術開発課題対応特許の概要 (2/3)

技術要素	課題	特許番号	特許分類	概要(解決手段要旨)
酸化還元酵素センサ(続き)	簡便化	特開2000-121594	G01N 27/327	センサ製造において、絶縁性基板の一表面前面に電極膜を形成し、刃物等で溝を形成して分割した電極膜により、電極面積のバラツキを少なくする。
	安定化	特開平8-334489	G01N 27/327	ベース電極、ならびに酵素膜を有し、作用極および対極が露出した面と酵素を含む膜との間には水溶性高分子物質が含まれている構造で、膜内の気泡防止を図る。
	安定化	特開平11-242011	G01N 27/327	チップは酵素電極を有し、測定器本体はチップ上のリード電極に接触可能な接続端子をコネクタ内部に2組有しており、2組の接続端子は互いに対面した状態になった構造で、装着の簡便化を図る。
	安定化	特開2000-221156	G01N 27/327	試験層を形成するための絶縁部が凹部を形成するように、第一絶縁部を設け、さらに第二絶縁部で圧着して均一化を図る。
	安定化	特開2000-254112	A61B 5/14	刺針の先端にバイオセンサを備え、出来るだけ少量(1マイクロ)で測定することで低侵襲化をはかる。
	用途拡大	特開平11-196897	C12Q 1/37	アミノ酸と還元糖が反応したアマドリ化合物の定量は、糖尿病マーカとなる糖化ヘモグロビン(HbA1c)など注目されているが、実用上問題ある方法が多い。フルクトシルアミノ酸オキシダーゼを固定化し反応で生ずる過酸化水素を定量する。
	低コスト化	特表平11-805516	G01N 27/414	コスト低下のためいくつかのセンサを共通化した際、取り違えのおそれ(例えばグルコースセンサと乳酸センサ等)があるので、種別用電極を加える。

表2.6.3-1 アークレイのバイオセンサ技術開発課題対応特許の概要（3／3）

技術要素	課題	特許番号	特許分類	概要（解決手段要旨）
トランスデューサ他	簡便化	特開平11-235196	C12Q 1/00	バイオセンサシステムの小さなチップは扱いにくく試料供給場所が見難く、速やかに試料供給できないので、チップ上の試料供給部を、光源ランプからの光で照射するか、供給部に含まれる蛍光物質を発光させる。
	安定化	特開2000-116629	A61B 5/15	センサとサンプル部の一体化。

2.6.4 技術開発拠点

特許出願においては、発明者住所は全て本社（京都）の住所となっている。

2.6.5 研究開発者

アークレイの出願件数と発明者数を図2.6.5-1に示す。

図2.6.5-1 アークレイの出願件数と発明者数の推移

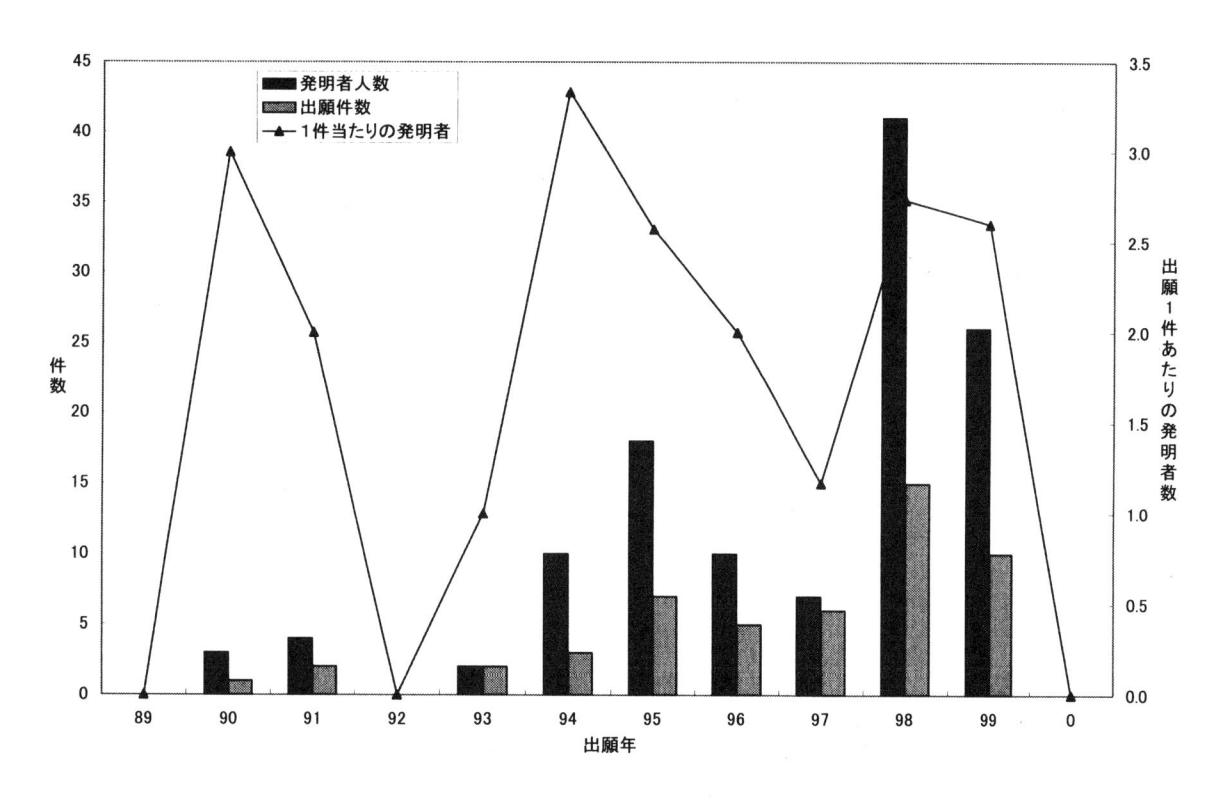

2.7 大日本印刷

2.7.1 企業の概要

表 2.7.1-1 大日本印刷の企業概要

商号	大日本印刷株式会社
設立年月日	明治 27 年
資本金 (百万円)	114,640 (2001 年 3 月末現在)
従業員	10,787 名 (2001 年 9 月末現在)
事業内容	出版・商業印刷、生活機材、情報電子部材他
技術・資本 提携関係	技術提携／エリクソン・テクノロジー・ライセンシング社(スウェーデン)、日本信販、出光興産、ソニー他
事業所	本社／東京都 工場／東京 5 ヵ所、北海道、愛知、大阪、福岡、他全国 24 ヵ所、海外 7 ヵ所
関連会社	国内／北海道コカ・コーラボトリング、ザ・インクテック、ディー・ティー・サーキットテクノロジー他 海外／ダイニッポン・プリンティング・カンパニー(ホンコン)リミテッド、ディー・エヌ・ピー・デンマーク・エー・エス他（ＤＮＰグループ：当社及び子会社 113 社、関連会社 10 社）
業　　績 (百万円)	01/3　売上高 1,162,403
主要製品	書籍・雑誌等の出版及び印刷、電子出版ソフト、製品包装、建材、壁紙他

2.7.2 バイオセンサ技術に関する製品・技術
　調査した範囲では製品情報は得られなかった。なお、平成 13 年 11 月に CMOS センサ受託業務への参入を発表している（日刊工業新聞　2001 年 11 月 15 日）。

2.7.3 技術開発課題対応保有特許の概要
　図 2.7.3-1 に大日本印刷の分野別出願比率を、表 2.7.3-1 にバイオセンサ技術開発課題対応特許の概要を示す（課題と解決手段の詳細については、前述の 1.4 を参照）。免疫センサの出願比率が高い。

図 2.7.3-1 大日本印刷の分野別出願比率

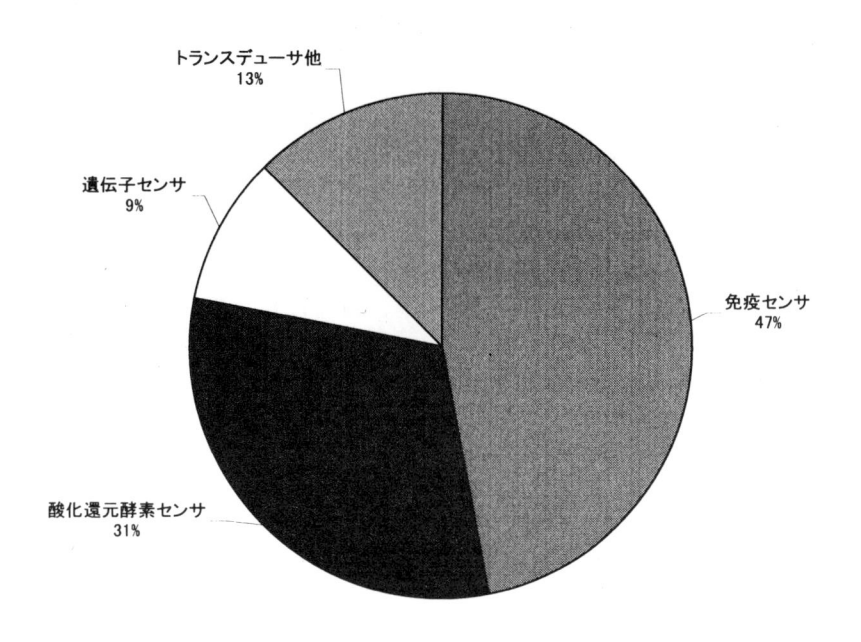

免疫センサ 47%
酸化還元酵素センサ 31%
トランスデューサ他 13%
遺伝子センサ 9%

表 2.7.3-1 大日本印刷のバイオセンサ技術開発課題対応特許の概要（1／3）

技術要素	課題	特許番号	特許分類	概要(解決手段要旨)	
酸化還元酵素センサ	高精度化	特開平8-29372	G01N 27/327	酵素と、メディエータと、導電成分と、バインダーを含んでなる酵素電極用組成物において、メディエータが高分子であることを特徴とする電極。	
	高精度化	特開平9-166571 特開平9-159642 特開平9-166571 特開平9-159644	G01N 27/327 G01N 27/28	貫通孔による表裏導通で電極との接続端子とを基板の表裏に分離形成した構造。電極表面の接続端子が排出口からオーバーフローした試料液でぬれたとしても、両接続端子間で導通することを防ぐことが可能。	
	簡便化	特開平9-89885	G01N 33/49	鬱血させる手段を有する採血機構（鬱血駆動式）を導入することで、操作容易性を向上。	

107

表 2.7.3-1 大日本印刷のバイオセンサ技術開発課題対応特許の概要（2／3）

技術要素	課題	特許番号	特許分類	概要(解決手段要旨)	
免疫センサ	迅速化	特開平11-242031	G01N 33/543	シランカップリング剤により形成された有機ケイ素膜を形成する疎水結合あるいは静電結合により抗体と基盤の結合を強化することにより、表面プラズモン共鳴バイオセンサ用の測定チップが全血のままノンラベルで迅速に測定でき、抗体が金属膜と強固にかつ容易に結合する手段を開発した。透明基盤上に配置される金属膜上に O-157抗体を固定した。	
	迅速化	特開平11-2632	G01N 33/53	糖尿病の指標のヘモグロビンA1抗体を、透明基板上の金属膜に配置された有機珪素膜上に配置した、SPRセンサ用測定チップを利用して迅速に測定。	
	迅速化	特開平11-23575	G01N 33/543	透明基板上に配置される金属膜上に心筋梗塞マーカーに対する抗体を固定した表面プラズモン共鳴バイオセンサ用チップを利用して、心筋梗塞のマーカーを迅速に測定。全血を表面プラズモン共鳴バイオセンサ用測定チップに投与する。マーカーはミオグロビン及びトロポニンTの使用が好適。	
	安定化	特開平11-271307	G01N 33/543	参照・補償部を測定部と同一の基盤に設けて、サンプル量の少量化をはかる。	
	安定化	特開平11-83857 特開平11-211728	G01N 33/543	従来法では結合度が弱く、生理活性物質が脱落するので、疎水結合あるいは静電結合により金属膜上に生理活性物質を強固かつ容易に固定化させる。	

表 2.7.3-1 大日本印刷のバイオセンサ技術開発課題対応特許の概要（3／3）

技術要素	課題	特許番号	特許分類	概要（解決手段要旨）
免疫センサ（続き）	3 安定化	特開平11-211725	G01N 33/53	疎水結合あるいは静電結合により、表面プラズモン共鳴バイオセンサ用測定チップの金属膜上に心筋梗塞マーカーに対する抗体を強固に固定化する。静電結合においては、物理吸着法として金表面に心筋梗塞マーカーに対する抗体を固定化するために、両者の間に硫黄化合物を適用。ｐＨ調節により、各反対の荷電を有することで結合させる。（抗体プラスマイナス荷電、チオール化合物プラス荷電）
	簡便化	特開2000-35428	G01N 33/53	室内の塵埃を簡単に採取し、その塵埃を検出装置に入れることにより簡単に花粉類の有無を検出できる装置。花粉類の判定部は花粉由来のタンパク質に対する抗体を用いて、第一抗体担持部位・検体液遅延部位・第二抗体固定部位・非水溶性部位で構成され、結合による呈色で判定。第一抗体と第二抗体は異なるエピトープに対する抗体で、基材は花粉検体液が展開可能な多孔質材料からなる。
遺伝子センサ	安定化	特開平10-282104 特開平10-274631 特開平10-267834	G01N 33/543	核酸の固定化において、核酸が少量である場合、金属膜上に有機物質層とアビジン層を形成させる、ビオチン層を介してアビジン層を形成させ、有機ケイ素膜・多価性試薬層・アビジン層の順に積層する等で感度を向上。
トランスデューサ他	安定化	特開平11-281569 特開2000-39401 特開平10-282040 特開平10-282039	G01N 21/27	固定化生理活性物質が少量である場合に、金属膜上に有機ケイ素膜や有機硫黄層を形成する、プラズマ重合膜や蒸着重合膜を介して固定化するなどで、感度を向上。

2.7.4 技術開発拠点
特許出願においては、発明者住所は全て本社（東京）の住所となっている。

2.7.5 研究開発者
大日本印刷の出願件数と発明者数を図 2.7.5-1 に示す。94 年頃から出願が始まり、研究開発は盛んに行われている。

図 2.7.5-1 大日本印刷の出願件数と発明者数の推移

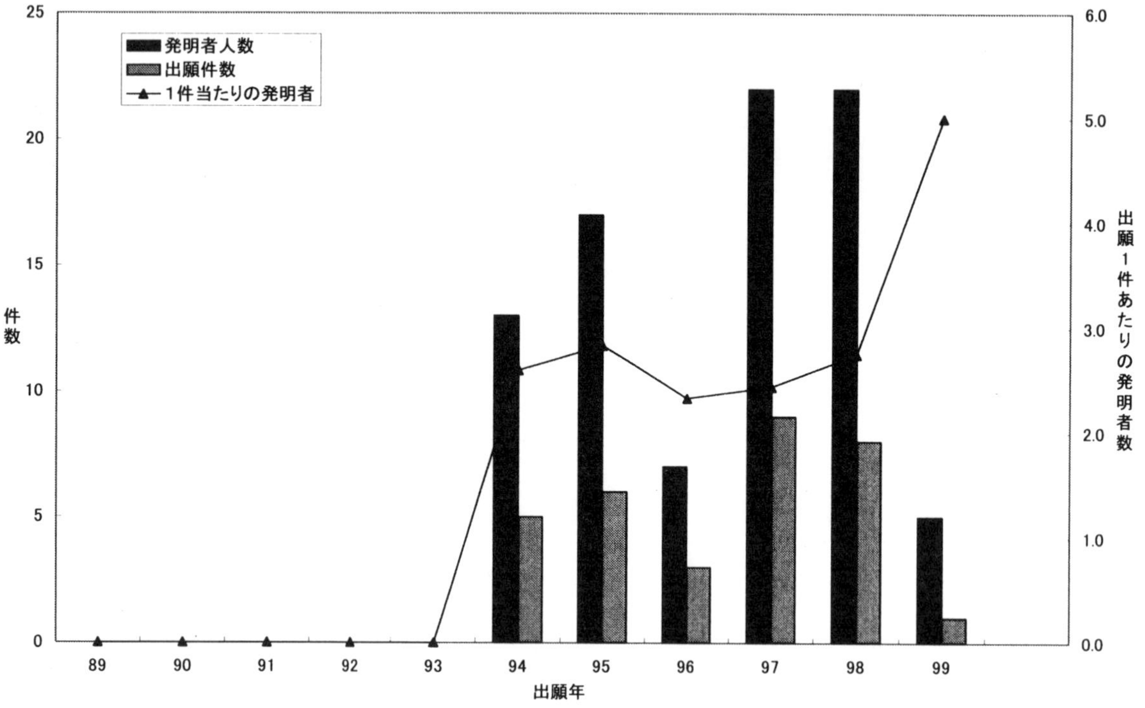

2.8 富士写真フィルム

2.8.1 企業の概要

表 2.8.1-1 富士写真フィルムの企業概要

商号	富士写真フィルム株式会社
設立年月日	1934 年 1 月
資本金 （百万円）	40,363
従業員	70,722 名(2001 年 3 月現在)
事業内容	イメージングシステム、フォトフィニッシングシステム、インフォメーションシステム
事業所	本社／東京都 工場／神奈川県、静岡県
関連会社	国内／富士写真光機、富士フィルムソフトウエア、富士フィルムメディカル、富士フィルムバッテリー，富士フィルムマイクロデバイス他 海外／ベルギー、フランス、ドイツ、イタリア、オランダ、スペイン、スウェーデン、イギリス各現地法人
業　績 （百万円）	01/3　売上高　849,154　　経常利益　110,851
主要製品	製版・印刷システム、医療画像診断システム、記録メディア、オフィス画像情報システム、高機能材料他
主要取引先	浅沼商会、樫村、美スズ産業、三井金属、同和鉱業他

2.8.2 バイオセンサ技術に関する製品・技術

バイオセンサ技術が適用されている可能性がある製品を表 2.8.2-1 に示す。

表 2.8.2-1 富士写真フィルムのバイオセンサ技術に関する製品・技術

製品	製品名	発売年月日	出典
画像診断装置	AUTO-5	発売中	富士写真フィルムのホームページ
画像解析システム	バイオイメージングアナライザー	発売中	同上
画像情報システム	オフィス画像情報システム	発売中	同上

2.8.3 技術開発課題対応保有特許の概要

図 2.8.3-1 に富士写真フィルムの分野別出願比率を、表 2.8.3-1 にバイオセンサ技術開発課題対応特許の概要を示す(課題と解決手段の詳細については、前述の 1.4 を参照)。遺伝子センサの出願比率が高い。

図 2.8.3-1 富士写真フィルムの分野別出願比率

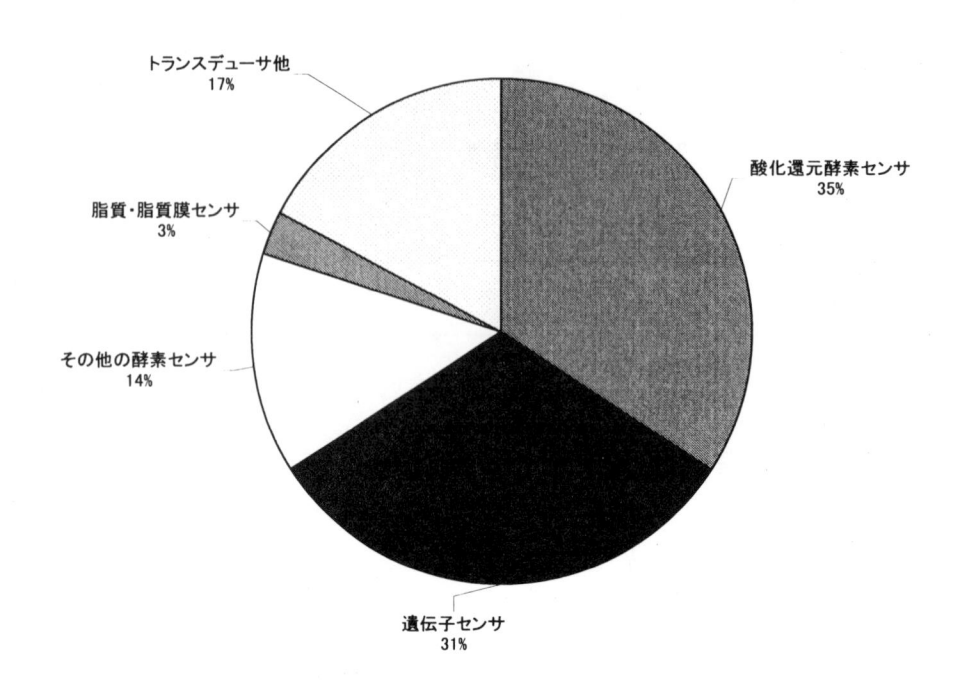

- 酸化還元酵素センサ 35%
- 遺伝子センサ 31%
- トランスデューサ他 17%
- その他の酵素センサ 14%
- 脂質・脂質膜センサ 3%

表 2.8.3-1 富士写真フィルムのバイオセンサ技術開発課題対応特許の概要（1/3）

技術要素	課題	特許番号	特許分類	概要（解決手段要旨）
酸化還元酵素センサ	簡便化	特開平11-271326 特開平11-211721 特開平11-211730 特開2000-105242 特開平11-271305	G01N 35/10 G01N 33/48 G01N 35/02 G01N 35/04 G01N 33/52	分析装置は、全血液を濾過して試料液としての濾過液を得るフィルタ、フィルタを保持するとともに血液入り口と濾過液出口とを有するホルダ、ホルダに対して濾過液出口側から負圧を作用させる、濾過液出口側に着脱可能に設けられた吸引手段、濾過液を化学分析素子に点着させる点着手段、濾過ユニットを制御する制御手段からなる構造で、分析を効率化する。

表2.8.3-1 富士写真フィルムのバイオセンサ技術開発課題対応特許の概要 (2/3)

技術要素	課題	特許番号	特許分類	概要(解決手段要旨)
酸化還元酵素センサ（続き）	安定化	特開平11-127896 特開平11-197 特開平9-266795 特開平11-127896 特開2000-241425	C12Q 1/52 C12Q 1/50 C12Q 1/25 G01N 33/52	透明支持体シートの上に被検物の分析反応に関与する少なくとも一種の試薬とゼラチンバインダとを含む試薬層が積層接着され、そして試薬層の上に展開層が直接的に積層接着する構造。これにより、素子の定量分析特性や強度を維持。
その他の酵素センサ	簡便化	特開平11-196	C12Q 1/50	クレアチンキナーゼMBアイソザイム活性測定の簡便化および保存性向上をはかるため、支持体上にMサブユニット阻害抗体・基質・緩衝物質・指示薬を積層する。
	簡便化	特開平11-195	C12Q 1/50	クレアチンキナーゼ活性測定を簡便化し保存性も向上させるため、支持体上に基質・スルホン化合物の緩衝物質・指示薬を積層する。MBアイソザイムの場合はMサブユニット阻害抗体・基質・緩衝物質・指示薬を積層する。
遺伝子センサ	高精度化	特開2000-199754 特開2000-329738	G01N 27/48	電極に導電性物質で修飾されたDNAを固定し、インタカレータ下で反応させる。グルコースやコレステロールなどのアナライトとの反応で還元型に変換する酵素と接触させ定量する。
	高精度化	特開2001-165894	G01N 27/327	完全な相補性2本鎖に対して有効な縫い込み型インターカレータを用いて、核酸断片の微量定量を精度よく行う。
	迅速化	特開2001-116721	G01N 27/416	導電基板表面にDNAを固定し、反応時に縫い込み型インタカレータを結合させ、結合領域の発生電流検出をし、遺伝子多系の迅速検出を行う。

表2.8.3-1 富士写真フィルムのバイオセンサ技術開発課題対応特許の概要 (3/3)

技術要素	課題	特許番号	特許分類	概要(解決手段要旨)
遺伝子セ ンサ (続き)	簡便化	特開2000-125865 特開2000-146894	C12N 15/09	RIや蛍光物質を使わずにハイブリダイゼーションを行うため、プローブDNAを電極型センサに適用する。プローブを固定した電極に試料を入れ、ハイブリッドDNAに特異的に反応するインタカレータを結合させ、これに流れる電流を測定する。
トランス デューサ 他	低コスト化	特開2000-258434	G01N 35/04	取り出し用吸盤の吸着圧を検出して、カートリッジを保管部へ収納したことを光センサなしで検出する。

2.8.4 技術開発拠点

神奈川県　足柄研究所
　　　　　宮台技術開発センター
埼玉県　　朝霞技術開発センター

2.8.5 研究開発者

富士写真フィルムの出願件数と発明者数を図 2.8.5-1 に示す。

図 2.8.5-1 富士写真フィルムの出願件数と発明者数の推移

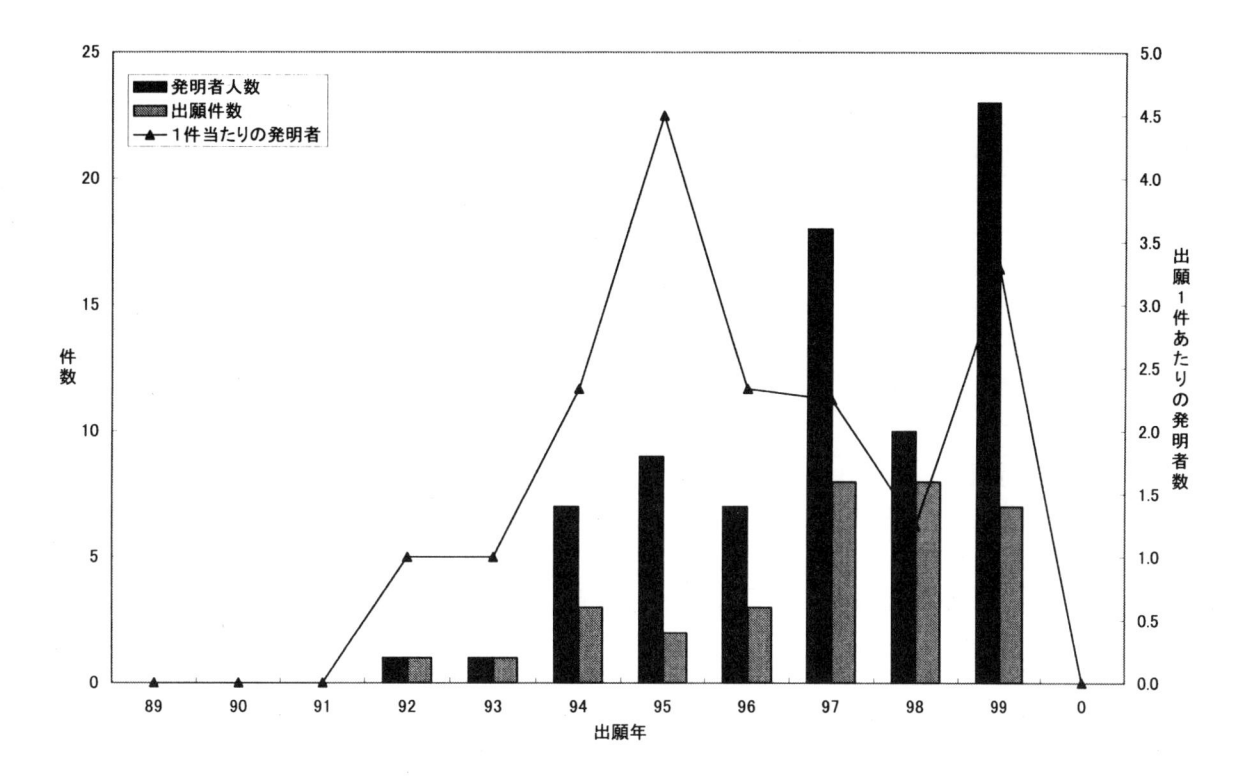

2.9 アンリツ

2.9.1 企業の概要

表 2.9.1-1 アンリツの企業概要

商号	アンリツ株式会社
設立年月日	昭和6年
資本金（百万円）	14,024 （2000年3月現在）
従業員	2,700名
事業内容	情報通信機器、計測器、デバイス、産業機械、物流、不動産賃貸他
事業所	本社／東京都 事業所／厚木 支店／北海道、東北、神奈川、中部、関西、中国、四国、九州
関連会社	日本電気、市川電機、東海科学工業
業績（百万円）	01/3 売上高 122,421　経常利益 16,277
主要製品	デジタル伝送機器、光通信用測定器、光デバイス、異物検出機
主要取引先	日本電気（情報通信機器）他
特許流通窓口	技術統括本部　知的財産部／神奈川県厚木市恩名 1800／TEL 046-296-6521

2.9.2 バイオセンサ技術に関する製品・技術

バイオセンサ技術が適用されている可能性がある製品を表2.9.2-1に示す。

表 2.9.2-1 アンリツのバイオセンサ技術に関する製品・技術

製品	製品名	発売年月日	出典
味覚サンサ	SA401、SA402	発売中	http://ultrabio.ed.kyushu-u.ac.jp/A9912/katudo/sensor.html

2.9.3 技術開発課題対応保有特許の概要

図2.9.3-1にアンリツの分野別出願比率を、表2.9.3-1にバイオセンサ技術開発課題対応特許の概要を示す（課題と解決手段の詳細については、前述の1.4を参照）。アンリツの出願は全て脂質・脂質膜センサであった。

図 2.9.3-1 アンリツの分野別出願比率

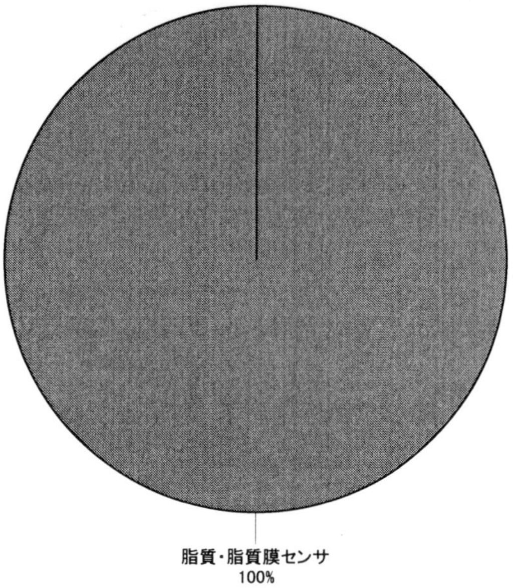

脂質・脂質膜センサ
100%

表 2.9.3-1 アンリツのバイオセンサ技術開発課題対応特許の概要（1/4）

技術要素	課題	特許番号	特許分類	概要(解決手段要旨)	
脂質・脂質膜センサ	高精度化	特許3029693	G01N 27/416	限られた測定範囲内において、味覚センサの出力が線形であることを利用して、信号処理が簡単で、学習データ数も少なくてすみ、精度のよいアジの測定法を開発。両親媒性物質あるいは苦味物質の分子膜を用いた味覚センサを複数使用。各センサの各基本アジに対する感度の測定。感度を用いて、各味覚センサの出力からアジの強さを演算し、呈味物質の濃度に換算。 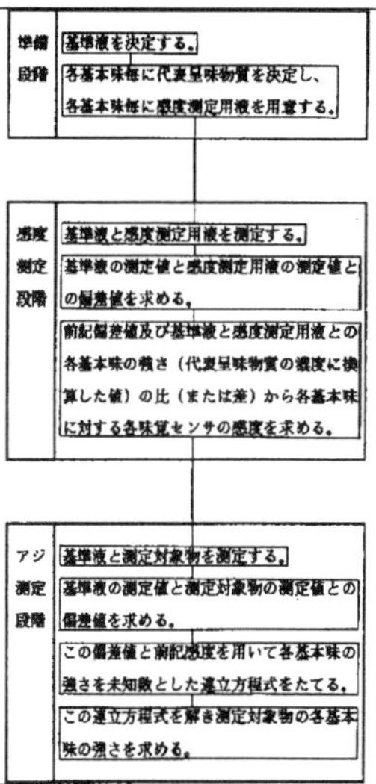	
	高精度化	特開平10-78406	G01N 27/327	甘みに対する感度良いセンサを作るため、膜を非イオン又は両極性両親媒性物質の分子群とする。この場合、酸味と塩味は電解質によって呈される。 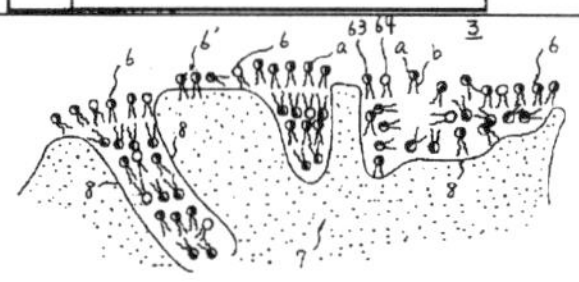	

117

表 2.9.3-1 アンリツのバイオセンサ技術開発課題対応特許の概要（2／4）

技術要素	課題	特許番号	特許分類	概要（解決手段要旨）
脂質・脂質膜センサ（続き）	簡便化	特開2000-283957	G01N 27/416	両親媒性物質を含む膜で脂質を吸着させ、この際の膜の電位変化を測定することで、脂質の測定には簡便法を開発。
	安定化	特開平6-174688 特許3037971	G01N 27/416	センサ及び基準液の連続的なドリフトの影響をなくし、再現性のよいアジの測定法を開発するため、第一基準液及び第二基準液としてサンプル液と近いものを用い、サンプル液測定値の基準値から相対値を計算。第一基準液→第二基準液→第一基準液→サンプル液の順に味覚センサで測定し、サンプル液測定値の基準値から相対値を計算する。
	安定化	特許3190123 特開平6-18471 特開2000-283947	G01N 27/327	サンプルが膜から溶けだした物質で汚れたり別のチャンネルの膜の特性が変化しないように、基準電極が浸漬される被測定溶液と味覚センサが浸漬される被測定溶液とを不溶性の隔壁を用いて隔離。隔離された両領域の電位を等しくするため、両測定溶液が接続されるような通路を設置して溶出液の拡散を防止。さらに表面を覆ったり分子膜の炭素鎖を伸ばして溶け出さない工夫も行う。

表 2.9.3-1 アンリツのバイオセンサ技術開発課題対応特許の概要 (3/4)

技術要素	課題	特許番号	特許分類	概要(解決手段要旨)
脂質・脂質膜センサ（続き）	安定化	特開2000-249674 特開2000-249675	G01N 27/327	検出対象物質の検知可能な濃度範囲を広げ、応答領域を広域化するため、膜中の感応性物質濃度が互いに異なる少なくとも2種類以上の膜を有するセンサとする。感応性物質の低濃度側は脂質濃度の低い膜、高濃度側は脂質濃度の高い膜と使い分ける。
	安定化	特開平10-253583	G01N 27/416	干渉物質防止などの問題を解決し、ビール、コーヒーなどの主として苦味及び酸味を呈する飲食物の苦味の強さを測定する方法味覚センサを使用し、少なくとも3種類のお互いの苦味の強さの差が既知の校正液を測定して苦味のモデル式を求め、モデル式にサンプル液の測定値を代入して、サンプル液の味の強さを測定。
	安定化	特開2000-283956	G01N 27/416	シアンセンサは条件が違うと反応がばらつくので、予め測定に無関係な物質を共通に添加し、これらの影響を無視できるようにする

表 2.9.3-1 アンリツのバイオセンサ技術開発課題対応特許の概要（4／4）

技術要素	課題	特許番号	特許分類	概要（解決手段要旨）
脂質・脂質膜センサ（続き）	安定化	特許3105940	G01N 27/327	脂質膜の耐久性を改良するため、脂質の固定を強い結合で形成する。電極表面に官能基を導入し、これに通常の有機化学反応を用いて種々のセンサ用の両親媒性物質または苦味物質を修飾させて製造。チオール基は電極と非常に強力な結合をする。膜の抵抗や容量が安定して測れるので、甘味のように従来電位では測れなかった非電解質の測定を可能。
	用途拡大	特開平6-174689	G01N 27/416	アジの違いを把握し特徴を抽出するため、味覚センサから得られたデータを平面にプロットし、そのパターン形状を判断する。複数種類の脂質膜を用いた味覚センサで得られたデータを主成分分析し、アジの違いを把握。
	用途拡大	特開平10-267894	G01N 27/416	水に難溶な物質を含む測定対象のアジも検出するため、被測定物に界面活性剤を添加して撹拌。両親媒性物質または苦味物質を含む膜を用いた味覚センサを使用する。
	用途拡大	特開平11-201941 特開2000-146895 特開2000-304717	G01N 27/327	膜表面の電荷がプラスになる両親媒性物質を含む膜（プラス膜）を用いたセンサとマイナス膜センサを組み合わせたセンサによって、シアン化物イオンの測定には簡便な測定を行う。

2.9.4 技術開発拠点

特許出願においては、発明者住所は全て本社（東京）の住所となっている。

2.9.5 研究開発者

アンリツの出願件数と発明者数を図 2.9.5-1 に示す。出願件数は 91 年から 94 年まで急速に減少しているが、その後回復している。脂質膜を用いた味覚センサやその発展としての毒物センサが多くを占めている。これら殆どは九州大学の都甲潔・山藤馨・林健司の各氏との共同出願であり、それぞれ共願比率は都甲潔氏 91%、山藤馨氏 29%、林健司 23%氏である。

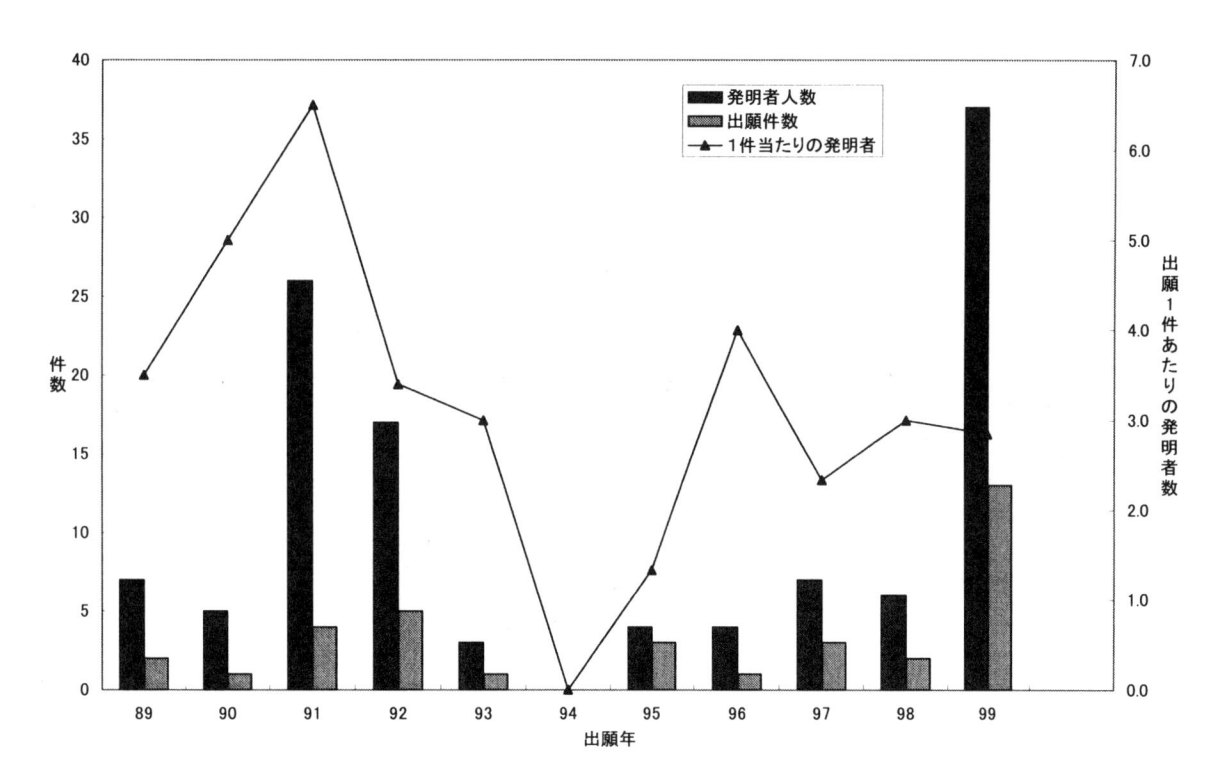

図 2.9.5-1 アンリツの出願件数と発明者数の推移

2.10 ダイキン工業

2.10.1 企業の概要

表 2.10.1-1 ダイキン工業の企業概要

商号	ダイキン工業株式会社
設立年月日	昭和 9 年 2 月 11 日
資本金 （百万円）	28,023（2001 年 5 月 1 日現在）
従業員	単独 7,227 名、連結 15,047 名（2001 年 3 月末現在）
事業内容	空調・冷凍機、油機、航空機、化学品等
技術・資本 提携関係	技術提携／トレーン社（米国）、ザウアーダンフォス社（米国）、関西 　　　　　電力、中部電力
事業所	本社／大阪 支社／東京 工場／堺、淀川、滋賀、鹿島
関連会社	国内／ダイキン電子部品、東邦化成他 海外／ダイキンヨーロッパ・エヌブイ他
業　　績 （百万円）	01/3　売上高 531,908　　経常利益 37,522
主要製品	エアコン、空気清浄機、フッ素化学製品、油圧機器、小動物用医療機器、 半導体機器他
主要取引先	住友商事、長瀬産業、ヤンマーディーゼル

2.10.2 バイオセンサ技術に関する製品・技術

バイオセンサ技術が適用されている可能性がある製品を表 2.10.2-1 に示す。

表 2.10.2-1 ダイキン工業のバイオセンサ技術に関する製品・技術

製品	製品名	発売年月日	出典
乾式除湿機	ハニードライ	発売中	ダイキンのホームページ
脱臭機	ハニーダックス他	発売中	同上
光導波路型バイオセンサ	－	研究中	同上

2.10.3 技術開発課題対応保有特許の概要

図 2.10.3-1 にダイキン工業の分野別出願比率を、表 2.10.3-1 にバイオセンサ技術開発課題対応特許の概要を示す（課題と解決手段の詳細については、前述の 1.4 を参照）。免疫センサの出願比率が比較的高い。

図2.10.3-1 ダイキン工業の分野別出願比率

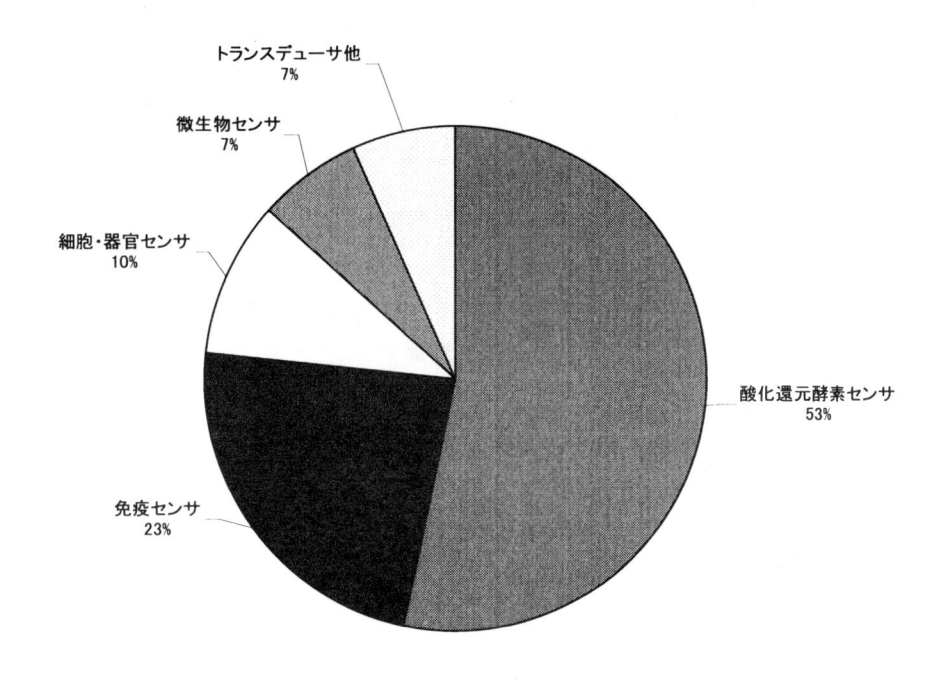

- トランスデューサ他 7%
- 微生物センサ 7%
- 細胞・器官センサ 10%
- 免疫センサ 23%
- 酸化還元酵素センサ 53%

表2.10.3-1 ダイキン工業のバイオセンサ技術開発課題対応特許の概要（1／3）

技術要素	課題	特許番号	特許分類	概要(解決手段要旨)	
酸化還元酵素センサ	迅速化	特許2513344 特公平7-119727 特許2526715	G01N 27/416 G01N 27/38	酵素電極を測定対象から離した後、次の測定を行うために再び測定対象物質に接触させるまでの間に、酵素電極が空気と接触する状態において酵素電極の移動を強制的に所定時間だけ停止させる処理法で、電極リフレッシュの効率化向上。	
	簡便化	特許2504293	G01N 27/327	下地電極の表面に少なくとも固定化酵素膜および測定対象物質の拡散を制限する拡散制限膜を有し、測定電極形成部を除いて下地電極を覆う保水層を拡散制限膜の表面側に有した構造で、測定の迅速化を図る。	

123

表2.10.3-1 ダイキン工業のバイオセンサ技術開発課題対応特許の概要 (2/3)

技術要素	課題	特許番号	特許分類	概要(解決手段要旨)
酸化還元酵素センサ（続き）	簡便化	特開平9-292355	G01N 27/06	基板と所定間隔をとって対向した平板との周辺において、間隙の内部の空気の自由流動を許容すべく間隙を開放させた構造により、センサの保存安定性を維持。
	安定化	特開平10-332624	G01N 27/327	製造工程において、塗膜の膜厚を測定して、少なくとも生理活性物質を含む塗布量を決定することで、各ロットの信号のバラツキを低減。
	低コスト化	特開平9-80010	G01N 27/327	測定用電極部を覆うべく酸化還元型酵素とキトサンの酸性溶液との混練液を滴下し、乾燥させて固定化酵素膜を形成する方法で、製造工程を効率化。
	低コスト化	特開平10-332625	G01N 27/327	基板上の電極を覆うように、生理活性物質および親水性高分子物質を含む溶液を塗布し、乾燥させて塗膜を形成する方法で、製造工程の効率化。
微生物センサ	迅速化	特開平10-276795	C12Q 1/02	薬剤影響評価で長時間の培養を行わず溶存酸素を指標に場合、始めの分裂フェーズに所定時間だけ好気的に培養させる。
免疫センサ	高精度化	特開平6-213892 特開平3-72262	G01N 33/543	光導波路としてアクリル樹脂を用いると信号光強度を高めることができないので、光導波路として抗体や抗原の固定化率が高いものを用い、出射端側表面に吸光体層を形成する。

表2.10.3-1 ダイキン工業のバイオセンサ技術開発課題対応特許の概要（3／3）

技術要素	課題	特許番号	特許分類	概要(解決手段要旨)
免疫センサ（続き）	迅速化	特開2000-9728	G01N 33/50	唾液採取のため、採取部・センサ部を一体化して時間短縮と簡易化を行う。
	安定性・低コスト化	特公平7-119688	G01N 21/27	希釈、混合作業の繁雑さ解消のため、前処理層を一体化する。
細胞・器官センサ	迅速化	特開2000-88839 特開平10-276762 特開平10-276796	G01N 33/15	最適の抗ガン剤を迅速に決定するため、培養液中にガン細胞と抗ガン剤を入れて培養し、酸素消費を計測する。
トランスデューサ他	簡便化	特開平10-253570	G01N 27/28	センサのセット、排出のための操作を簡素化するため多数個のセンサを積み重ねて収容し、押圧部材の押圧、解除だけで、センサのセット、解除ができるカートリッジとする。
	低コスト化	特開平10-339717	G01N 27/327	メッキ技術を用いて形成された下地電極の表面の状態のばらつきよる出力のばらつきのないセンサを開発するために、基板上の整面化した電極を形成しその上に生理活性物質膜を被覆して量を均一化する。整面化にはプリント基板のCu表面に研磨材を吹きかけ、ムラのない良好なメッキ達成するジェットスクラブ処理を行う。

2.10.4 技術開発拠点
東京都　東京支店
大阪府　本社
滋賀県　滋賀製作所

2.10.5 研究開発者

ダイキンの出願件数と発明者数を図2.10.5-1に示す。

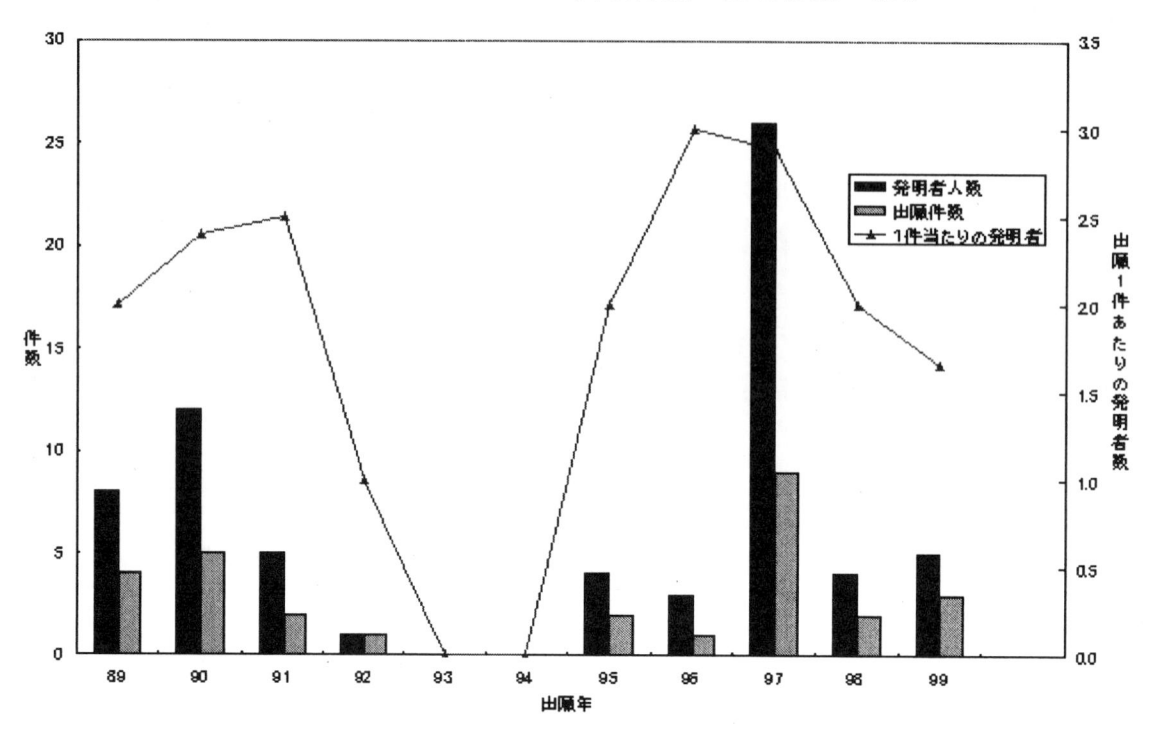

図2.10.5-1 ダイキンの出願件数と発明者数の推移

2.11 富士電機

2.11.1 企業の概要

表 2.11.1-1 富士電機の企業概要

商号	富士電機株式会社
設立年月日	大正12年8月
資本金 （百万円）	47,586 （2001年9月現在）
従業員	9,309名
事業内容	電機システム、機器・制御システム、電子他
事業所	本社／東京都 工場／川崎、東京他8カ所
関連会社	国内／旭計器、富士電機総合研究所他 海外／フランス富士電機、ジーイー富士ドライブズアメリカ他
業　　績 （百万円）	01/3 売上高 509,809　　経常利益 16,127
主要製品	水処理システム、流通機器システム、道路システム、産業システム、計測機器、環境システム、機器制御他
主要取引先	電力会社、富士通、古河電工、信越化学他
特許流通窓口	法務・知的財産権部／東京都品川区大崎1-11-2／TEL 03-5435-7241

2.11.2 バイオセンサ技術に関する製品・技術

　バイオセンサ技術が適用されている可能性がある製品を表2.11.2-1に示す。富士電機の製品はいずれも微生物センサである。

　毒物センサは純粋培養した硝化細菌を固定化した微生物膜と溶存酸素電極で構成された呼吸活性検知型センサである。試料中に生物の呼吸を阻害する様な物質が存在すると硝化細菌のアンモニア酸化活性が阻害されて酸素電極の出力が変化する事によって毒物の流入を検知する。水質安全モニタはこの毒物センサを応用した監視装置である。

表 2.11.2-1 富士電機のバイオセンサ技術に関する製品・技術

製品	製品名	発売年月日	出典
バイオセンサ	毒物センサ	発売中	富士電機のホームページ
水質監視モニタ	水質安全モニタ ZYN	1998年	www.fic-net.co.jp/produdts/anlz_water/top.html

2.11.3 技術開発課題対応保有特許の概要

　図2.11.3-1に富士電機の分野別出願比率を、表2.11.3-1にバイオセンサ技術開発課題対応特許の概要を示す（課題と解決手段の詳細については、前述の1.4を参照）。微生物センサの出願比率が高い。

図 2.11.3-1 富士電機の分野別出願比率

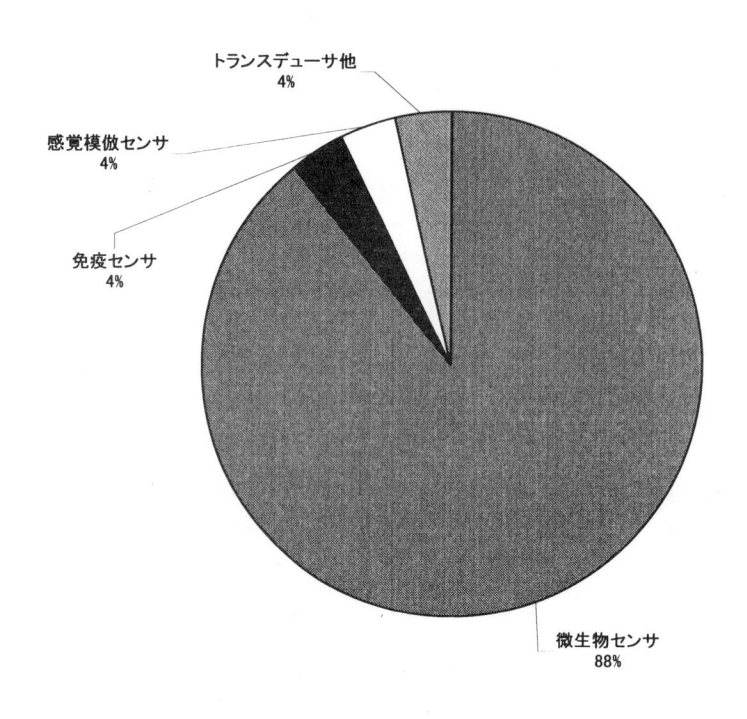

- トランスデューサ他 4%
- 感覚模倣センサ 4%
- 免疫センサ 4%
- 微生物センサ 88%

表 2.11.3-1 富士電機のバイオセンサ技術開発課題対応特許の概要（1／3）

技術要素	課題	特許番号	特許分類	概要(解決手段要旨)	
微生物センサ	高精度化	特開2000-206087	G01N 27/416	下排水中の硝化阻害物質の検出のため、純粋硝化菌使用する。	
	高精度化	特開平5-296965	G01N 27/28	微生物膜と酸素透過膜をOリングで密着する。	
	迅速化	特許3077461	G01N 27/416	有害物質を硝化菌の活性低下とウレアーゼで迅速に測定する。	
	迅速化	特開2000-74870 特開平6-96	G01N 27/327	非測定時（冷蔵後）に活性低下しすぐに立ち上がらないため、使用前に加温・放置し栄養分入った液に湿式保存し、増殖阻害剤アジナトリウムを添加ておく。	

表2.11.3-1 富士電機のバイオセンサ技術開発課題対応特許の概要（2／3）

技術要素	課題	特許番号	特許分類	概要（解決手段要旨）	
微生物センサ（続き）	簡便化	特許2616115	G01N 27/416	水質河川から採水するポンプが正常に作動し試料水を一時貯留する調整槽の水位が採水可能な状態にあるかをレベルスイッチで検知。採水可能であれば試料水をバイオセンサに供給して通常測定。不能であれば、採水を停止し、生体機能物質に有用な物質を適度に含んだ循環溶液槽の溶液をセンサを通して循環する、無人観測所内のバイオセンサ応用河川水質モニタ。	
	安定化	特開2000-33000	C12Q 1/70	バックグラウンドになるラベル化合物を光照射で不可逆に変性する、蛍光標識ファージラベル方法（遊離ファージの方がダメージ多いので有効）。	
	安定化	特開平10-318965	G01N 27/26	標準溶液のグルコースとL-グルタミン酸の等量混合液にアジ化ナトリウムを添加し、微生物センサにおけるBOD標準溶液の劣化防止。	
	安定化	特許3139292 特開平9-281070	G01N 27/38	検出膜のあるフローセルのスライム付着処理が大変なので、流路内壁に抗菌物質を着け、液溜まりに滞留物入れてエアで常に撹拌して防止する。	
	安定化	特開平6-153950	C12N 11/12	微生物センサによる長期安定な計測を行うため、多孔質膜の間の高分子ゲルマトリックスに微生物を固定する。	
	用途拡大	特開平11-153574	G01N 27/416	従来の有害物センサは低濃度の重金属が検出できなかったので、ウレアーゼが尿素分解して出来るアンモニアを基質に、硝化菌呼吸活性をモニタする。ウレアーゼは重金属、微生物はシアン・農薬などを検知する。	

表 2.11.3-1 富士電機のバイオセンサ技術開発課題対応特許の概要 (3/3)

技術要素	課題	特許番号	特許分類	概要(解決手段要旨)	
微生物センサ（続き）	用途拡大	特開平6-258284	G01N 27/416	酵素または光触媒での前処理を行うことによって、高分子量のBODも計測する。	
	用途拡大	特許3030955	G01N 33/18	懸濁物質処理装置の代わりに、採水した試料水をオゾンを用いて酸化処理する前処理装置を装置系内に設置し、懸濁性有機物および溶解性有機物の高分子量のBODを測定可能とした。	
感覚模倣センサ	高精度化	特開平8-15160	G01N 21/77	標的物質を分子認識できる薄膜を各種トランスデューサ表面に固定して、におい物質を高感度で選択性良く検出する。標的物質の存在下に重合反応させて、抗体のような認識機構を与える。	
トランスデューサ他	簡便化	特許2988013	G01N 27/28	バイオセンサでの計測時の温度維持に水を使うと大型化し煩わしい。金属製恒温槽２つの開口部にバイオセンサと熱交換機を挿入し、底部ヒータで昇温する。スターラが不用となる。	

2.11.4 技術開発拠点
　神奈川県　　富士電機総合研究所

2.11.5 研究開発者

富士電機の出願件数と発明者数を図 2.11.5-1 に示す。

図 2.11.5-1 富士電機の出願件数と発明者数の推移

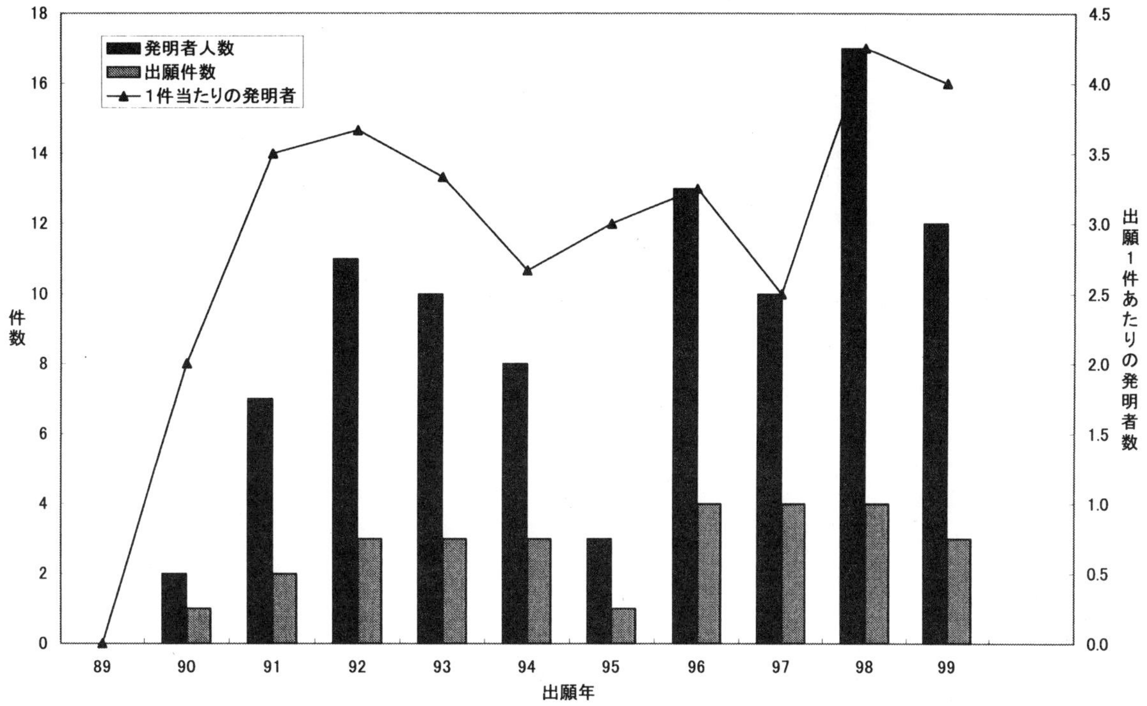

2.12 新日本無線

2.12.1 企業の概要

表 2.12.1-1 新日本無線の企業概要

商号	新日本無線株式会社
設立年月日	昭和 34 年 9 月 8 日
資本金 （百万円）	5,270 （2001 年 3 月末現在）
従業員	1,635 名
事業内容	半導体製品、マイクロ波製品の開発・製造・販売
技術・資本 提携関係	資本提携／日本無線
事業所	本社／東京都 製作所／川崎 支店／関西 営業所／仙台、佐賀、広島
関連会社	国内／エヌ・ジェイ・アール秩父、エヌ・ジェイ・アールサービス、エヌ・ジェイ・アールトレーディング佐賀エレクトロニックス、日本無線 海外／THAI NJR CO.LTD.(タイ)，NJR PTE LTD(シンガポール)，NJR CORPORATION（米国）
業　績 （百万円）	01/3　売上高 60,463　　経常利益 5,612
主要製品	マイクロ波管・周辺機器、マイクロ波応用製品、半導体
主要取引先	（販売）コムサット・データ、三菱電機、リコー （仕入）三菱マテリアルシリコン、UMC、リョーサン
特許流通 窓口	研究所・知的財産部／埼玉県上福岡市福岡 2-1-1／TEL 049-278-1224

2.12.2 バイオセンサ技術に関する製品・技術

　バイオセンサ技術が適用されている可能性がある製品を表 2.12.2-1 に示す。新日本無線の製品はいずれも酸化還元酵素センサである。

　「バイオ・フレッシュ」は酵素カラム、酵素電極を用いて魚肉・畜産物の鮮度(K 値)、グルコース、アルコール、ビタミン C、乳酸、グルタミン酸、麦芽糖、しょ糖などを測定する。

表 2.12.2-1 新日本無線のバイオセンサ技術に関する製品・技術

製品	製品名	発売年月日	出典
食品センサ（魚肉・畜肉鮮度測定；K 値、グルコース）	バイオ・フレッシュ	発売中	食と感性 （光琳）
食品センサ（アルコール、乳酸、ビタミン C、グルタミン酸）	NJZ1219	発売中	同上
食品センサ（グルコース、アルコール、乳酸、ビタミン C、グルタミン酸）	バイオ・フレッシュ NJZ1240	発売中	同上

2.12.3 技術開発課題対応保有特許の概要

　図 2.12.3-1 に新日本無線の分野別出願比率を、表 2.12.3-1 にバイオセンサ技術開発課題対応特許の概要を示す（課題と解決手段の詳細については、前述の 1.4 を参照）。微生物センサの出願比率が高い。

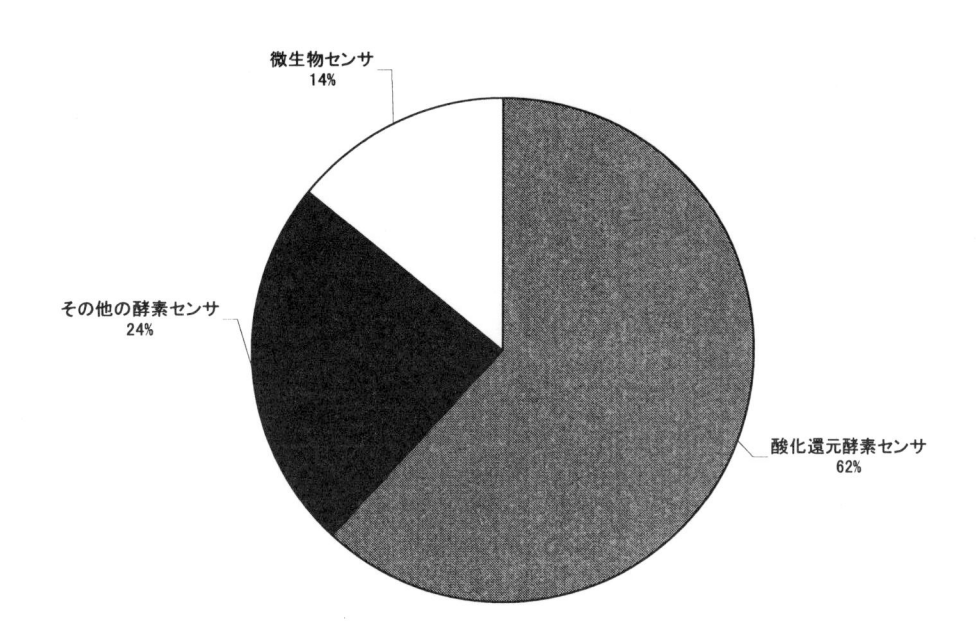

図 2.12.3-1 新日本無線の分野別出願比率

表 2.12.3-1 新日本無線のバイオセンサ技術開発課題対応特許の概要（1／4）

技術要素	課題	特許番号	特許分類	概要(解決手段要旨)
酸化還元酵素センサ	高精度化	特許2977258　特開平3-160358	G01N 27/327	同一平面上に測定極と対極を挟んで両側に互いに種類の異なる酵素、微生物などの生体物質を担持させた多孔体よりなる層を形成して、高精度の検出を図る。

表 2.12.3-1 新日本無線のバイオセンサ技術開発課題対応特許の概要（2／4）

技術要素	課題	特許番号	特許分類	概要（解決手段要旨）
酸化還元酵素センサ（続き）	迅速化	特開平4-160354	G01N 27/416	複数の組み合わせと試料溶液中の複数の基質との反応に際して生成した物質濃度変化を、測定極と対極からなる一つの電極系に生成物質の酸化還元電位の低いほうから順次酸化還元反応が進むよう所定のパルスを印加して検出し、複数の基質の濃度を逐次に計測。
	簡便化	特開平9-149784 特開平8-228760	C12M 1/34	フローインジェクション型センサにおいて、チロシナーゼを膜担体に固定し、カラムに充填し、キャリア液にカゼインとジハイドロオキシ-L-フェニルアラニンを含む緩衝液を使用。これにより、測定時間を短縮化。
	簡便化	特開平8-131190	C12Q 1/00	フローインジェクション型バイオセンサの経路において、生物関連物質を固定化したリアクタの上流側に多孔性ゲル粒子を充填した別のリアクタを具備することで、操作の簡便化。
	安定化	特開平5-264498	G01N 27/28	キト酸ビーズ（酵素固定化用担体）に100〜1000ユニット／mlのアルコールオキシダーゼを固定化し、これをリアクター内へ充填し、このリアクター内での酵素分解反応によって生じる過酸化水素量または酸素量を電気化学検出器で高感度に検出。
	低コスト化	特開平4-42049	G01N 27/327	使い捨てにするには白金電極は高価なので、導電性多孔体を材料として使用する。

134

表2.12.3-1 新日本無線のバイオセンサ技術開発課題対応特許の概要（3／4）

技術要素	課題	特許番号	特許分類	概要(解決手段要旨)	
その他の酵素センサ	迅速化	特開平8-205891 特開平8-228761	C12Q 1/26	従来のKiセンサは甲殻類には使えないので、キチン類の分解酵素を固定して使用する。	
	迅速化	特許2932082	G01N 33/12	簡便・迅速にK1値を測定するため、イノシン、ヒポキサンチンをそれぞれアルカリホスファターゼ、5'-ヌクレオイダーゼ等の酵素で過酸化水素に変換し発光で検出する。	
	簡便化	特開平7-184688	C12Q 1/26	魚の鮮度測定センサにおいて、リン酸が反応に影響することがあり、緩衝液を取り替えていた。適切な組成の緩衝液を供給することで、鮮度センサに使用した場合、単一の緩衝液によって十分な出力を得ることができ、緩衝液の種類を換えて測定を行なう必要がないので、短時間に簡便に測定を行うことが可能。	
	安定化	特許3090504	C12N 11/00	水に不溶性の担体に酵素を固定化させた後、担体をカラムに充填し固定化酵素カラムを製造する。この際に担体とともにカラムに充填する固定化酵素カラム用充填液について、充填液中に酵素を含有させる。	

表 2.12.3-1 新日本無線のバイオセンサ技術開発課題対応特許の概要（4／4）

技術要素	課題	特許番号	特許分類	概要(解決手段要旨)	
微生物セ ンサ	簡便化	特許 2956984	G01N 27/327	吸水性高分子の中に電極を埋め込み、試料に接触するだけで測定可能とする。	
	簡便化	特開平7- 294482	G01N 27/327	検出部の出力をサンプリングすることで、連続測定時前の試料が排出されたことの確認を行う。	
	安定化	特開平8- 201330	G01N 27/327	複数のリアクタを切り替えで使えるようにして、長期測定可能な微生物センサとする。	

2.12.4 技術開発拠点
埼玉県　　川越製作所

2.12.5 研究開発者

新日本無線の出願件数と発明者数を図 2.12.5-1 に示す。酵素センサおよび微生物のセンサを特許出願している。1995 年以降で出願が見られない。

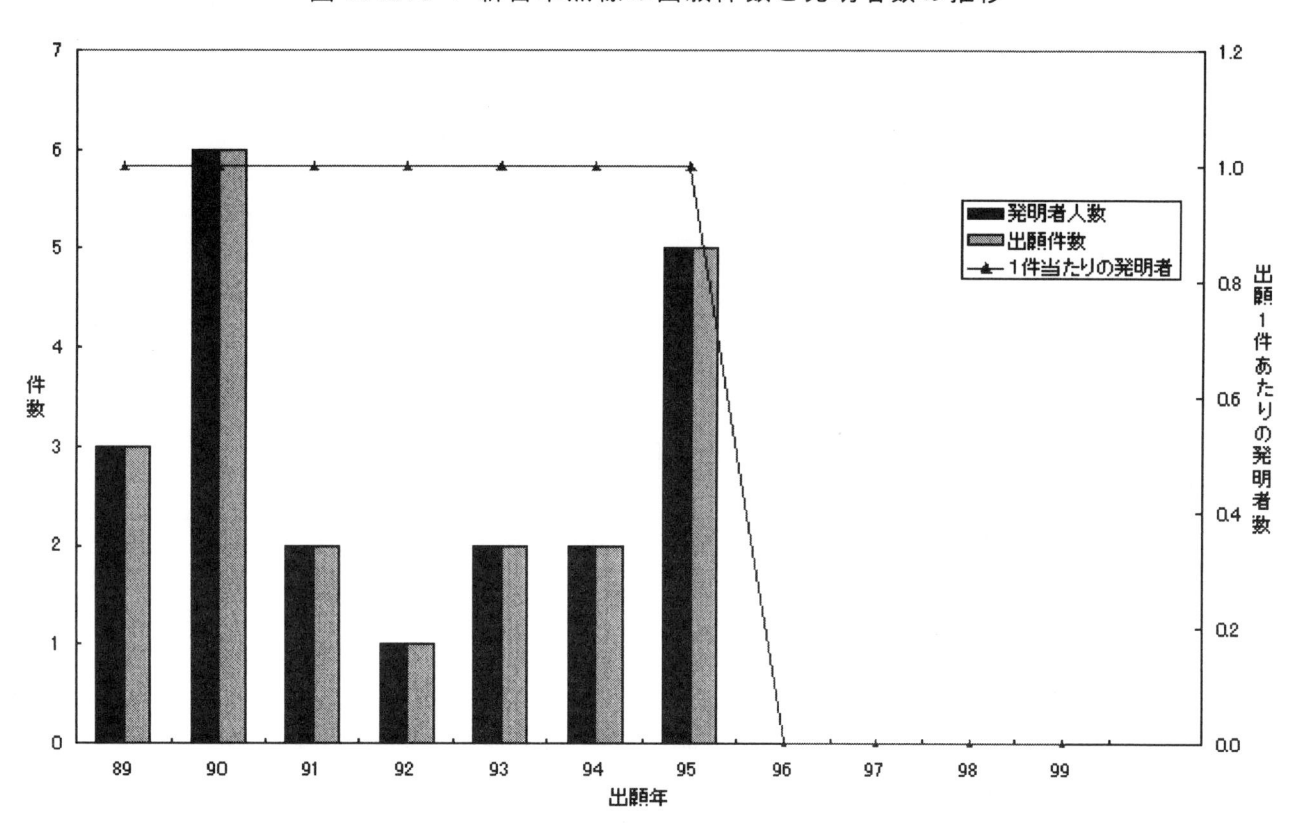

図 2.12.5-1 新日本無線の出願件数と発明者数の推移

2.13 前澤工業

2.2.13 企業の概要

表2.13.1-1 前澤工業の企業概要

商号	前澤工業株式会社
設立年月日	1947年9月(昭和22年)
資本金 (百万円)	5,234　(2000年11月現在)
従業員	829名
事業内容	上下水道、農業用水、河川関係の各種処理機器、及び装置
事業所	本社／東京都 工場／埼玉県　　テクノセンター／埼玉県
関連会社	前沢エンジニアリングサービス
業　　績 (百万円)	01/5 売上高 47,795　　経常利益 1,929
主要製品	下水機械装置、上水機械装置、汎用弁栓、制御弁
主要取引先	官公庁、倉岳工業、前澤エンジニアリングサービス

2.13.2 バイオセンサ技術に関する製品・技術

バイオセンサ技術が適用されている可能性がある製品を表2.13.2-1に示す。

表2.13.2-1 前澤工業のバイオセンサ技術に関する製品・技術

製品	製品名	発売年月日	出典
上水処理装置	膜処理浄水装置		前澤工業のホームページ
下水処理装置	汚泥処理機械		同上

2.13.3 技術開発課題対応保有特許の概要

図2.13.3-1に前澤工業工業の分野別出願比率を、表2.13.3-1にバイオセンサ技術開発課題対応特許の概要を示す(課題と解決手段の詳細については、前述の1.4を参照)。前澤工業の出願は、感覚模倣センサ(特においセンサ)の出願がほとんどである。

図 2.13.3-1 前澤工業の分野別出願比率

遺伝子センサ 17%
感覚模倣センサ 83%

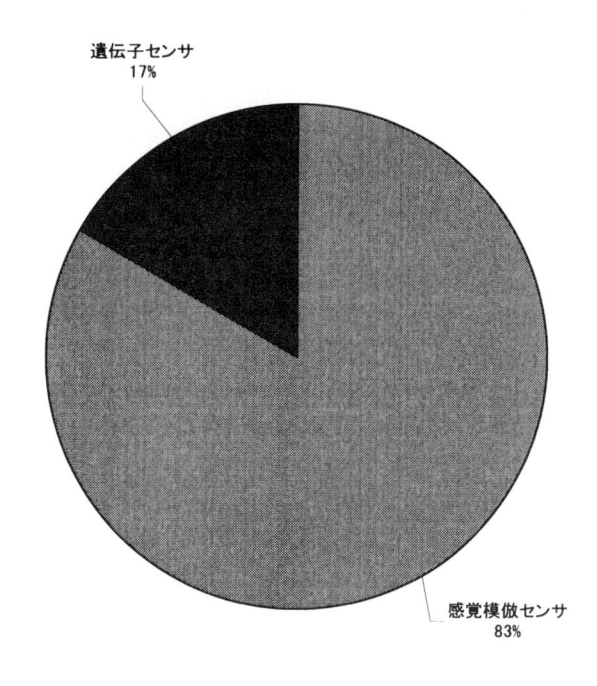

表 2.13.3-1 前澤工業のバイオセンサ技術開発課題対応特許の概要（1/2）

技術要素	課題	特許番号	特許分類	概要(解決手段要旨)	
遺伝子センサ	高精度化	特開2000-35430	G01N 33/543	測定すべき物質と結合するリプレッサータンパク質と結合する、核酸を固定した表面プラズモン共鳴装置により、微生物センサに比べ、高感度でかつ簡便で所要時間が短い臭気物質を測定する。	
感覚模倣センサ	簡便化	特開平8-242857	C12N 15/09	カビ臭を簡単に検出するために、発光遺伝子を分解遺伝子(mer operon)と結合した。カンファー分解の初期に働くP.putidaのcamオペロンのプロモータが、カビ臭の2-MIBでも誘導される。	
	簡便化	特開平10-52298	C12Q 1/02	簡便に臭気物質を検出するセンサにおいて、臭気物質に対する反応が、温度や微生物種で微妙に反応が違うことを利用して、それぞれの化合物の同定検出遺伝子のプロモータ下にルシフェラーゼをつないだ検出系を作製。	

139

表 2.13.3-1 前澤工業のバイオセンサ技術開発課題対応特許の概要（2／2）

技術要素	課題	特許番号	特許分類	概要(解決手段要旨)
感覚模倣センサ（続き）	簡便化	特開平10-52276 特開平10-28591 特開平9-252784	C12N 15/09	特異的に検出するミュータントを取得し、カンファーのみを特異的に検出するもの、広範囲のテルペンを検出するもの等を取得。

2.13.4 技術開発拠点

特許出願においては、発明者住所は全て本社（東京）の住所となっている。

2.13.5 研究開発者

前澤工業の出願件数と発明者数を図2.13.5-1に示す。

図 2.13.5-1 前澤工業の出願件数と発明者数の推移

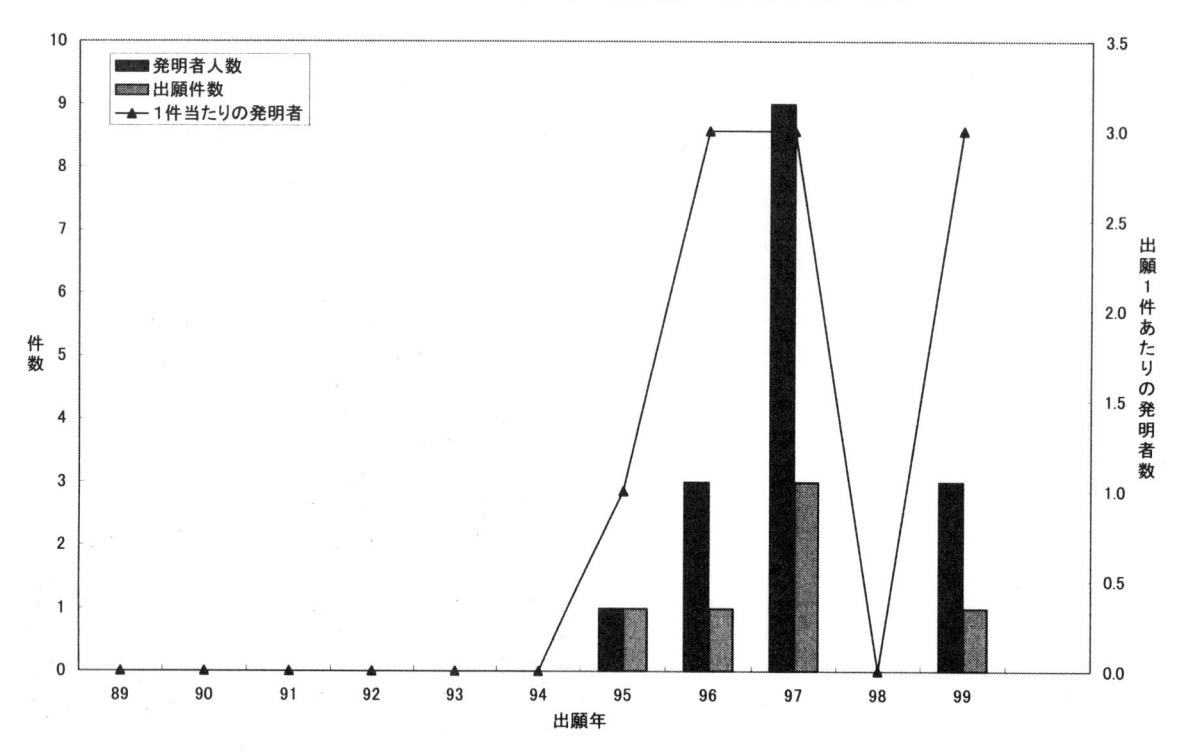

2.14 島津製作所

2.14.1 企業の概要

表 2.14.1-1 島津製作所の企業概要

商号	株式会社島津製作所
設立年月日	明治8年3月
資本金	16,825（2001年3月末現在）
従業員	8,021名
事業内容	計測機器、医用機器、航空機器、産業機器他
技術・資本提携関係	技術提携／島津エス・ディー、島津エンジニアリング、カルニュー光学工業
事業所	本社／京都府 工場／三条、紫野他3ヵ所 支社／東京・関西（大阪） 営業所／郡山他4ヵ所 事務所／勝田他3ヵ所
関連会社	国内／島津サイエンス、島津ジーエルシー、他 海外／シマヅ・サイエンティフィック・インストゥルメンツ、シマヅ・プレジション・インストゥルメンツ
業　績 （百万円）	01/3 売上高 200,005　　経常利益 3,872
主要製品	分析機器、計測機器、バイオ機器、医用機器、産業機器、航空機器他
主要取引先	（販売）防衛庁、三菱重工、西華産業 （仕入）竹菱電機、ジャムコ、浜松ホトニクス
特許流通窓口	法務・知的財産部／京都府京都市中京区西ノ京桑原町1／TEL 075-823-1415

2.14.2 バイオセンサ技術に関する製品・技術

バイオセンサ技術が適用されている可能性がある製品を表2.14.2-1 に示す。

表 2.14.2-1 島津製作所のバイオセンサ技術に関する製品・技術

製品	製品名	発売年月日	出典
ハンディ測定器	塩分計 SAL-1	発売中	島津製作所のホームページ
	糖度計 ANY-1 他	発売中	同上
ライスアナライザー	RQIPIus	発売中	同上
臭い識別装置	FF-1	発売中	同上

2.14.3 技術開発課題対応保有特許の概要

図2.14.3-1に島津製作所の分野別出願比率を、表2.14.3-1にバイオセンサ技術開発課題対応特許の概要を示す(課題と解決手段の詳細については、前述の1.4を参照)。遺伝子センサの出願比率が高い。

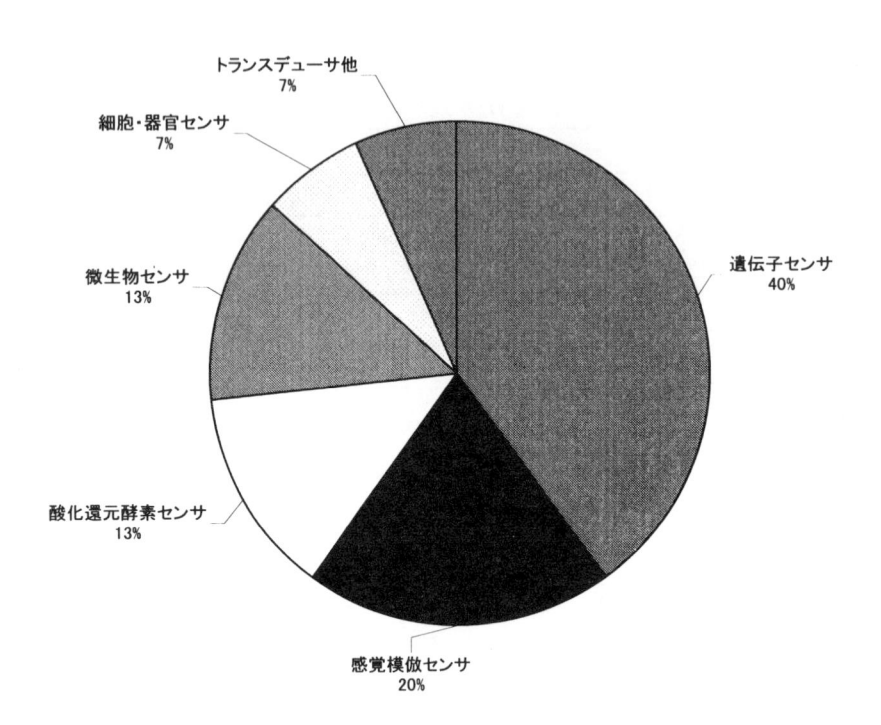

図2.14.3-1 島津製作所の分野別出願比率

表2.14.3-1 島津製作所のバイオセンサ技術開発課題対応特許の概要(1/3)

技術要素	課題	特許番号	特許分類	概要(解決手段要旨)
酸化還元酵素センサ	簡便化	特許2760282	G01N 27/26	血液・尿いずれの測定にも適用できる検量線を作成し、校正の手間を省く。2種の校正液の1方は血清の正常範囲付近濃度とし、2点目は妨害イオンの濃度を適切な目標値に調整する。
	安定化	特許3191453	G01N 30/64	電気化学検出器の作用電極を、カーボンペーストを主成分とする基体に金属酸化物粉末(例えば酸化第二銅、酸化ニッケル、酸化第二銀などの粉末)を混入して構成することにより、検出感度の向上を図る。

表 2.14.3-1 島津製作所のバイオセンサ技術開発課題対応特許の概要 (2/3)

技術要素	課題	特許番号	特許分類	概要(解決手段要旨)
微生物センサ	迅速化	特許3120505 特許2712677	C12Q 1/00	酸素電極感応部の高分子鎖中にピリジニウム基を有する重合体で被覆した電極を用いて、微生物を生きたまま強力に捕捉する。
遺伝子センサ	高精度化	特開平9-43236	G01N 33/50	アークサインレンズを用い、広いバンドの蛍光を1つのディテクターで検出する。
	迅速化	特開平8-322569	C12N 15/09	一本鎖になったDNAはアニーリングや合成反応を阻害するので、反応溶液に電界を印加して鋳型DNAを直線状にした状態で反応を行わせ、反応速度を向上させる。二つの電極の間に高電圧発生装置をおき、適度な大きさの直流、交流またはパルス状の電圧を印加する。
	簡便化	特許3127544	C12Q 1/68	DNA断片を酵素または基質で標識(検出系で酵素反応する際は基質を標識)して発光させることで、RIや蛍光物質使わずに塩基配列を決定する。
	安定化	特許2973887	G01N 33/50	核酸分子を不溶化した後、光を照射して散乱光を測定することで、核酸分子の大きさ分析を広い範囲に適用可能とする。

表2.14.3-1 島津製作所のバイオセンサ技術開発課題対応特許の概要（3／3）

技術要素	課題	特許番号	特許分類	概要(解決手段要旨)
細胞・器官センサ	簡便化	特開平9-289886	C12M 1/34	複数の有底穴をもつシャーレに外部との電気接続を行うコネクタが設けられ、各穴には底部に突出した微小電極と側面に配置された基準電極が取りつけられ、各穴の微小電極と基準電極がコネクタに電気的に接続した構造により、複数の細胞を同時に扱え、さらに細胞膜電位の定量測定も可能な装置。シャーレの各穴に1つずつ細胞を入れ、微小電極を細胞に突き刺す。その細胞上から培地を入れて細胞と基準電極を培地中に浸す。コネクタを介して外部の機器に接続し、各穴内の細胞について微小電極と基準電極間での電位差を測定することにより、各細胞の細胞膜電位を測定。
感覚模倣センサ	安定化	特開2001-153857	G01N 31/00	ガス除湿器の出口に吸湿剤を配置し、一定の露点を有するガスを安定に生成してオゾン発生器に供給することにより、一定濃度のオゾンを発生させ、長時間安定に一酸化窒素を定量分析できる。

2.14.4 技術開発拠点
　京都府　　　　　　本社
　　　　　　　　　　三条工場

2.14.5 研究開発者

島津製作所の出願件数と発明者数を図 2.14.5-1 に示す。

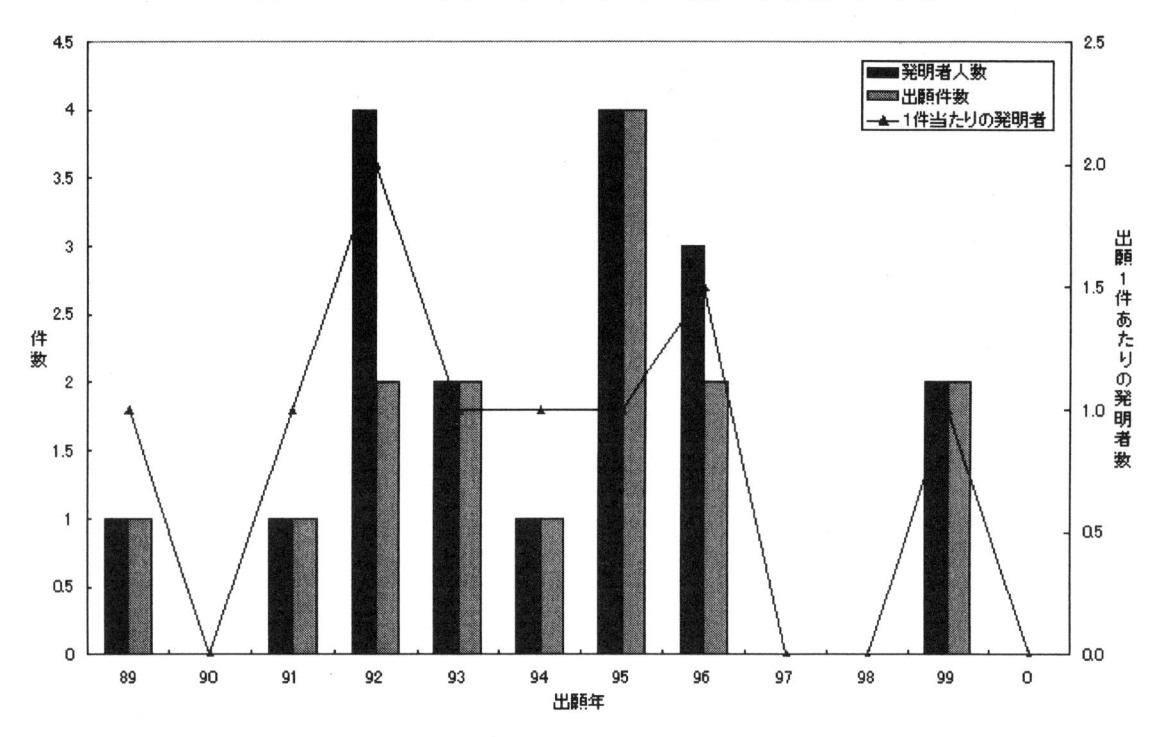

図 2.14.5-1 島津製作所の出願件数と発明者数の推移

2.15 三井化学

2.15.1 企業の概要

表 2.15.1-1 三井化学の企業概要

商号	三井化学株式会社
設立年月日	1997年10月1日
資本金 (百万円)	103,226 (2001年5月1日現在)
従業員	5,386名
事業内容	石化事業、基礎化学品事業、機能樹脂事業、機能化学品事業
技術・資本 提携関係	技術提携／カーギル・ダウLLC(米国)、古河電工 資本提携／住友化学工業 ※カーギル・ダウLLC(米国)：植物由来のグリーンプラ・ポリ乳酸(PLA)の事業開発における提携合意。 ※古河電工：WDMの重要部品である光増幅用980ナノメートル励起レーザーの共同開発。
事業所	本社／東京都 工場／市原、名古屋、大阪、岩国大竹、大牟田 研究所／袖ヶ浦
関連会社	国内／三井・デュポンポリケミカル、千葉フェノール、下関三井化学他 海外／ミツイ・ビスフェノール・シンガポール他
業　績 (百万円)	01/3 売上高 939,782　　経常利益 49,067
主要製品	石化原料、ポリエチレン、合繊原料、ペット樹脂、フェノール、工業薬品、化学品、エストラマー、機能性ポリマー、工業樹脂、樹脂加工品、電子情報材料、農業化学品、精密化学品等
主要取引先	三井物産、日石化学、東洋製罐
特許流通 窓口	知的財産部／東京都千代田区霞が関3-2-5／TEL 03-3592-4091

2.15.2 バイオセンサ技術に関する製品・技術
調査した範囲でバイオセンサに関する製品情報は得られなかった。

2.15.3 技術開発課題対応保有特許の概要
図2.15.3-1に三井化学の分野別出願比率を、表2.15.3-1にバイオセンサ技術開発課題対応特許の概要を示す(課題と解決手段の詳細については、前述の1.4を参照)。

図 2.15.3-1 三井化学の分野別出願比率

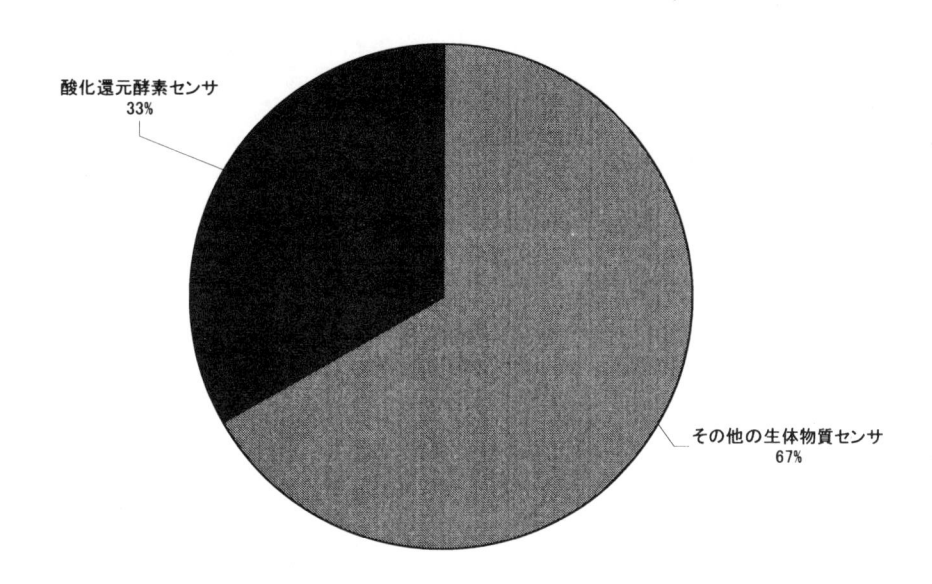

表 2.15.3-1 三井化学のバイオセンサ技術開発課題対応特許の概要（1／2）

技術要素	課題	特許番号	特許分類	概要（解決手段要旨）	
酸化還元酵素センサ	安定化	特許2909959	C12M 1/40	タンパク質分子層を変性を伴わず複数のタンパク質を所望の順序で集積・固定するため、等電点より充分離れたpHで積層する。タンパク質の種類によらず任意の順序で積層化したタンパク質超薄膜が得られ、変性もない。	
その他の生体物質センサ	簡便化	特許2948123	G01N 27/48	フェロセン環にホウ酸基が直接結合した構造のフェロセニルボロン酸誘導体を利用することで電気化学的に活性が低い糖類などのポリオール類の測定を可能にする。誘導体で得られた電位での電流変化と糖錯体で得られた電流変化から検量線を作り、糖濃度を得る。	

147

表 2.15.3-1 三井化学のバイオセンサ技術開発課題対応特許の概要 (2/2)

技術要素	課題	特許番号	特許分類	概要(解決手段要旨)
その他の生体物質センサ（続き）	簡便化	特開平8-245673	C07F 17/02	ポリオールを迅速な電気化学的測定に有用なボロン酸誘導体として、ボロン酸基がフェロセン構造に直接結合したボロン酸誘導体を合成。リチオ化フェロセン誘導体にホウ酸エステルを反応させることにより、フェロセン構造に直接ホウ酸基が結合したフェロセニルボロン酸誘導体が得られる。

2.15.4 技術開発拠点
出願は旧三井石油化学のものである。

2.15.5 研究開発者
三井化学の出願件数と発明者数を図 2.15.5 に示す。

図 2.15.5-1 三井化学の出願件数と発明者数の推移

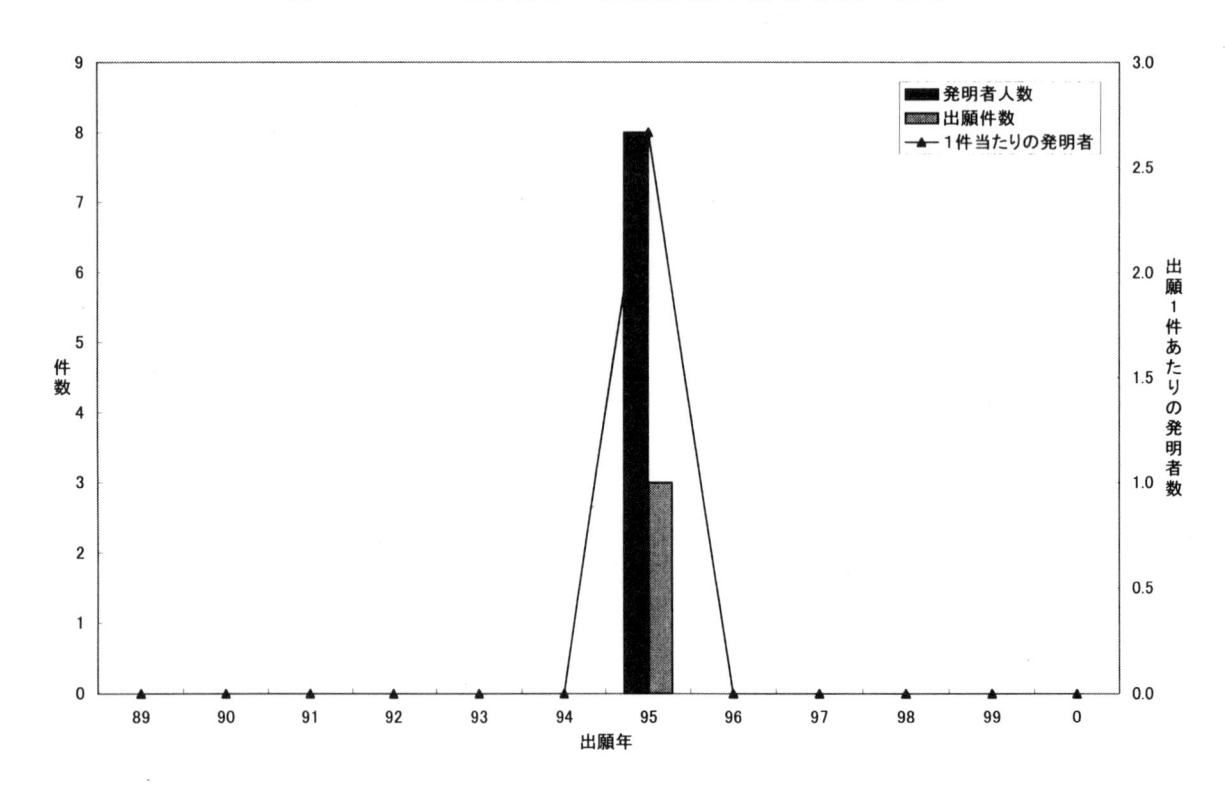

2.16 スズキ

2.16.1 企業の概要

表 2.16.1-1 スズキの企業概要

商号	スズキ株式会社
設立年月日	1920年3月
資本金（百万円）	119,630 （2001年3月現在）
従業員	14,460名
事業内容	二輪車、四輪車、船外機、発電機、汎用エンジン、住宅
技術・資本提携関係	技術提携／ゼネラルモータース（米国）、川崎重工業、富士重工、アプリリア社（伊） 資本提携／ゼネラルモータース、ゼネラルモータースコルモトーレス社
事業所	本社／静岡県 工場／静岡県、愛知県、研究所／神奈川県、静岡県
関連会社	国内／スズキ部品浜松、スズキ精密工業、エステック、浜松パイプ、スズキマリン、スズキスポーツ他 海外／カミ・オートモーティブ(加)、マルチウドヨグ(インド)、アメリカンスズキモーター（米国）他
業　績（百万円）	01／3　売上高　1,294,651　　経常利益　30,587
主要製品	二輪車、四輪車、エンジン、船外機、住宅、
主要取引先	デンソー、アイシン精機、菱和
特許流通窓口	知的財産グループ／静岡県浜松市高塚町300／TEL 053-440-2452

2.16.2 バイオセンサ技術に関する製品・技術
調査した範囲でバイオセンサに関する製品情報は得られなかった。

2.16.3 技術開発課題対応保有特許の概要
図2.16.3-1にスズキの分野別出願比率を、表2.16.3-1にバイオセンサ技術開発課題対応特許の概要を示す（課題と解決手段の詳細については、前述の1.4を参照）。特に免疫センサの出願比率が高い。

図2.16.3-1 スズキの分野別出願比率

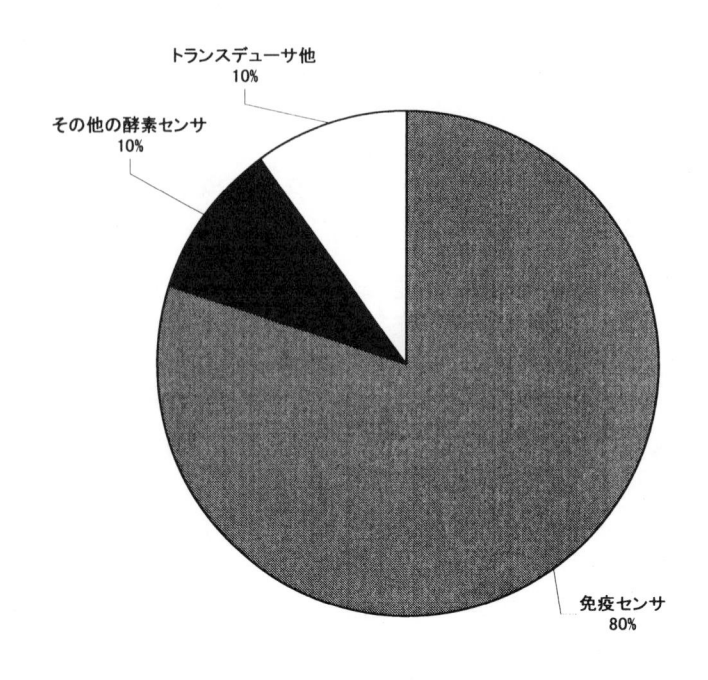

表2.16.3-1 スズキのバイオセンサ技術開発課題対応特許の概要（1／3）

技術要素	課題	特許番号	特許分類	概要(解決手段要旨)	
その他の酵素センサ	簡便化	特開平5-240766	G01N 15/02	血液検査装置では、扱う試薬によって異なる設定をする必要があるが、そのたびに設定を変更するのが手間なので、受光信号間引き回路を装備することにより、被測定物の変化に対応して測定データを間引くようにした。	
免疫センサ	高精度化	特開2000-356585	G01N 21/03	高感度のSPRセンサを作製するため、セルコア周囲のセンサ部形成面とその対向面以外の表面を、反射率が低い面とする	

表 2.16.3-1 スズキのバイオセンサ技術開発課題対応特許の概要 (2/3)

技術要素	課題	特許番号	特許分類	概要(解決手段要旨)
免疫センサ（続き）	高精度化	特開2001-74647	G01N 21/01	微細なSPR免疫のセンサRNA部の反応膜に対し、従来1回の光反射で定量していたのを、入射光が全反射を繰り返しながら透過する光導波路として感度を向上させた。その上面を疎水性膜で被覆し、検体は疎水性膜に囲まれ漏れないようにした。
	迅速化	特開2000-230929	G01N 33/543	免疫反応を迅速に行うSPRセンサセルを提供するため、表面にセンサが形成されたコアと、これを覆いセンサまで連通する貫通孔を持つクラッドを2つ以上備える
	迅速化	特開平11-64338 特開平11-160317 特開平11-344438 特開平11-281647 特開2000-2654	G01N 33/543 G01N 21/27	SPRでは1ファイバで1種のみ測定していたが、複数のファイバ備え1分光器で多数の項目を測定できるように改良した。さらに入射光と反射光の光路の切り替えのため、光路のスプリッタや光カプラも導入した。
	迅速化	特開平5-34358	G01N 35/02	凝集パターン判定装置の判定部分の保守点検を迅速に行うため、試料がガイド手段に沿って移送されてくるプレートをプレート停止機構の作用により、判定箇所に高精度停止する。ガイド手段、凝集パターン判定箇所、プレート停止機構を構成した装置。判定箇所にはパターン検出判定手段が装備され、これを収納するため枠体をコ字状に形成する。

表 2.16.3-1 スズキのバイオセンサ技術開発課題対応特許の概要（3／3）

技術要素	課題	特許番号	特許分類	概要(解決手段要旨)	
免疫センサ（続き）	簡便化	特開平9-105753	G01N 35/10	酵素免疫反応測定において、分注作業の使用品を標準化して自動化した。	
	安定化	特許3036049	G01N 21/17	パターン面積算出の信頼性向上のため、データ用メモリ回路、しきい値特定手段、パターン面積演算手段を備え、照射による透過光により凝集像の波形データを算出し、凝集パターンを判定する。	
	低コスト化	特開2000-321280	G01N 33/543	ランプが従来はハロゲンだが高価で大型なので、白色LEDを使用する。	

2.16.4 技術開発拠点

神奈川県　技術研究所
静岡県　　本社

2.16.5 研究開発者

スズキの出願件数と発明者数を図 2.16.5-1 に示す。

図 2.16.5-1 スズキの出願件数と発明者数の推移

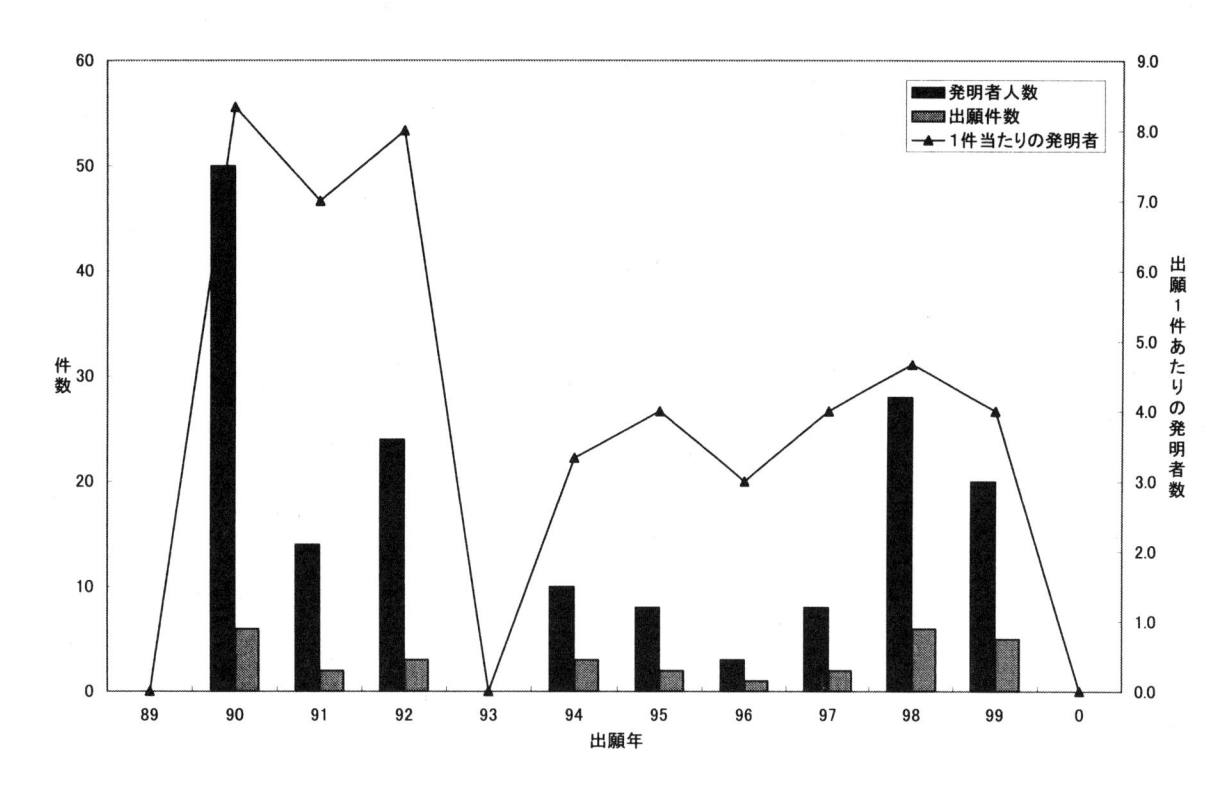

2.17 日本油脂

2.17.1 企業の概要

表 2.17.1-1 日本油脂の企業概要

商号	日本油脂株式会社
設立年月日	昭和24年7月1日
資本金 (百万円)	15,994 （2001年3月現在）
従業員	1,677名
事業内容	油化、化成、化薬、ライフサイエンス、電材、薬物送達システム、食品他
技術・資本 提携関係	技術提携／〈技術導入〉INTERNATIONAL MILITARY SERVICES LTD.(英)、DYNO NOBEL INC.(米国)、〈技術援助〉HOSUNG PETROCHEMICAL CO.,LTD.(韓)、HANWA CORPORATION(韓)、PT.SINAL OLEOCHEMICAL INTERNATIONAL(インドネシア)、EN HOU POLYMER CHEMICAL INDUSTRIAL CO.,LTD.(台)、PT.NOF MAS CHEMICAL INDUSTRIES(インドネシア)
事業所	本社／東京都 工場／尼崎・千鳥・大分・衣浦・武豊・王子他 事業所／愛知・種子島
関連会社	ジェー・ピー・エヌ・ケミカル、日本ベッツディアボーン、ニッサン石鹸、日本油脂BASFコーティングス他
業　績 (百万円)	01/3　売上高93,302　経常利益4,748
主要製品	食用加工油脂、健康関連製品、セメント混和材用高性能減水剤、反射防止フィルム他
主要取引先	(販売先)油脂製品、小松製作所、川原油化 (仕入先)丸紅、J・P・Nケミカル、千葉脂肪酸

2.17.2 バイオセンサ技術に関する製品・技術

バイオセンサ技術が適用されている可能性がある製品を表2.17.2-1に示す。

表 2.17.2-1 日本油脂のバイオセンサ技術に関する製品・技術

製品	製品名	発売年月日	出典
検査用試薬	免疫学的測定用	2000年	日本油脂のホームページ
	酸化ストレス研究用試薬	2000年	同上
生体適合材料	リピジュア(Lipidure；ホスファチジルコリンの極性基と同一の構造をもつ2-メタクリロイルオキシエチルホスホリルコリンを構成単位とする水溶性ポリマー)	2001年	同上

2.17.3 技術開発課題対応保有特許の概要

　図2.17.3-1に日本油脂の分野別出願比率を、表2.17.3-1にバイオセンサ技術開発課題対応特許の概要を示す（課題と解決手段の詳細については、前述の1.4を参照）。トランスデューサ他に関する出願の比率が高い。

図2.17.3-1 日本油脂の分野別出願比率

- 脂質・脂質膜センサ 30%
- 酸化還元酵素センサ 10%
- トランスデューサ他 60%

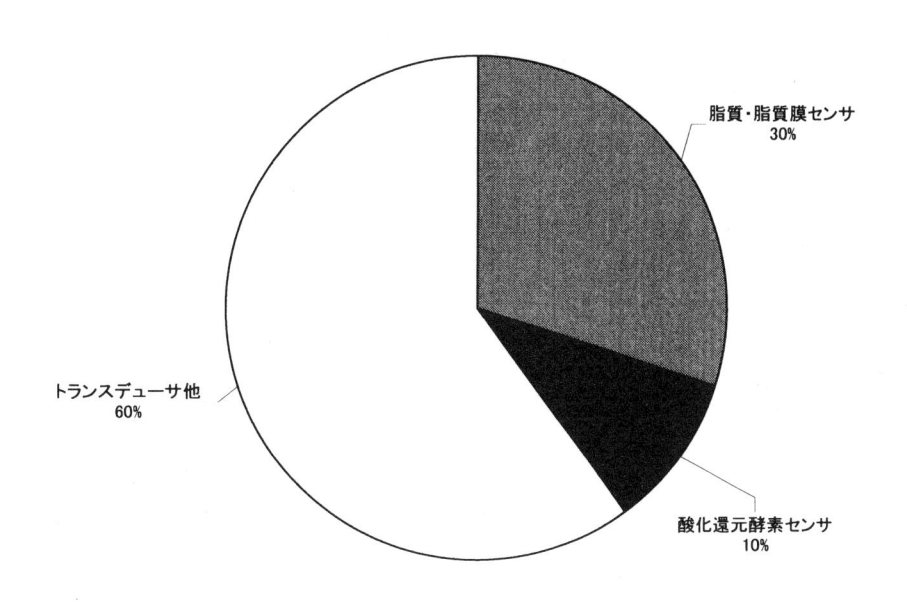

表2.17.3-1 日本油脂のバイオセンサ技術開発課題対応特許の概要（1／2）

技術要素	課題	特許番号	特許分類	概要（解決手段要旨）
酸化還元酵素センサ	低コスト化	特開平10-139832	C08F23/300	２－メタクリロイルオキシエチルホスホリルコリンとビニルフェロセンに基づく共重合体は、フェロセン骨格によって酸化還元反応を起こし、生体適合性に優れ生体内に長期留置可能なグルコースセンサとなる。
脂質・脂質膜センサ	安定化	特開平8-259654 特開平9-241330	C08F23/300	リン脂質では均質で丈夫な膜が作れないので、リン脂質類似構造を有し、製膜性が良いポリウレタン化合物を使用する。
トランスデューサ他	高精度化	特表平9-808177	C07F /90	生体適合性を有し、人工臓器やバイオセンサ等に応用が期待できるフマル酸誘導体およびその重合体を製造。

表 2.17.3-1 日本油脂のバイオセンサ技術開発課題対応特許の概要 (2／2)

技術要素	課題	特許番号	特許分類	概要(解決手段要旨)
トランスデューサ他（続き）	安定化	特開平11-80187 特開平10-287687 特開平11-80188	C07H 1/150	生体適合性を有し、人工臓器やバイオセンサ等に応用が期待できるホスホリルコリン類似基含有の化合物。市販のポリウレタンに較べて、血小板が粘着せず生体適合性がある。

2.17.4 技術開発拠点

特許出願においては、発明者住所は全て本社（東京）の住所となっている。

2.17.5 研究開発者

日本油脂の出願件数と発明者数を図 2.17.5-1 に示す。

図 2.17.5-1 日本油脂の出願件数と発明者数の推移

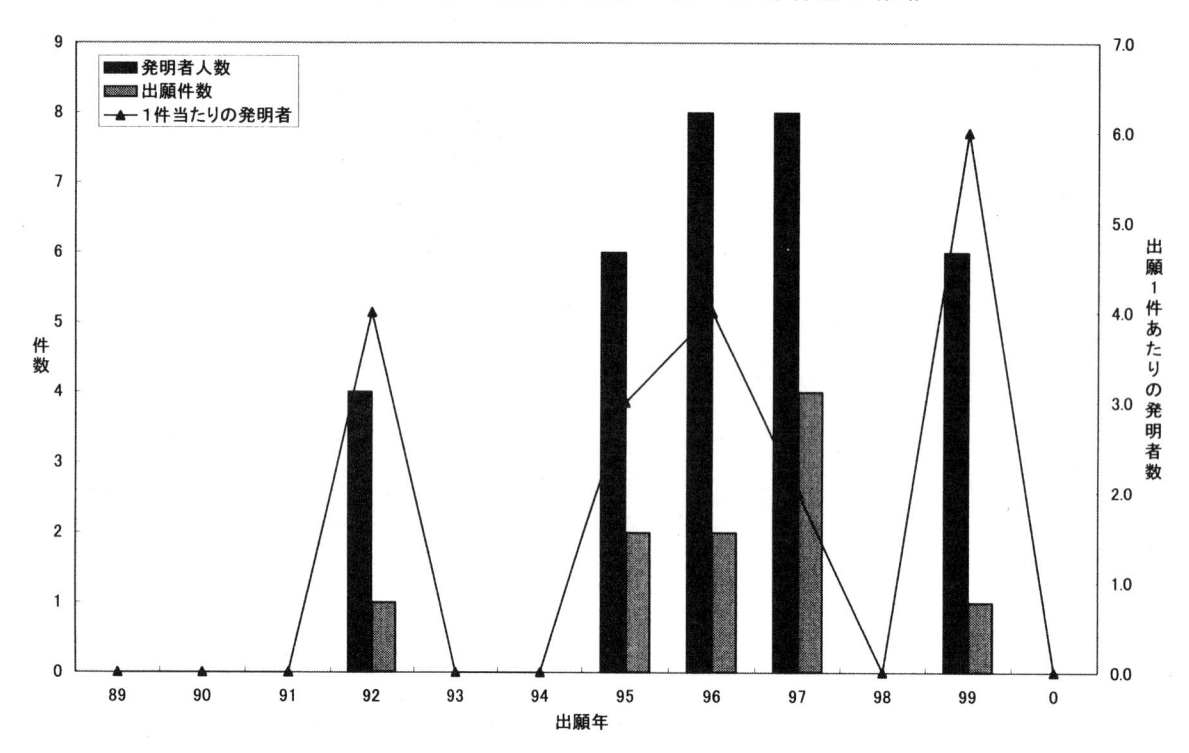

2.18 王子製紙

2.18.1 企業の概要

表 2.18.1-1 王子製紙の企業概要

商号	王子製紙株式会社
設立年月日	1949年8月
資本金 （百万円）	103,800 （2001年3月現在）
従業員	8,488名
事業内容	紙パルプ、紙加工、木材緑化事業
技術・資本 提携関係	技術提携／サンダース(独)
事業所	本社／東京都 工場／北海道、東京都、静岡県、長野県、愛知県、鳥取県、岐阜県、 　　　兵庫県、滋賀県、広島県、徳島県、佐賀県、大分県、宮崎県
関連会社	中央板紙、アピカ、王子コーンスターチ、王子通商、トーヨーパック、チューツ、王子計測機器他
業　　績 （百万円）	01/3 売上高 816,702　　経常利益 47,375
主要製品	新聞用紙、出版印刷用紙、事務用紙、包装紙、情報紙、特殊紙、家庭用紙、紙器、電材化製品、
主要取引先	日本紙パルプ商事、国際紙パルプ商事、朝日新聞社、伊藤忠商事、丸紅他
特許流通 窓口	王子計測機器／兵庫県尼崎市常光寺4-3-1／TEL 06-6487-1032

　同社のバイオセンサ技術は旧神崎製紙のセンサ技術を受け継いだもので、（旧）王子製紙との合併により（旧）新王子製紙となり、研究開発本部技術開発センターが継承、その後技術開発センターが計測器開発部に改組、更に研究開発本部から独立して王子計測機器として今日に至っている。

　王子計測機器の本社は王子製紙の神崎工場内に置いている。

2.18.2 バイオセンサ技術に関する製品・技術

　バイオセンサなどの計測機器関連は関連会社である王子計測機器が販売を担当しているため、王子計測機器に関しても関連製品や技術を紹介する。

　王子計測機器のバイオセンサ技術が適用されている可能性がある製品を表2.18.2-1に示す。BF-400はオンラインでグルコースなどの化学成分の濃度コントロールを行う装置であり、BF-4は酵素液、食品中などの生体関連物質の分析を行う、固定化酵素電極を採用した多機能型のフローインジェクション分析装置である。これらのバイオセンサの販売分野は発酵、食品、酒造、飲料、製薬、臨床検査、製紙等である。

なお、王子製紙については調査した範囲でバイオセンサに関する製品情報は得られなかった。

表 2.18.2-1 王子計測機器のバイオセンサ技術に関する製品・技術

製品	製品名	発売年月日	出典
多機能バイオセンサ	BF-400	1994年	王子計測機器ホームページ
オンラインバイオセンサ	BF-4	1995年	同上
迅速BOD測定装置	BF-1000S	2000年	同社カタログ

2.18.3 技術開発課題対応保有特許の概要

図 2.18.3-1 に王子製紙の分野別出願比率を、表 2.18.3-1 にバイオセンサ技術開発課題対応特許の概要を示す（課題と解決手段の詳細については、前述の 1.4 を参照）。酸化還元酵素センサの比率が特に高い。

図 2.18.3-1 王子製紙の分野別出願比率

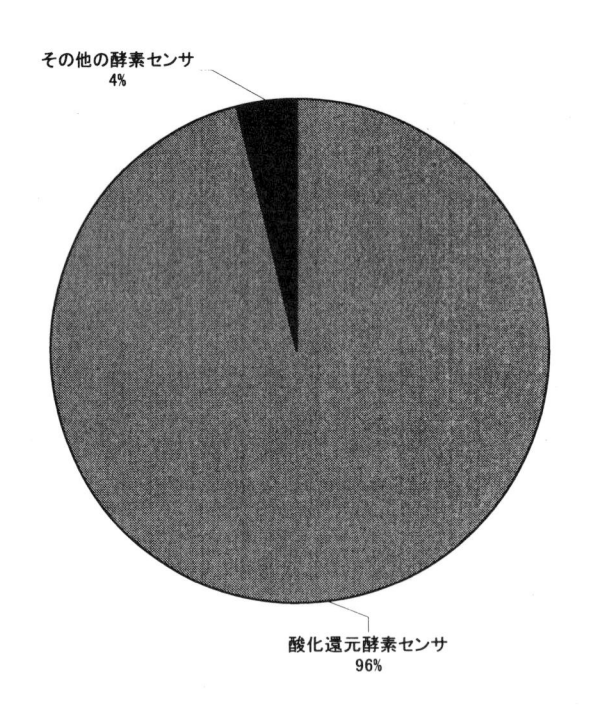

その他の酵素センサ 4%
酸化還元酵素センサ 96%

表 2.18.3-1 王子製紙のバイオセンサ技術開発課題対応特許の概要 (1/2)

技術要素	課題	特許番号	特許分類	概要(解決手段要旨)
酸化還元酵素センサ	高精度化	特開平11-281616 特開平8-271478	G01N 27/416	リン酸イオン測定において、センサがヌクレオチドフォスフォリラーゼおよびキサンチオキシダーゼの混合固定化体もしくは各固定化体を順次配置して、これらの酵素固定化体の下流に電気化学的活性物質濃度を検知できる電極を配置した機構。
	高精度化	特開平9-65892	C12Q 1/00	酵素を含む試料、緩衝液、基質溶液をそれぞれ一定流量で混合槽に送液する機構、混合槽から混合液を一部取り出し、一定流量で検出部に送液する機構、任意に試料液および基質液の送液を停止する機構を有した構造で、高感度検出可能。
	迅速化	特開平7-198657 特開平3-89168	G01N 27/26 G01N 35/08	出力波形のピーク値において定量を行うのではなく、測定物質により予め定められた位置での出力値を用いて定量するアルゴリズムを導入することで、測定を迅速化する。
	迅速化	特開平7-311127 特開平8-101212	G01N 1/00 G01N 35/08	装置において被測定溶液とキャリア溶液の送液開始後一定の時間が経過した後に、濾過セルにおいて被測定送液中の試料が少なくとも一部が半透膜を介してキャリア中へ安定して移動して得られたキャリアを注入器によって検出器に注入させる機能を有した制御部を導入し、汚染物質排除の円滑化。
	簡便化	特開平8-15217 特開平7-322897 特開平8-131192	G01N 27/416 C12Q 1/32 C12Q 1/26	マンニトール測定において、複数の酵素により誘導されたサイクリック反応の利用。基質酸化体の酸化酵素をカラムに固定し、第二脱水素酵素の基質還元体を生成する工程と、生成した基質還元体を測定する工程を有する方法で、精度よく検出できる。

表 2.18.3-1 王子製紙のバイオセンサ技術開発課題対応特許の概要 (2/2)

技術要素	課題	特許番号	特許分類	概要(解決手段要旨)	
酸化還元酵素センサ（続き）	簡便化	特許 2928588	G01N 27/416	可逆的阻害剤としてアジ化化合物を添加してオキシダーゼ活性制御することで、簡便で、広い濃度範囲のアルコール測定が可能。	
	安定化	特許 2862940	C12N 11/00	ケイソウ土系ケイ酸担体のアミノ基に多官能性アルデヒドを結合し、オキシダーゼを接触させた、単一層の固定化酵素担体を形成。反応で生成された過酸化水素を素早く固定化アルコールオキシダーゼ近傍から排除する。	
	低コスト化	特開平8-304327 特許 2604857	G01N 27/30 G01N 27/327	導電体と、導電体の少なくとも一部の表面に形成されるフタロシアニン金属錯体を含む反応層を備えた電極構造により、低コスト製造が実現。	
その他の酵素センサ	安定化	特許 3111558	C12M 1/34	グルコースが混在しても、迅速、簡便かつ正確にマルトースを測定することができる測定装置。固定化マルトースホスホリラーゼがリアクタ中に内包され、第一酵素、リアクタ及び第二酵素が直列に配置された構造。第一、第二酵素はグルコースオキシダーゼが固定化されている。マルトース固定化カラムの前後にグルコースオキシダーゼの電極を設置することで、グルコース濃度とマルトースから生成されたグルコース濃度を測定し差し引き演算して算出。	

2.18.4 技術開発拠点
東京都　　　本社
兵庫県　　　神埼工場

2.18.5 研究開発者

王子製紙の出願件数と発明者数を図 2.18.5-1 に示す。

図 2.18.5-1 王子製紙の出願件数と発明者数の推移

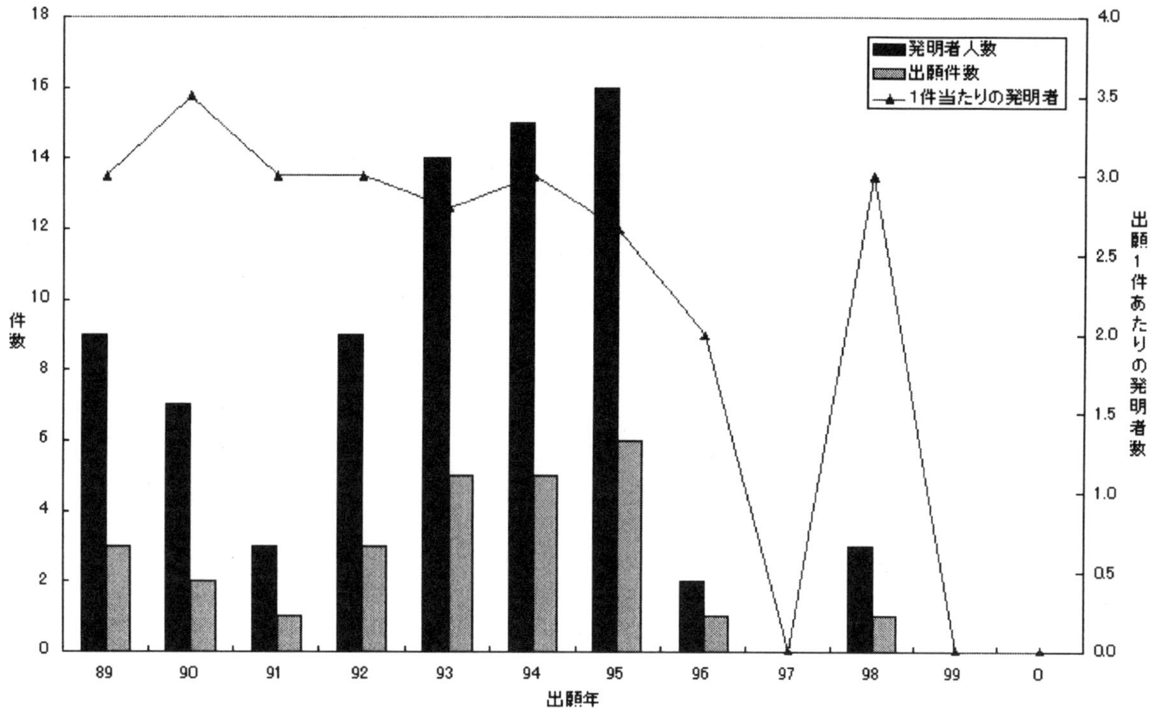

2.19 東芝

2.19.1 企業の概要

表 2.19.1-1 東芝の企業概要

商号	株式会社東芝
設立年月日	明治37年6月
資本金 (百万円)	274,900（2001年3月末現在）
従業員	52,263名
事業内容	家電機器、パソコン、情報ツール、映像機器、医用システム、電力システム、社会インフラシステム、各種産業機器、環境、半導体・電子部品、エレベーター・エスカレーター・ビル管理他
技術・資本 提携関係	技術提携／マイクロソフト・ライセンシング・インク（米国）、テキサス・インスツルメンツ・インコーポレーテッド（米国）、クァルコム（米国）、ラムバス・インク（米国）
事業所	本社／東京都 工場／四日市、大分、深谷、姫路、川崎
関連会社	国内／東芝メディカル、東芝医用ファイナンス、東芝ケミカル他 海外／東芝アメリカMRI社、東芝ケミカルシンガポール社他
業　績 (百万円)	01/3 売上高 5,951,357　　経常利益 188,099
主要製品	家電機器、パソコン、情報ツール、映像機器、医用システム、電力システム、社会インフラシステム、各種産業機器、環境、半導体・電子部品、エレベーター・エスカレーター・ビル管理他
主要取引先	東京電力、中部電力、JR各社
特許流通窓口	知的財産部／東京都港区芝浦1-1-1／TEL　03-3457-2501

2.19.2 バイオセンサ技術に関する製品・技術

バイオセンサ技術が適用されている可能性がある製品を表2.19.2-1に示す。

表2.19.2-1 東芝のバイオセンサ技術に関する製品・技術

製品	製品名	発売年月日	出典
水質監視装置	自動監視装置	発売中	東芝のホームページ

2.19.3 技術開発課題対応保有特許の概要

図2.19.3-1に東芝の分野別出願比率を、表2.19.3-1にバイオセンサ技術開発課題対応特許の概要を示す（課題と解決手段の詳細については、前述の1.4を参照）。遺伝子センサの出願比率が高い。

図 2.19.3-1 東芝の分野別出願比率

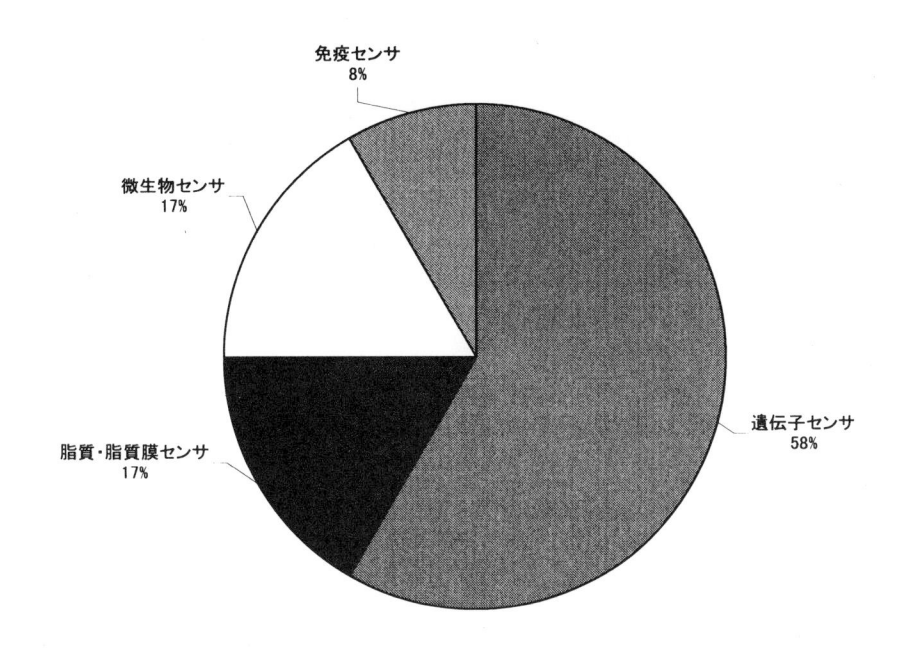

表 2.19.3-1 東芝のバイオセンサ技術開発課題対応特許の概要 (1/2)

技術要素	課題	特許番号	特許分類	概要(解決手段要旨)
微生物センサ	迅速化	特開2000-321233	G01N27/327	下水処理場等への異常水の流入検知は迅速性が求められるが、鉄バクテリアの酸化活性低下を検出することで、短時間に高感度で検出する。
遺伝子センサ	高精度化	特許2573443 特開平6-70799 特開平5-285000 特開平10-146183	C12Q 1/68	目的配列に相補的な1本鎖プローブを電極またはRNA表面に固定化し、2本鎖に特異的で電気化学または光化学的に活性な2本鎖特異的標識抗体を反応系に添加。
	迅速化	特開2000-106874	C12N15/09	同一基板上に複数の電極をパターニングし、その上で核酸を合成。同一基板内に配列の異なる核酸鎖を合成可能。
	安定化	特開平6-256753	C09K 3/00	遺伝子センサに適した配向制御膜の作製において、DNAにチオール基を導入して金電極に固定化し、DNA固定化電極を電解質中で電圧を印加して、DNAを一定方向に配向した均一な薄膜を作成できる。

2.19.3-1 東芝のバイオセンサ技術開発課題対応特許の概要（2/2）

技術要素	課題	特許番号	特許分類	概要（解決手段要旨）
脂質・脂質膜センサ	高精度化	特開平11-56389 特開2001-91494	G01N27/416	脂質に分子膜を利用した物質と相互作用を示す細胞膜模倣膜を用いる毒物センサ。脂質膜は外力に不安定なので、その破壊を自動的に検知し、即座に脂質溶液を注入して再形成させる装置で対処する。 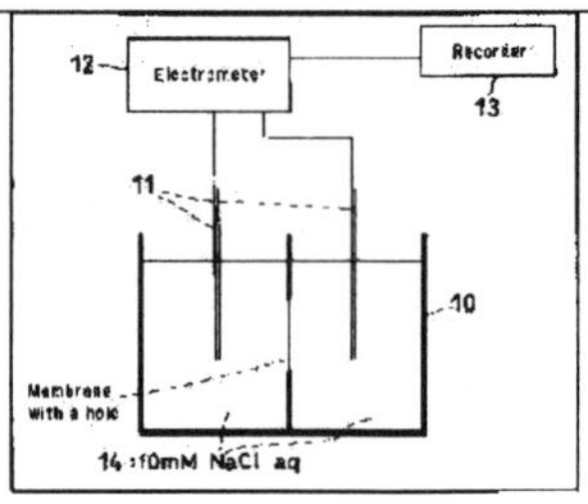

2.19.4 技術開発拠点

東京都　府中工場
神奈川県　総合研究所
　　　　　横浜事業所
　　　　　研究開発センター

2.19.5 研究開発者

東芝の出願件数と発明者数を図2.19.5-1に示す。

図2.19.5-1 東芝の出願件数と発明者数の推移

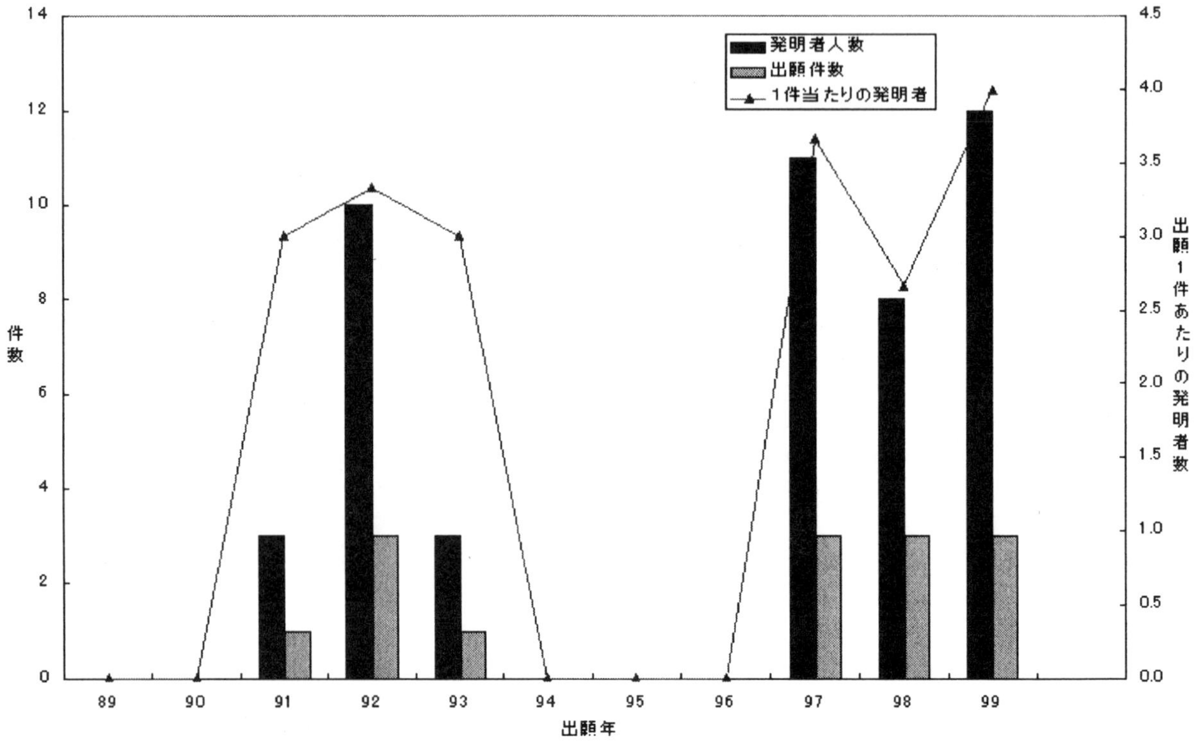

2.20 曙ブレーキ中央技術研究所

2.20.1 企業の概要

曙ブレーキ中央技術研究所は、バイオセンサの研究開発、特許出願などを行っているが、製品発売は親会社である曙ブレーキ工業で行われている。曙ブレーキ中央技術研究所の所在地は埼玉県羽生市（曙ブレーキ工業内）であり、資本金（100百万円）は全額曙ブレーキ工業が出資している。

表 2.20.1-1 に曙ブレーキ工業の概要を示す。

表 2.20.1-1 曙ブレーキ工業の企業概要

商号	曙ブレーキ工業株式会社
設立年月日	昭和 11 年 1 月 25 日
資本金（百万円）	9,037（2001 年 3 月 31 日現在）
従業員	2,552 名
事業内容	自動車及び産業機械用ブレーキ・鉄道車両用部品の製造・販売、不動産の販売・管理
技術・資本提携関係	技術提携、資本提携／ボッシュ（独）
事業所	本社／東京都 製造所／羽生、岩槻、館林、福島、三春
関連会社	国内／山陽ブレーキ、幡和工業、トーワ金属他 海外／アムブレーキコーポレーション（米国）、ピーティートゥリダールマヴィセサ(インドネシア)
業　績（百万円）	01/3 売上高 98,418　　経常利益 2,176
主要製品	ドラム・ブレーキ、ディスク・ブレーキ、シュー・アッシー、ディスク・パッド、ブレーキ・ライニング他
主要取引先	（販売）三菱自動車、いすゞ、日産、トヨタ自動車 （仕入）伊藤忠商事、アイシン高丘、日立金属

2.20.2 バイオセンサ技術に関する製品・技術

表 2.20.2-1 曙ブレーキ中央技術研究所のバイオセンサ技術に関する製品・技術

製品	製品名	発売年月日	出典
汚泥処理技術	BOD センサ応用メタン／CO_2発生抑制支援技術	発売中	http://www.icett.or.jp/research_developj.nsf/7231fd50df3617a6492567ca001c1210
固体電解質型ガスセンサ	—	研究中	http://www.kabushiki.co.jp/kiji/letter30.html

2.20.3 技術開発課題対応保有特許の概要

　図2.20.3-1に曙ブレーキ中央技術研究所の分野別出願比率を、表2.20.3-1にバイオセンサ技術開発課題対応特許の概要を示す（課題と解決手段の詳細については、前述の1.4を参照）。微生物センサに関する出願の比率が高い。

図2.20.3-1 曙ブレーキ中央技術研究所の分野別出願比率

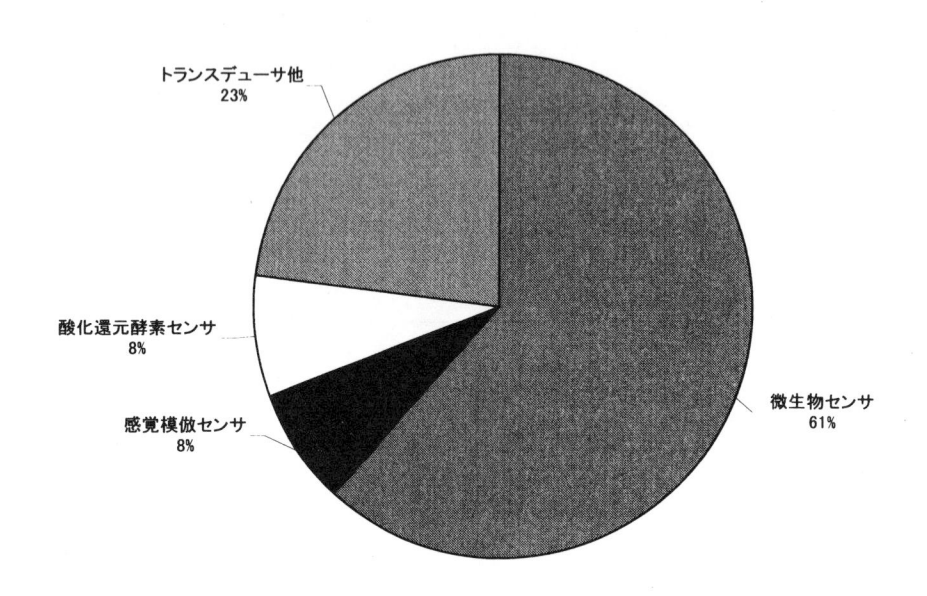

表2.20.3-1 曙ブレーキ中央研究所のバイオセンサ技術開発課題対応特許の概要 (1/3)

技術要素	課題	特許番号	特許分類	概要(解決手段要旨)	
酸化還元酵素センサ	迅速化	特開2001-21525 特開2001-21529	G01N 27/416	作用極と対極間に矩形波パルス電圧を1回または複数回連続して印加したときの両極間に流れる電流を計測。複数測定には，複数の孔を設けたセルを有した試料滴下型センサ（同時測定用）を利用することで、測定時間の短縮化を図る。	

表 2.20.3-1 曙ブレーキ中央研究所のバイオセンサ技術開発課題対応特許の概要 (2/3)

技術要素	課題	特許番号	特許分類	概要(解決手段要旨)	
酸化還元酵素センサ（続き）	安定化	特開2001-21527	G01N 27/416	使い捨て型バイオセンサ内において、生体触媒と反応試薬をそれぞれの性質を勘案した状態で分離して配置する構造にすることで、センサ保存安定性を維持。	
微生物センサ	高精度化	特開2001-21528	G01N 27/416	各電極がそれぞれ別だと距離がばらつき精度に影響するので、基板上に各電極を抱き合わせで作成する。	
	高精度化	特開平10-239273	G01N 27/416	微生物電極は安価だが溶存酸素量の計測では特異性が低い。そこで微生物を乾燥菌体にすると有機物資化酵素のいくつかは失活し、グルコース酸化酵素は安定なので特異性が増す。	
	簡便化	特開平7-167824 特開平10-246717 特開平10-246718	G01N 27/327	酸素電極を使うと低濃度で誤差が大きく、装置も大型化するので、有機物を代謝する際の呼吸鎖の電子伝達系の電子移動を計測する。	
	簡便化	特開2001-21526 特開2001-21525	G01N 27/416	試料溶液保持部に複数の試料溶液をそれぞれ同時に供給して、複数の試料溶液中の測定対象物質を同時に計測。またグルコース作用極と対極間に矩形波パルス電圧を複数回連続して印加し両極間に流れる電流を計測。	

表2.20.3-1 曙ブレーキ中央研究所のバイオセンサ技術開発課題対応特許の概要 (3/3)

技術要素	課題	特許番号	特許分類	概要(解決手段要旨)	
微生物センサ（続き）	安定化	特開2001-21529	G01N 27/416	電極自体による酸化還元反応の影響を低減するため、作用極と対極を試料に浸漬した状態で、生体触媒反応が十分に進行するまで時間放置した後に、両極間に低電圧を所定時間印加する。一定時間放置し印加することで、電極反応の影響を最少に抑えて生体触媒反応のみによる電流値に近い計測値を得る。	
感覚模倣センサ	簡便化	特開平11-281615	G01N 27/416	センサ素子を小型化するため、センサ素子を構成する部品同士を機械的な押付でなく低融点組生物を形成する化合物からなる接合剤を用いて接合。	
トランスデューサ他	低コスト化	特開2001-21522 特開2001-21523 特開平11-174017	G01N 27/327	微小電極の作用極上のみに生体触媒を固定化するのは困難なので、作用極以外の電極にも同時に生体触媒を固定し、検知感度を落とさないようスクリーン印刷手法を応用。	

2.20.4 技術開発拠点
埼玉県　　本社

2.20.5 研究開発者

曙ブレーキ中央技術研究所の出願件数と発明者数を図 2.20.5-1 に示す。

図 2.20.5-1 曙ブレーキ中央技術研究所の出願件数と発明者数の推移

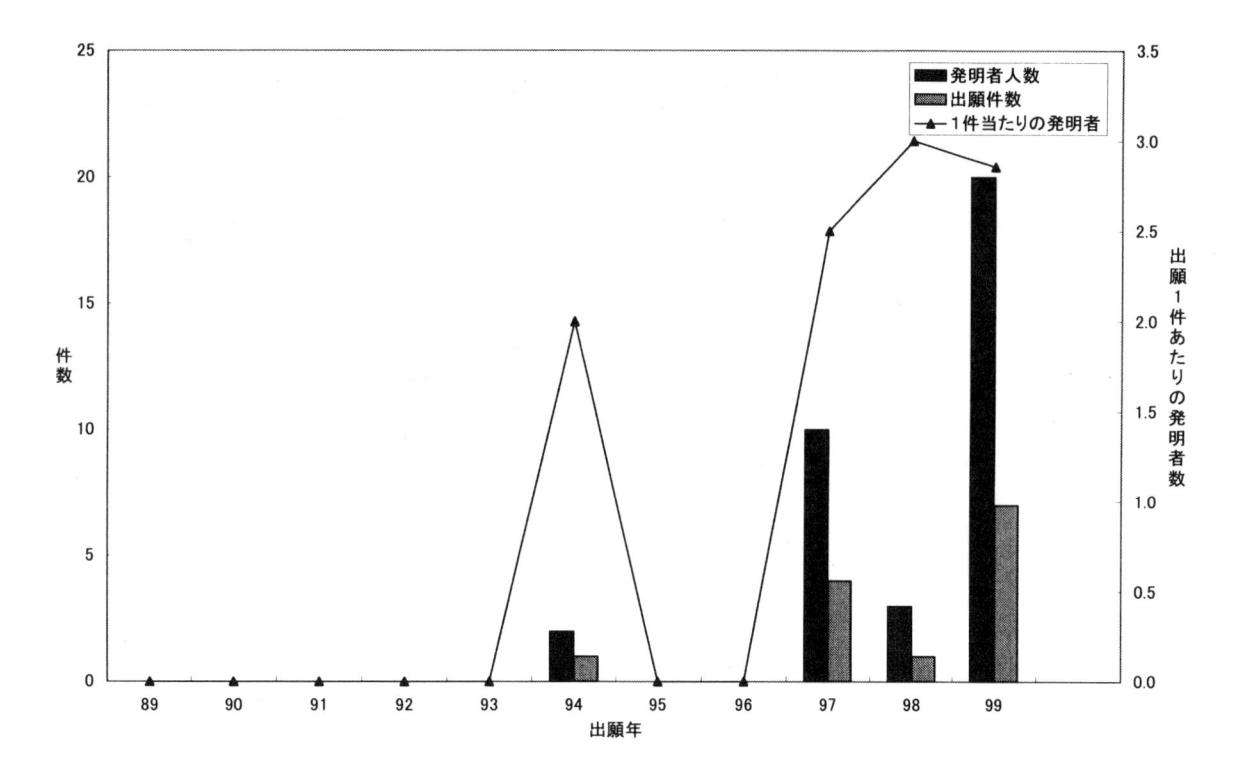

2.21 大学および公共研究機関

2.21.1 九州大学

　個人出願人のうち、都甲　潔、林　健司、および山藤　馨の3氏は共同で出願しているケースが多い。3氏はそれぞれ九州大学のシステム情報科学研究院電子デバイス工学専攻 電子機能材料工学講座の教授、助教授、前教授であり、同講座では味覚センサの開発を長年行っている。表 2.21.1-1にバイオセンサに関する特許のリストを示す（課題と解決手段の詳細については、前述の1.4を参照）。

表 2.21.1-1 九州大学関連の特許リスト（都甲教授、林助教授、山藤前教授発明）

技術要素	課題	特許番号	解決手段
脂質・脂質膜センサ	高精度化	特開 2000－283957	検出法
脂質・脂質膜センサ	高精度化	特許 3194973	検出法
脂質・脂質膜センサ	高精度化	特許 2578374	測定操作
脂質・脂質膜センサ	高精度化	特許 2578370	測定操作
脂質・脂質膜センサ	高精度化	特許 3029693	測定操作
脂質・脂質膜センサ	高精度化	特開 2000－283955	測定操作
脂質・脂質膜センサ	高精度化	特開平 7－5146	固定化膜・電極
脂質・脂質膜センサ	高精度化	特開 2000－338082	固定化膜・電極
脂質・脂質膜センサ	高精度化	特開平 10－78406	固定化膜・電極
脂質・脂質膜センサ	高精度化	特開平 7－103934	製造処理操作
脂質・脂質膜センサ	簡便化	特開平 9－127040	測定操作
脂質・脂質膜センサ	簡便化	特開平 6－18471	固定化膜・電極
脂質・脂質膜センサ	安定化	特開平 11－142366	検出法
脂質・脂質膜センサ	安定化	特開 2001－59830	検出法
脂質・脂質膜センサ	安定化	特開 2000－171423	検出法
脂質・脂質膜センサ	安定化	特開平 8－271473	測定操作
脂質・脂質膜センサ	安定化	特開 2001－98299	測定操作
脂質・脂質膜センサ	安定化	特開平 10－253583	測定操作
脂質・脂質膜センサ	安定化	特開 2000－283956	測定操作
脂質・脂質膜センサ	安定化	特許 3037971	測定操作
脂質・脂質膜センサ	安定化	特開 2000－283947	固定化膜・電極
脂質・脂質膜センサ	安定化	特許 3098812	固定化膜・電極
脂質・脂質膜センサ	安定化	特開 2000－249675	固定化膜・電極
脂質・脂質膜センサ	安定化	特開 2000－249674	固定化膜・電極
脂質・脂質膜センサ	安定化	特許 3190123	周辺デバイス
脂質・脂質膜センサ	安定化	特開平 4－238263	製造処理操作
脂質・脂質膜センサ	安定化	特許 3105940	製造処理操作
脂質・脂質膜センサ	用途拡大	特開 2000－304717	検出法
脂質・脂質膜センサ	用途拡大	特開 2000－249618	検出法
脂質・脂質膜センサ	用途拡大	特開 2000－146895	検出法
脂質・脂質膜センサ	用途拡大	特開平 11－201941	検出法
脂質・脂質膜センサ	用途拡大	特開平 10－267894	測定操作
脂質・脂質膜センサ	用途拡大	特開平 8－285813	測定操作
脂質・脂質膜センサ	用途拡大	特開 2001－99804	固定化膜・電極

2.21.2 東京大学

軽部 征夫氏は東京大学の国際・産学共同研究センターおよび先端化学技術センター教授である。BODの微生物センサを世界に先駆けて開発したのをはじめ、バイオセンサ技術を応用し、O157など特定の病原微生物に特有の遺伝子を蛍光偏光解消とDNAハイブリダイゼーションとの組み合わせにより極めて短時間で検出できる検出装置を開発した。表 2.21.2-1 にバイオセンサに関する特許のリストを示す（課題と解決手段の詳細については、前述の1.4を参照）。

表 2.21.2-1 東京大学関連の特許リスト（軽部教授発明）

技術要素	課題	特許番号	解決手段
酸化還元酵素センサ	高精度化	特開平 4－28343	固定化膜・電極
酸化還元酵素センサ	高精度化	特許 3003615	固定化膜・電極
酸化還元酵素センサ	高精度化	特開平 8－242891	固定化膜・電極
酸化還元酵素センサ	高精度化	特開平 7－248306	固定化膜・電極
酸化還元酵素センサ	迅速化	特開平 8－84599	検出法
酸化還元酵素センサ	迅速化	特開平 9－21778	固定化膜・電極
酸化還元酵素センサ	簡便化	特開平 5－93723	周辺デバイス
酸化還元酵素センサ	簡便化	特開平 7－151727	製造処理操作
酸化還元酵素センサ	簡便化	特開平 8－271472	製造処理操作
酸化還元酵素センサ	簡便化	特開平 6－78791	製造処理操作
酸化還元酵素センサ	安定化	特開平 9－101280	固定化膜・電極
酸化還元酵素センサ	低コスト化	特開平 10－02875	固定化膜・電極
酸化還元酵素センサ	低コスト化	特許 3103143	固定化膜・電極
酸化還元酵素センサ	低コスト化	特開平 6－90754	製造処理操作
微生物センサ	高精度化	特開平 7－147995	検出法
微生物センサ	簡便化	特開平 7－167824	検出法
微生物センサ	安定化	特開平 11－174018	検出法
微生物センサ	低コスト化	特開平 8－226910	検出法
微生物センサ	低コスト化	特開平 10－246717	固定化膜・電極
微生物センサ	用途拡大	特許 3119312	検出法
微生物センサ	用途拡大	特開平 8－211011	検出法
微生物センサ	用途拡大	特開平 8－196295	検出法
免疫センサ	迅速化	特開平 10－73595	測定操作
免疫センサ	安定化	特開平 10－267930	製造処理操作
免疫センサ	安定化	特開平 9－264843	製造処理操作
遺伝子センサ	簡便化	特開平 11－332595	検出法
遺伝子センサ	安定化	特開平 11－332566	検出法
トランスデューサ他	簡便化	特開平 6－186194	周辺デバイス
トランスデューサ他	安定化	特開 2000－39401	製造処理操作
トランスデューサ他	低コスト化	特開平 10－246718	固定化膜・電極

2.21.3 東京農工大学

　早出　広司氏は東京農工大学の工学部生命工学科 生体反応工学分野の教授である。日本学術振興会のプロジェクトで「次世代バイオセンサー創成基盤技術の開発」の研究を行っている。表 2.21.3-1にバイオセンサに関する特許のリストを示す（課題と解決手段の詳細については、前述の1.4を参照）。

表 2.21.3-1 東京農工大学関連の特許リスト（早出教授発明）

技術要素	課題	特許番号	解決手段
酸化還元酵素センサ	高精度化	特開平11-206369	検出法
酸化還元酵素センサ	高精度化	特開平11-101776	検出法
酸化還元酵素センサ	高精度化	特開2000-312588	検出法
酸化還元酵素センサ	高精度化	特開2001-204494	測定操作
酸化還元酵素センサ	高精度化	特開2000-262281	製造処理操作
酸化還元酵素センサ	安定化	特開2001-37483	検出法
酸化還元酵素センサ	安定化	特開2001-197888	検出法
酸化還元酵素センサ	安定化	特開2000-354495	検出法
酸化還元酵素センサ	安定化	特開平11-253198	測定操作
酸化還元酵素センサ	用途拡大	特開2000-270855	製造処理操作
微生物センサ	用途拡大	特開平11-253194	検出法

2.21.4 科学技術振興事業団

科学技術振興事業団（JST；ホームページは http://www.jst.go.jp）は科学技術基本法、科学技術基本計画のもとに、1996年10月1日に設立された。

我が国の科学技術の振興を総合的に図って行くために、技術シーズの創出、情報基盤の整備、地域の科学振興、科学技術理解増進、内外の人材交流といった事業を行っている。

科学技術振興事業団のバイオセンサに関する特許のリストを表 2.21.4-1 に示す（課題と解決手段の詳細については、前述の 1.4 を参照）。

表 2.21.4-1 科学技術振興事業団のバイオセンサに関する特許リスト

技術要素	課題	特許番号	解決手段
酸化還元酵素センサ	迅速化	特許 2909959	検出法
その他の酵素センサ	迅速化	特許 3176605	検出法
その他の酵素センサ	簡便化	特許 2713534	検出法
微生物センサ	高精度化	特許 3016640	検出法
微生物センサ	高精度化	特許 3016641	検出法
免疫センサ	高精度化	特開 2000－338044	検出法
免疫センサ	高精度化	特開 2001－133458	検出法
免疫センサ	安定化	特開平 11－176238	固定化膜・電極
免疫センサ	安定化	特開平 9－257793	製造処理操作
免疫センサ	用途拡大	特開 2000－146976	製造処理操作
遺伝子センサ	簡便化	特開平 11－169199	検出法
遺伝子センサ	簡便化	特開平 10－239300	検出法
遺伝子センサ	簡便化	特開 2000－137021	周辺デバイス
遺伝子センサ	安定化	特開平 10－219008	固定化膜・電極
細胞・器官センサ	高精度化	特許 2744659	検出法
細胞・器官センサ	迅速化	特開 2001－183366	検出法
その他の生体物質センサ	簡便化	特開平 8－245673	検出法
その他の生体物質センサ	簡便化	特許 2948123	検出法
脂質・脂質膜センサ	高精度化	特開 2001－56340	固定化膜・電極
脂質・脂質膜センサ	安定化	特許 2947298	周辺デバイス
脂質・脂質膜センサ	用途拡大	特許 3037099	検出法
脂質・脂質膜センサ	用途拡大	特許 2947729	固定化膜・電極
感覚模倣センサ	簡便化	特開 2000－220036	測定操作
感覚模倣センサ	簡便化	特許 2883808	測定操作
感覚模倣センサ	簡便化	特許 2903077	固定化膜・電極
トランスデューサ他	高精度化	特許 3134262	検出法
トランスデューサ他	高精度化	特開 2001－72865	検出法
トランスデューサ他	高精度化	特開平 7－84371	製造処理操作
トランスデューサ他	高精度化	特開平 7－84372	製造処理操作
トランスデューサ他	安定化	特許 3181979	固定化膜・電極
トランスデューサ他	低コスト化	特開平 8－157497	固定化膜・電極

2.21.5 経済産業省産業技術総合研究所

　経済産業省産業技術総合研究所は、旧工業技術院が独立法人化してできた研究者2,500人を擁する日本最大の公共研究機関(ホームページは http://www.aist.go.jp)であり、幅広い分野の研究を行い、各地に研究所を持つ。経済産業省産業技術総合研究所のバイオセンサに関する特許のリストを表2.21.5-1に示す(課題と解決手段の詳細については、前述の1.4を参照)。

表 2.21.5-1 経済産業省産業技術総合研究所のバイオセンサに関する特許リスト

技術要素	課題	特許番号	解決手段
酸化還元酵素センサ	高精度化	特公平6-103290	測定操作
酸化還元酵素センサ	高精度化	特許 2615425	固定化膜・電極
酸化還元酵素センサ	簡便化	特開平7-248310	固定化膜・電極
酸化還元酵素センサ	簡便化	特開2001-208719	固定化膜・電極
酸化還元酵素センサ	安定化	特許 2507916	固定化膜・電極
酸化還元酵素センサ	安定化	特許 2669497	固定化膜・電極
酸化還元酵素センサ	低コスト化	特許 2946036	検出法
その他の酵素センサ	安定化	特許 2816262	製造処理操作
微生物センサ	用途拡大	特許 2669499	検出法
免疫センサ	高精度化	特開2001-83154	測定操作
遺伝子センサ	高精度化	特開2001-103975	検出法
細胞・器官センサ	用途拡大	特開2001-83155	検出法
その他の生体物質センサ	低コスト化	特開2001-59835	検出法
脂質・脂質膜センサ	高精度化	特開2001-56340	固定化膜・電極
感覚模倣センサ	低コスト化	特開平9-127116	固定化膜・電極
感覚模倣センサ	低コスト化	特開2000-264874	固定化膜・電極
トランスデューサ他	低コスト化	特公平7-104314	製造処理操作
トランスデューサ他	低コスト化	特公平8-12169	製造処理操作
トランスデューサ他	低コスト化	特開平9-246625	製造処理操作
トランスデューサ他	低コスト化	特許 2816428	製造処理操作

2.21.6 国立身体障害者リハビリテーションセンター

　国立身体障害者リハビリテーションセンターでは、身体障害者に対するリハビリテーションを実施するとともに、リハビリテーション技術を研究開発している。研究所（ホームページ　http://www.rehab.go.jp/ri/indexj.html）では障害者の多様な要求に答えるために、特に評価方法、支援技術、新規な用具の開発やこれらの目的に関わる基礎的研究も行われている。

　（財）テクノエイド協会の助成を受け、民間数社の協力のもとに糖尿病性網膜症患者のための音声化血糖値センサを開発しており、褥瘡（床ずれ）を免疫センサによって検知することも目指している。

　国立身体障害者リハビリテーシヨンセンターのバイオセンサに関する特許のリストを表 2.21.6-1 に示す（課題と解決手段の詳細については、前述の 1.4 を参照）。

表 2.21.6-1 国立身体障害者リハビリテーシヨンセンターの
バイオセンサに関する特許のリスト

技術要素	課題	特許番号	解決手段
酸化還元酵素センサ	高精度化	特公平 7－101215	測定操作
酸化還元酵素センサ	迅速化	特開平 11－271258	測定操作
酸化還元酵素センサ	迅速化	特開平 9－94231	周辺デバイス
酸化還元酵素センサ	安定化	特開平 9－159643	固定化膜・電極
酸化還元酵素センサ	用途拡大	特開平 10－267888	固定化膜・電極
免疫センサ	高精度化	特開平 10－267841	固定化膜・電極
免疫センサ	簡便化	特開平 11－271219	周辺デバイス

3. 主要企業の技術開発拠点

3.1 バイオセンサ全体
3.2 酸化還元酵素センサ
3.3 その他の酵素センサ
3.4 微生物センサ
3.5 免疫センサ
3.6 遺伝子センサ
3.7 細胞・器官センサ
3.8 その他の生体物質センサ
3.9 脂質・脂質膜センサ
3.10 感覚模倣センサ
3.11 トランスデューサ他

> 特許流通
> 支援チャート
>
> # 3．主要企業の技術開発拠点
>
> バイオセンサ技術の主要企業20社の開発拠点を、発明者の住所・居所でみると、関東地方に30拠点、関西地方に7拠点、中部地方に1拠点、九州地方に2拠点ある。

3.1 バイオセンサ全体

図3.1-1および表3.1-1に発明者の住所・居所から見たバイオセンサ技術の主要20社の開発拠点を示す。図中の番号は、表中の各社の番号と対応している。

バイオセンサ技術の開発拠点は、関東地方に30拠点、関西地方に7拠点、中部地方に1拠点、九州地方に2拠点ある。

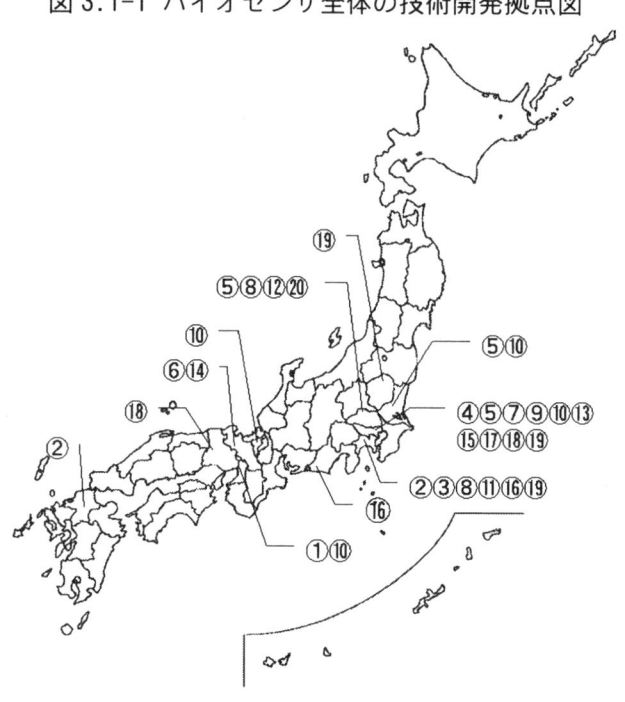

図3.1-1 バイオセンサ全体の技術開発拠点図

表 3.1-1 バイオセンサの全体の技術開発拠点一覧表

No.	企業名	事業所	都道府県	出願件数	発明者数
1	松下電器産業	本社	大阪	138	473
2	東陶機器	茅ヶ崎工場	神奈川	3	11
		小倉第二工場	福岡	1	3
		本社	福岡	72	155
3	エヌオーケー	藤沢事業所	神奈川	62	87
4	日本電気	本社	東京	59	86
5	日立製作所	計測器事業部	茨城	13	33
		中央研究所	東京	27	95
		那珂工場	茨城	1	5
		日立研究所	茨城	1	3
		基礎研究所	埼玉	6	22
		基礎研究所	東京	1	4
		機械研究所	茨城	3	15
6	アークレイ	本社	京都	45	98
7	大日本印刷	本社	東京	32	86
8	富士写真フィルム	宮台技術開発センター	神奈川	13	24
		足柄研究所	神奈川	3	7
		朝霞技術開発センター	埼玉	16	54
9	アンリツ	本社	東京	35	116
10	ダイキン工業	環境研究所	茨城	6	11
		滋賀製作所	滋賀	18	37
		東京支店	東京	1	3
		本社	大阪	3	14
11	富士電機	総合研究所	神奈川	28	93
12	新日本無線	川越製作所	埼玉	21	21
13	前澤工業	本社	東京	6	16
14	島津製作所	三条工場	京都	10	11
		本社	京都	5	7
15	三井化学	本社	東京	3	8
16	スズキ	技術研究所	神奈川	21	54
		本社	静岡	9	51
17	日本油脂	本社	東京	10	30
18	王子製紙	神崎工場	兵庫	24	69
		本社	東京	2	6
19	東芝	総合研究所	神奈川	3	11
		横浜事業所	神奈川	1	4
		研究開発センター	神奈川	5	11
		那須工場	栃木	1	2
		府中工場	東京	2	13
20	曙ブレーキ中央技術研究所	本社	埼玉	13	35

3.2 酸化還元酵素センサ

図3.2-1および表3.2-1に発明者の住所・居所から見た酸化還元酵素センサ技術の主要20社の開発拠点を示す。図中の番号は、表中の各社の番号と対応している。

関東周辺特に東京都と神奈川県、埼玉県に多く、関西にも分布が見られる。九州では東陶機器が1社である。

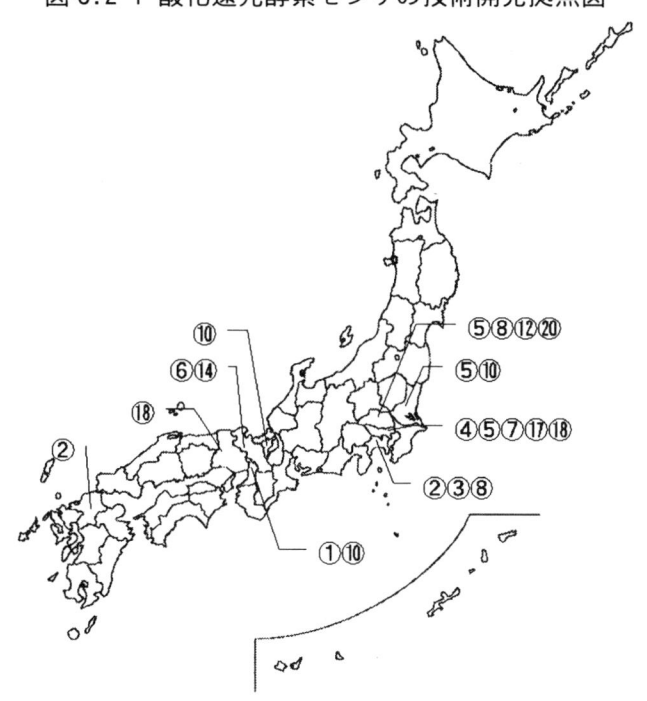

図3.2-1 酸化還元酵素センサの技術開発拠点図

表 3.2-1 酸化還元酵素センサの技術開発拠点一覧表

No	企業名	事業所	都道府県	出願件数	発明者数
1	松下電器産業	本社	大阪	98	332
2	東陶機器	茅ヶ崎工場	神奈川	2	6
		小倉第二工場	福岡	1	3
		本社	福岡	42	84
3	エヌオーケー	藤沢事業所	神奈川	55	77
4	日本電気	本社	東京	38	61
5	日立製作所	計測器事業部	茨城	2	5
		中央研究所	東京	4	14
		基礎研究所	埼玉	1	4
6	アークレイ	本社	京都	42	94
7	大日本印刷	本社	東京	10	24
8	富士写真フィルム	宮台技術開発センター	神奈川	6	8
		朝霞技術開発センター	埼玉	6	17
10	ダイキン工業	環境研究所	茨城	4	7
		滋賀製作所	滋賀	11	24
		本社	大阪	1	4
12	新日本無線	川越製作所	埼玉	13	13
14	島津製作所	三条工場	京都	2	2
17	日本油脂	本社	東京	1	4
18	王子製紙	神崎工場	兵庫	23	66
		本社	東京	2	6
20	曙ブレーキ中央技術研究所	本社	埼玉	1	3

3.3 その他の酵素センサ

図3.3-1および表3.3-1に発明者の住所・居所から見たその他の酵素センサ技術の主要20社の開発拠点を示す。図中の番号は、表中の各社の番号と対応している。

関東周辺と関西に分布しているが、数は少ない。

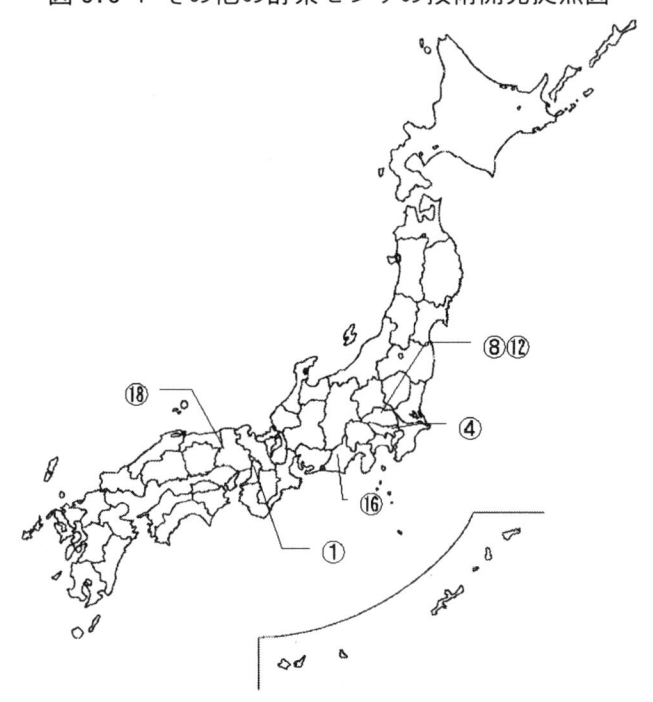

図3.3-1 その他の酵素センサの技術開発拠点図

表3.3-1 その他の酵素センサの技術開発拠点一覧表

No.	企業名	事業所	都道府県	出願件数	発明者数
1	松下電器産業	本社	大阪	1	4
4	日本電気	本社	東京	3	3
8	富士写真フィルム	朝霞技術開発センター	埼玉	5	13
12	新日本無線	川越製作所	埼玉	5	5
16	スズキ	本社	静岡	3	18
18	王子製紙	神崎工場	兵庫	1	3

3.4 微生物センサ

図3.4-1および表3.4-1に発明者の住所・居所から見た微生物センサ技術の主要20社の開発拠点を示す。図中の番号は、表中の各社の番号と対応している。

ほとんど関東周辺に分布している。

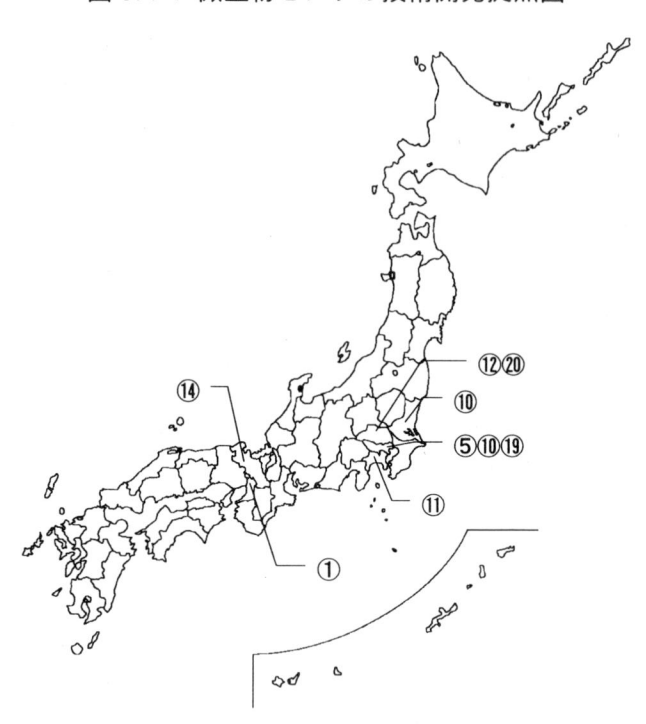

図3.4-1 微生物センサの技術開発拠点図

表3.4-1 微生物センサの技術開発拠点一覧表

No.	企業名	事業所	都道府県	出願件数	発明者数
1	松下電器産業	本社	大阪	7	12
5	日立製作所	中央研究所	東京	1	6
10	ダイキン工業	環境研究所	茨城	1	3
		東京支店	東京	1	3
11	富士電機	総合研究所	神奈川	25	86
12	新日本無線	川越製作所	埼玉	3	3
14	島津製作所	本社	京都	2	2
19	東芝	府中工場	東京	2	13
20	曙ブレーキ中央技術研究所	本社	埼玉	8	21

3.5 免疫センサ

図3.5-1および表3.5-1に発明者の住所・居所から見た免疫センサ技術の主要20社の開発拠点を示す。図中の番号は、表中の各社の番号と対応している。

関東周辺特に東京都と神奈川県、埼玉県に多く、関西にも分布が見られる。九州では東陶機器が1社である。

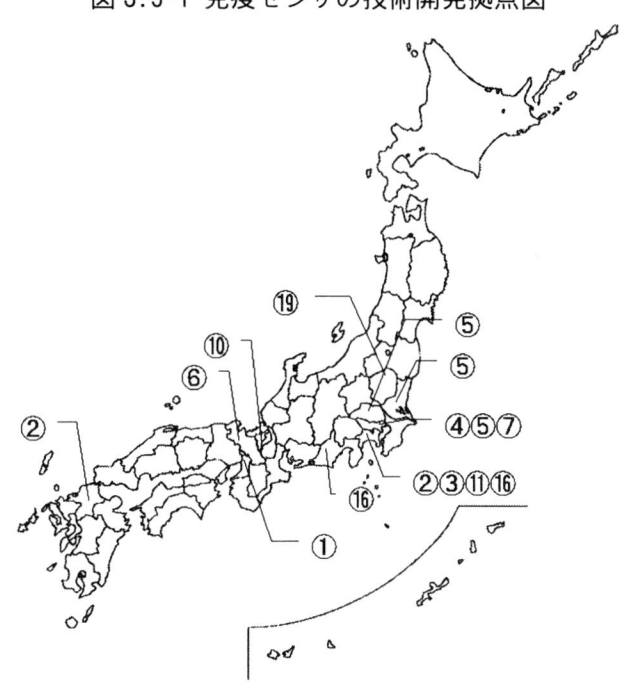

図3.5-1 免疫センサの技術開発拠点図

表3.5-1 免疫センサの技術開発拠点一覧表

No.	企業名	事業所	都道府県	出願件数	発明者数
1	松下電器産業	本社	大阪	17	57
2	東陶機器	茅ヶ崎工場	神奈川	1	5
		本社	福岡	25	57
3	エヌオーケー	藤沢事業所	神奈川	1	1
4	日本電気	本社	東京	8	8
5	日立製作所	計測器事業部	茨城	9	25
		中央研究所	東京	9	29
		那珂工場	茨城	1	5
		基礎研究所	埼玉	2	4
		基礎研究所	東京	1	4
		機械研究所	茨城	3	15
6	アークレイ	本社	京都	3	4
7	大日本印刷	本社	東京	15	46
10	ダイキン工業	滋賀製作所	滋賀	5	10
11	富士電機	総合研究所	神奈川	1	2
16	スズキ	技術研究所	神奈川	19	52
		本社	静岡	5	32
19	東芝	那須工場	栃木	1	2

3.6 遺伝子センサ

図 3.6-1 および表 3.6-1 に発明者の住所・居所から見た遺伝子センサ技術の主要 20 社の開発拠点を示す。図中の番号は、表中の各社の番号と対応している。

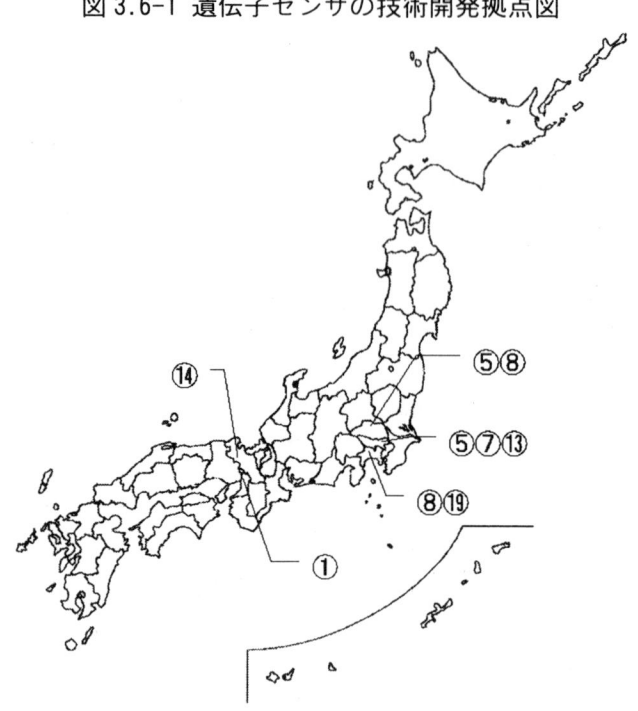

図 3.6-1 遺伝子センサの技術開発拠点図

表 3.6-1 遺伝子センサの技術開発拠点一覧表

No.	企業名	事業所	都道府県	出願件数	発明者数
1	松下電器産業	本社	大阪	1	1
5	日立製作所	中央研究所	東京	8	23
		基礎研究所	埼玉	1	3
7	大日本印刷	本社	東京	3	6
8	富士写真フィルム	宮台技術開発センター	神奈川	2	9
		足柄研究所	神奈川	2	6
		朝霞技術開発センター	埼玉	4	23
13	前澤工業	本社	東京	1	3
14	島津製作所	三条工場	京都	6	7
19	東芝	総合研究所	神奈川	3	11
		横浜事業所	神奈川	1	4
		研究開発センター	神奈川	3	9

3.7 細胞・器官センサ

図3.7-1および表3.7-1に発明者の住所・居所から見た細胞・器官センサ技術の主要20社の開発拠点を示す。図中の番号は、表中の各社の番号と対応している。

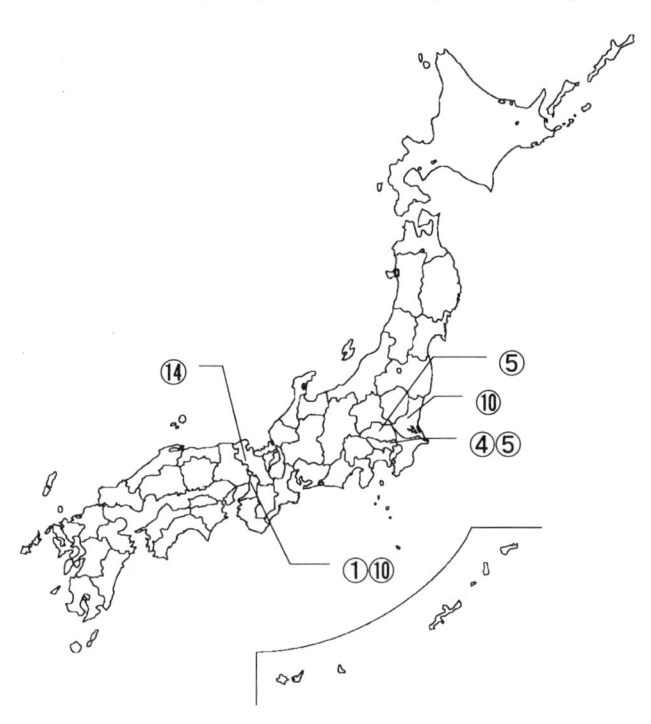

図3.7-1 細胞・器官センサの技術開発拠点図

表3.7-1 細胞・器官センサの技術開発拠点一覧表

No.	企業名	事業所	都道府県	出願件数	発明者数
1	松下電器産業	本社	大阪	1	3
4	日本電気	本社	東京	6	6
5	日立製作所	中央研究所	東京	2	14
		基礎研究所	埼玉	2	11
10	ダイキン工業	環境研究所	茨城	1	1
		本社	大阪	2	10
14	島津製作所	三条工場	京都	1	1

3.8 その他の生体物質センサ

　図 3.8-1 および表 3.8-1 に発明者の住所・居所から見たその他の生体物質センサ技術の主要 20 社の開発拠点を示す。図中の番号は、表中の各社の番号と対応している。

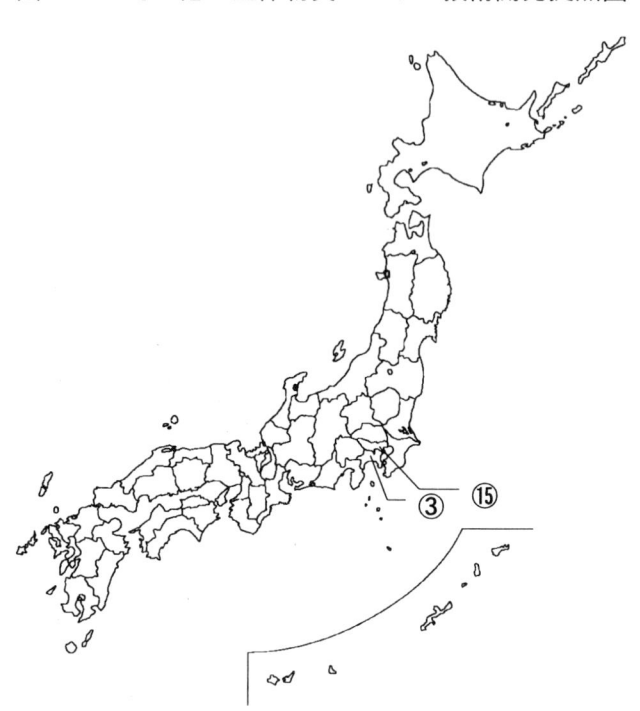

図 3.8-1 その他の生体物質センサの技術開発拠点図

表 3.8-1 その他の生体物質センサの技術開発拠点一覧表

No.	企業名	事業所	都道府県	出願件数	発明者数
3	エヌオーケー	藤沢事業所	神奈川	3	6
15	三井化学	本社	東京	3	8

3.9 脂質・脂質膜センサ

図 3.9-1 および表 3.9-1 に発明者の住所・居所から見た脂質・脂質膜センサ技術の主要 20 社の開発拠点を示す。図中の番号は、表中の各社の番号と対応している。

アンリツの出願が多く関西からのものは見られなかった。

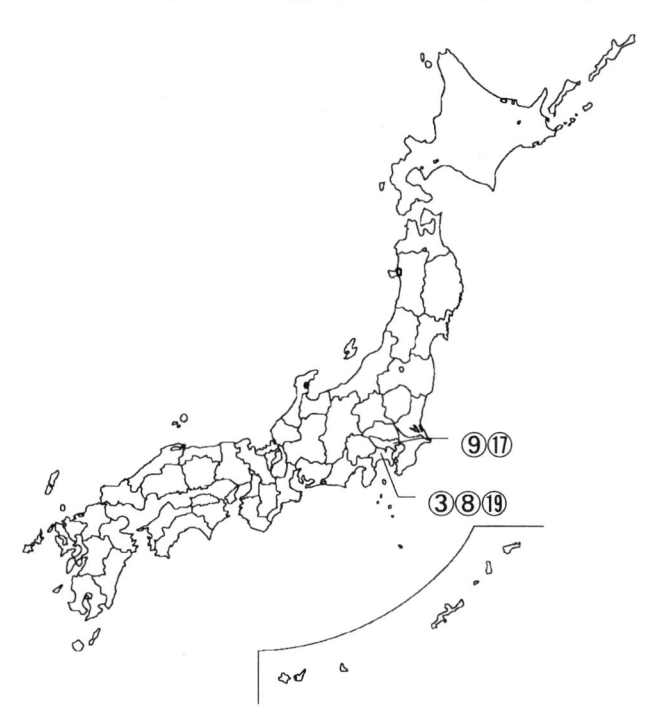

図 3.9-1 脂質・脂質膜センサの技術開発拠点図

表 3.9-1 脂質・脂質膜センサの技術開発拠点一覧表

No.	企業名	事業所	都道府県	出願件数	発明者数
3	エヌオーケー	藤沢事業所	神奈川	1	1
8	富士写真フィルム	足柄研究所	神奈川	1	1
9	アンリツ	本社	東京	35	116
17	日本油脂	本社	東京	3	9
19	東芝	研究開発センター	神奈川	2	2

3.10 感覚模倣センサ

　図 3.10-1 および表 3.10-1 に発明者の住所・居所から見た感覚模倣センサ技術の主要 20 社の開発拠点を示す。図中の番号は、表中の各社の番号と対応している。

　関東周辺特に東京都と神奈川県、埼玉県に多く、関西にも分布が見られる。九州では東陶機器が 1 社である。

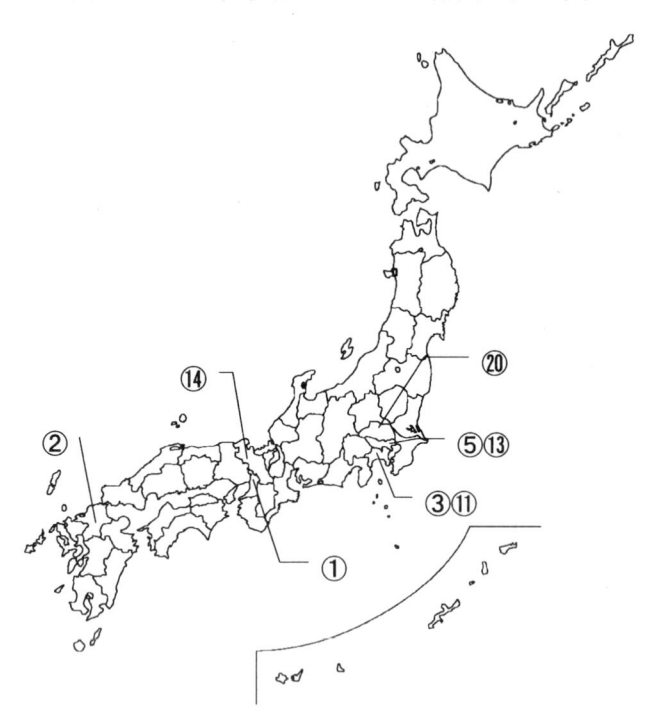

図 3.10-1 感覚模倣センサの技術開発拠点図

表 3.10-1 感覚模倣センサの技術開発拠点一覧表

No.	企業名	事業所	都道府県	出願件数	発明者数
1	松下電器産業	本社	大阪	1	1
2	東陶機器	本社	福岡	1	2
3	エヌオーケー	藤沢事業所	神奈川	1	1
5	日立製作所	中央研究所	東京	1	3
11	富士電機	総合研究所	神奈川	1	2
13	前澤工業	本社	東京	5	13
14	島津製作所	三条工場	京都	1	1
		本社	京都	2	2
20	曙ブレーキ中央技術研究所	本社	埼玉	1	3

3.11 トランスデューサ他

図 3.11-1 および表 3.11-1 に発明者の住所・居所から見たトランスデューサ他技術の主要 20 社の開発拠点を示す。図中の番号は、表中の各社の番号と対応している。

関東周辺特に東京都と神奈川県、埼玉県に多く、関西、中部、九州にも分布が見られる。

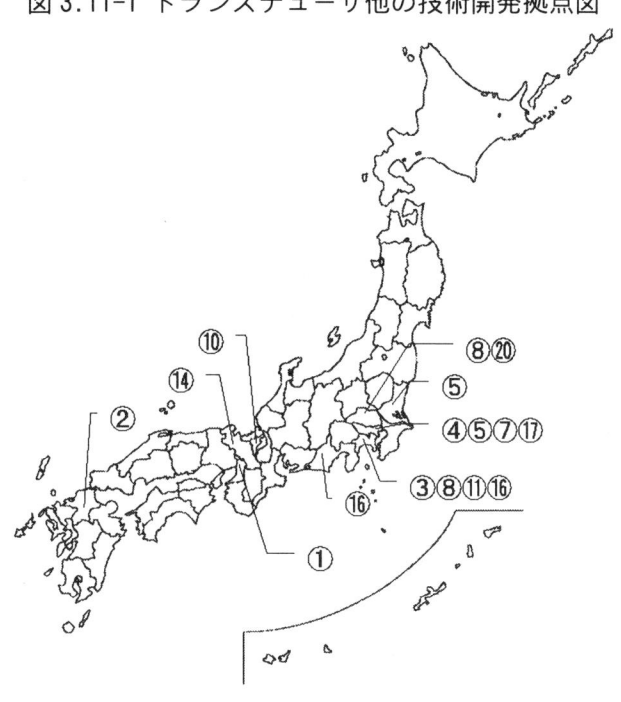

図 3.11-1 トランスデューサ他の技術開発拠点図

表 3.11-1 トランスデューサ他の技術開発拠点一覧表

No.	企業名	事業所	都道府県	出願件数	発明者数
1	松下電器産業	本社	大阪	12	63
2	東陶機器	本社	福岡	4	12
3	エヌオーケー	藤沢事業所	神奈川	1	1
4	日本電気	本社	東京	4	8
5	日立製作所	計測器事業部	茨城	2	3
		中央研究所	東京	2	6
		日立研究所	茨城	1	3
7	大日本印刷	本社	東京	4	10
8	富士写真フィルム	宮台技術開発センター	神奈川	5	7
		朝霞技術開発センター	埼玉	1	1
10	ダイキン工業	滋賀製作所	滋賀	2	3
11	富士電機	総合研究所	神奈川	1	3
14	島津製作所	本社	京都	1	3
16	スズキ	技術研究所	神奈川	2	2
		本社	静岡	1	1
17	日本油脂	本社	東京	6	17
20	曙ブレーキ中央技術研究所	本社	埼玉	3	8

資料

1. 工業所有権総合情報館と特許流通促進事業
2. 特許流通アドバイザー一覧
3. 特許電子図書館情報検索指導アドバイザー一覧
4. 知的所有権センター一覧
5. 平成 13 年度 25 技術テーマの特許流通の概要
6. 特許番号一覧
7. 開放可能な特許一覧

資料1．工業所有権総合情報館と特許流通促進事業

　特許庁工業所有権総合情報館は、明治20年に特許局官制が施行され、農商務省特許局庶務部内に図書館を置き、図書等の保管・閲覧を開始したことにより、組織上のスタートを切りました。
　その後、我が国が明治32年に「工業所有権の保護等に関するパリ同盟条約」に加入することにより、同条約に基づく公報等の閲覧を行う中央資料館として、国際的な地位を獲得しました。
　平成9年からは、工業所有権相談業務と情報流通業務を新たに加え、総合的な情報提供機関として、その役割を果たしております。さらに平成13年4月以降は、独立行政法人工業所有権総合情報館として生まれ変わり、より一層の利用者ニーズに機敏に対応する業務運営を目指し、特許公報等の情報提供及び工業所有権に関する相談等による出願人支援、審査審判協力のための図書等の提供、開放特許活用等の特許流通促進事業を推進しております。

1　事業の概要
(1) 内外国公報類の収集・閲覧
　下記の公報閲覧室でどなたでも内外国公報等の調査を行うことができる環境と体制を整備しています。

閲覧室	所在地	TEL
札幌閲覧室	北海道札幌市北区北7条西2-8　北ビル7F	011-747-3061
仙台閲覧室	宮城県仙台市青葉区本町3-4-18　太陽生命仙台本町ビル7F	022-711-1339
第一公報閲覧室	東京都千代田区霞が関3-4-3　特許庁2F	03-3580-7947
第二公報閲覧室	東京都千代田区霞が関1-3-1　経済産業省別館1F	03-3581-1101（内線3819）
名古屋閲覧室	愛知県名古屋市中区栄2-10-19　名古屋商工会議所ビルB2F	052-223-5764
大阪閲覧室	大阪府大阪市天王寺区伶人町2-7　関西特許情報センター1F	06-4305-0211
広島閲覧室	広島県広島市中区上八丁堀6-30　広島合同庁舎3号館	082-222-4595
高松閲覧室	香川県高松市林町2217-15　香川産業頭脳化センタービル2F	087-869-0661
福岡閲覧室	福岡県福岡市博多区博多駅東2-6-23　住友博多駅前第2ビル2F	092-414-7101
那覇閲覧室	沖縄県那覇市前島3-1-15　大同生命那覇ビル5F	098-867-9610

(2) 審査審判用図書等の収集・閲覧
　審査に利用する図書等を収集・整理し、特許庁の審査に提供すると同時に、「図書閲覧室（特許庁2F）」において、調査を希望する方々へ提供しています。【TEL：03-3592-2920】

(3) 工業所有権に関する相談
　相談窓口（特許庁2F）を開設し、工業所有権に関する一般的な相談に応じています。

手紙、電話、e-mail 等による相談も受け付けています。
　【TEL：03-3581-1101（内線 2121～2123）】【FAX：03-3502-8916】
　【e-mail：PA8102@ncipi.jpo.go.jp】

(4) 特許流通の促進
　特許権の活用を促進するための特許流通市場の整備に向け、各種事業を行っています。
（詳細は2項参照）【TEL：03-3580-6949】

2　特許流通促進事業
　先行き不透明な経済情勢の中、企業が生き残り、発展して行くためには、新しいビジネスの創造が重要であり、その際、知的資産の活用、とりわけ技術情報の宝庫である特許の活用がキーポイントとなりつつあります。
　また、企業が技術開発を行う場合、まず自社で開発を行うことが考えられますが、商品のライフサイクルの短縮化、技術開発のスピードアップ化が求められている今日、外部からの技術を積極的に導入することも必要になってきています。
　このような状況下、特許庁では、特許の流通を通じた技術移転・新規事業の創出を促進するため、特許流通促進事業を展開していますが、2001年4月から、これらの事業は、特許庁から独立をした「独立行政法人　工業所有権総合情報館」が引き継いでいます。

(1) 特許流通の促進
① 特許流通アドバイザー
　全国の知的所有権センター・TLO等からの要請に応じて、知的所有権や技術移転についての豊富な知識・経験を有する専門家を特許流通アドバイザーとして派遣しています。
　知的所有権センターでは、地域の活用可能な特許の調査、当該特許の提供支援及び大学・研究機関が保有する特許と地域企業との橋渡しを行っています。（資料2参照）

② 特許流通促進説明会
　地域特性に合った特許情報の有効活用の普及・啓発を図るため、技術移転の実例を紹介しながら特許流通のプロセスや特許電子図書館を利用した特許情報検索方法等を内容とした説明会を開催しています。

(2) 開放特許情報等の提供
① 特許流通データベース
　活用可能な開放特許を産業界、特に中小・ベンチャー企業に円滑に流通させ実用化を推進していくため、企業や研究機関・大学等が保有する提供意思のある特許をデータベース化し、インターネットを通じて公開しています。（http://www.ncipi.go.jp）

② 開放特許活用例集
　特許流通データベースに登録されている開放特許の中から製品化ポテンシャルが高い案

件を選定し、これら有用な開放特許を有効に使ってもらうためのビジネスアイデア集を作成しています。

③ 特許流通支援チャート
　　企業が新規事業創出時の技術導入・技術移転を図る上で指標となりうる国内特許の動向を技術テーマごとに、分析したものです。出願上位企業の特許取得状況、技術開発課題に対応した特許保有状況、技術開発拠点等を紹介しています。

④ 特許電子図書館情報検索指導アドバイザー
　知的財産権及びその情報に関する専門的知識を有するアドバイザーを全国の知的所有権センターに派遣し、特許情報の検索に必要な基礎知識から特許情報の活用の仕方まで、無料でアドバイス・相談を行っています。(資料3参照)

(3) 知的財産権取引業の育成
① 知的財産権取引業者データベース
　特許を始めとする知的財産権の取引や技術移転の促進には、欧米の技術移転先進国に見られるように、民間の仲介事業者の存在が不可欠です。こうした民間ビジネスが質・量ともに不足し、社会的認知度も低いことから、事業者の情報を収集してデータベース化し、インターネットを通じて公開しています。

② 国際セミナー・研修会等
　著名海外取引業者と我が国取引業者との情報交換、議論の場（国際セミナー）を開催しています。また、産学官の技術移転を促進して、企業の新商品開発や技術力向上を促進するために不可欠な、技術移転に携わる人材の育成を目的とした研修事業を開催しています。

資料2．特許流通アドバイザー一覧 （平成14年3月1日現在）

〇経済産業局特許室および知的所有権センターへの派遣

派遣先	氏名	所在地	TEL
北海道経済産業局特許室	杉谷 克彦	〒060-0807 札幌市北区北7条西2丁目8番地1北ビル7階	011-708-5783
北海道知的所有権センター （北海道立工業試験場）	宮本 剛汎	〒060-0819 札幌市北区北19条西11丁目 北海道立工業試験場内	011-747-2211
東北経済産業局特許室	三澤 輝起	〒980-0014 仙台市青葉区本町3-4-18 太陽生命仙台本町ビル7階	022-223-9761
青森県知的所有権センター （(社)発明協会青森県支部）	内藤 規雄	〒030-0112 青森市大字八ツ役字芦谷202-4 青森県産業技術開発センター内	017-762-3912
岩手県知的所有権センター （岩手県工業技術センター）	阿部 新喜司	〒020-0852 盛岡市飯岡新田3-35-2 岩手県工業技術センター内	019-635-8182
宮城県知的所有権センター （宮城県産業技術総合センター）	小野 賢悟	〒981-3206 仙台市泉区明通二丁目2番地 宮城県産業技術総合センター内	022-377-8725
秋田県知的所有権センター （秋田県工業技術センター）	石川 順三	〒010-1623 秋田市新屋町字砂奴寄4-11 秋田県工業技術センター内	018-862-3417
山形県知的所有権センター （山形県工業技術センター）	冨樫 富雄	〒990-2473 山形市松栄1-3-8 山形県産業創造支援センター内	023-647-8130
福島県知的所有権センター （(社)発明協会福島県支部）	相澤 正彬	〒963-0215 郡山市待池台1-12 福島県ハイテクプラザ内	024-959-3351
関東経済産業局特許室	村上 義英	〒330-9715 さいたま市上落合2-11 さいたま新都心合同庁舎1号館	048-600-0501
茨城県知的所有権センター （(財)茨城県中小企業振興公社）	齋藤 幸一	〒312-0005 ひたちなか市新光町38 ひたちなかテクノセンタービル内	029-264-2077
栃木県知的所有権センター （(社)発明協会栃木県支部）	坂本 武	〒322-0011 鹿沼市白桑田516-1 栃木県工業技術センター内	0289-60-1811
群馬県知的所有権センター （(社)発明協会群馬県支部）	三田 隆志	〒371-0845 前橋市鳥羽町190 群馬県工業試験場内	027-280-4416
	金井 澄雄	〒371-0845 前橋市鳥羽町190 群馬県工業試験場内	027-280-4416
埼玉県知的所有権センター （埼玉県工業技術センター）	野口 満	〒333-0848 川口市芝下1-1-56 埼玉県工業技術センター内	048-269-3108
	清水 修	〒333-0848 川口市芝下1-1-56 埼玉県工業技術センター内	048-269-3108
千葉県知的所有権センター （(社)発明協会千葉県支部）	稲谷 稔宏	〒260-0854 千葉市中央区長洲1-9-1 千葉県庁南庁舎内	043-223-6536
	阿草 一男	〒260-0854 千葉市中央区長洲1-9-1 千葉県庁南庁舎内	043-223-6536
東京都知的所有権センター （東京都城南地域中小企業振興センター）	鷹見 紀彦	〒144-0035 大田区南蒲田1-20-20 城南地域中小企業振興センター内	03-3737-1435
神奈川県知的所有権センター支部 （(財)神奈川高度技術支援財団）	小森 幹雄	〒213-0012 川崎市高津区坂戸3-2-1 かながわサイエンスパーク内	044-819-2100
新潟県知的所有権センター （(財)信濃川テクノポリス開発機構）	小林 靖幸	〒940-2127 長岡市新産4-1-9 長岡地域技術開発振興センター内	0258-46-9711
山梨県知的所有権センター （山梨県工業技術センター）	廣川 幸生	〒400-0055 甲府市大津町2094 山梨県工業技術センター内	055-220-2409
長野県知的所有権センター （(社)発明協会長野県支部）	徳永 正明	〒380-0928 長野市若里1-18-1 長野県工業試験場内	026-229-7688
静岡県知的所有権センター （(社)発明協会静岡県支部）	神長 邦雄	〒421-1221 静岡市牧ヶ谷2078 静岡工業技術センター内	054-276-1516
	山田 修寧	〒421-1221 静岡市牧ヶ谷2078 静岡工業技術センター内	054-276-1516
中部経済産業局特許室	原口 邦弘	〒460-0008 名古屋市中区栄2-10-19 名古屋商工会議所ビルB2F	052-223-6549
富山県知的所有権センター （富山県工業技術センター）	小坂 郁雄	〒933-0981 高岡市二上町150 富山県工業技術センター内	0766-29-2081
石川県知的所有権センター （財）石川県産業創出支援機構	一丸 義次	〒920-0223 金沢市戸水町イ65番地 石川県地場産業振興センター新館1階	076-267-8117
岐阜県知的所有権センター （岐阜県科学技術振興センター）	松永 孝義	〒509-0108 各務原市須衛町4-179-1 テクノプラザ5F	0583-79-2250
	木下 裕雄	〒509-0108 各務原市須衛町4-179-1 テクノプラザ5F	0583-79-2250
愛知県知的所有権センター （愛知県工業技術センター）	森 孝和	〒448-0003 刈谷市一ツ木町西新割 愛知県工業技術センター内	0566-24-1841
	三浦 元久	〒448-0003 刈谷市一ツ木町西新割 愛知県工業技術センター内	0566-24-1841

派遣先	氏名	所在地	TEL
三重県知的所有権センター (三重県工業技術総合研究所)	馬渡 建一	〒514-0819 津市高茶屋5-5-45 三重県科学振興センター工業研究部内	059-234-4150
近畿経済産業局特許室	下田 英宣	〒543-0061 大阪市天王寺区伶人町2-7 関西特許情報センター1階	06-6776-8491
福井県知的所有権センター (福井県工業技術センター)	上坂 旭	〒910-0102 福井市川合鷲塚町61字北稲田10 福井県工業技術センター内	0776-55-2100
滋賀県知的所有権センター (滋賀県工業技術センター)	新屋 正男	〒520-3004 栗東市上砥山232 滋賀県工業技術総合センター別館内	077-558-4040
京都府知的所有権センター ((社)発明協会京都支部)	衣川 清彦	〒600-8813 京都市下京区中堂寺南町17番地 京都リサーチパーク京都高度技術研究所ビル4階	075-326-0066
大阪府知的所有権センター (大阪府立特許情報センター)	大空 一博	〒543-0061 大阪市天王寺区伶人町2-7 関西特許情報センター内	06-6772-0704
	梶原 淳治	〒577-0809 東大阪市永和1-11-10	06-6722-1151
兵庫県知的所有権センター ((財)新産業創造研究機構)	園田 憲一	〒650-0047 神戸市中央区港島南町1-5-2 神戸キメックセンタービル6F	078-306-6808
	島田 一男	〒650-0047 神戸市中央区港島南町1-5-2 神戸キメックセンタービル6F	078-306-6808
和歌山県知的所有権センター ((社)発明協会和歌山県支部)	北澤 宏造	〒640-8214 和歌山県寄合町25 和歌山市発明館4階	073-432-0087
中国経済産業局特許室	木村 郁男	〒730-8531 広島市中区上八丁堀6-30 広島合同庁舎3号館1階	082-502-6828
鳥取県知的所有権センター ((社)発明協会鳥取支部)	五十嵐 善司	〒689-1112 鳥取市若葉台南7-5-1 新産業創造センター1階	0857-52-6728
島根県知的所有権センター ((社)発明協会島根支部)	佐野 馨	〒690-0816 島根県松江市北陵町1 テクノアークしまね内	0852-60-5146
岡山県知的所有権センター ((社)発明協会岡山支部)	横田 悦造	〒701-1221 岡山市芳賀5301 テクノサポート岡山内	086-286-9102
広島県知的所有権センター ((社)発明協会広島県支部)	壹岐 正弘	〒730-0052 広島市中区千田町3-13-11 広島発明会館2階	082-544-2066
山口県知的所有権センター ((社)発明協会山口県支部)	滝川 尚久	〒753-0077 山口市熊野町1-10 NPYビル10階 (財)山口県産業技術開発機構内	083-922-9927
四国経済産業局特許室	鶴野 弘章	〒761-0301 香川県高松市林町2217-15 香川産業頭脳化センタービル2階	087-869-3790
徳島県知的所有権センター ((社)発明協会徳島支部)	武岡 明夫	〒770-8021 徳島市雑賀町西開11-2 徳島県立工業技術センター内	088-669-0117
香川県知的所有権センター ((社)発明協会香川県支部)	谷田 吉成	〒761-0301 香川県高松市林町2217-15 香川産業頭脳化センタービル2階	087-869-9004
	福家 康矩	〒761-0301 香川県高松市林町2217-15 香川産業頭脳化センタービル2階	087-869-9004
愛媛県知的所有権センター ((社)発明協会愛媛県支部)	川野 辰己	〒791-1101 松山市久米窪田町337-1 テクノプラザ愛媛	089-960-1489
高知県知的所有権センター ((財)高知県産業振興センター)	吉本 忠男	〒781-5101 高知市布師田3992-2 高知県中小企業会館2階	0888-46-7087
九州経済産業局特許室	簗田 克志	〒812-8546 福岡市博多区博多駅東2-11-1 福岡合同庁舎内	092-436-7260
福岡県知的所有権センター ((社)発明協会福岡県支部)	道津 毅	〒812-0013 福岡市博多区博多駅東2-6-23 住友博多駅前第2ビル1階	092-415-6777
福岡県知的所有権センター北九州支部 ((株)北九州テクノセンター)	沖 宏治	〒804-0003 北九州市戸畑区中原新町2-1 (株)北九州テクノセンター内	093-873-1432
佐賀県知的所有権センター (佐賀県工業技術センター)	光武 章二	〒849-0932 佐賀市鍋島町大字八戸溝114 佐賀県工業技術センター内	0952-30-8161
	村上 忠郎	〒849-0932 佐賀市鍋島町大字八戸溝114 佐賀県工業技術センター内	0952-30-8161
長崎県知的所有権センター ((社)発明協会長崎県支部)	嶋北 正俊	〒856-0026 大村市池田2-1303-8 長崎県工業技術センター内	0957-52-1138
熊本県知的所有権センター ((社)発明協会熊本県支部)	深見 毅	〒862-0901 熊本市東町3-11-38 熊本県工業技術センター内	096-331-7023
大分県知的所有権センター (大分県産業科学技術センター)	古崎 宣	〒870-1117 大分市高江西1-4361-10 大分県産業科学技術センター内	097-596-7121
宮崎県知的所有権センター ((社)発明協会宮崎支部)	久保田 英世	〒880-0303 宮崎県宮崎郡佐土原町東上那珂16500-2 宮崎県工業技術センター内	0985-74-2953
鹿児島県知的所有権センター (鹿児島県工業技術センター)	山田 式典	〒899-5105 鹿児島県姶良郡隼人町小田1445-1 鹿児島県工業技術センター内	0995-64-2056
沖縄総合事務局特許室	下司 義雄	〒900-0016 那覇市前島3-1-15 大同生命那覇ビル5階	098-867-3293
沖縄県知的所有権センター (沖縄県工業技術センター)	木村 薫	〒904-2234 具志川市州崎12-2 沖縄県工業技術センター内1階	098-939-2372

○技術移転機関(TLO)への派遣

派遣先	氏名	所在地	TEL
北海道ティー・エル・オー(株)	山田 邦重	〒060-0808 札幌市北区北8条西5丁目 北海道大学事務局分館2館	011-708-3633
	岩城 全紀	〒060-0808 札幌市北区北8条西5丁目 北海道大学事務局分館2館	011-708-3633
(株)東北テクノアーチ	井硲 弘	〒980-0845 仙台市青葉区荒巻字青葉468番地 東北大学未来科学技術共同センター	022-222-3049
(株)筑波リエゾン研究所	関 淳次	〒305-8577 茨城県つくば市天王台1-1-1 筑波大学共同研究棟A303	0298-50-0195
	綾 紀元	〒305-8577 茨城県つくば市天王台1-1-1 筑波大学共同研究棟A303	0298-50-0195
(財)日本産業技術振興協会 産総研イノベーションズ	坂 光	〒305-8568 茨城県つくば市梅園1-1-1 つくば中央第二事業所D-7階	0298-61-5210
日本大学国際産業技術・ビジネス育成セン	斎藤 光史	〒102-8275 東京都千代田区九段南4-8-24	03-5275-8139
	加根魯 和宏	〒102-8275 東京都千代田区九段南4-8-24	03-5275-8139
学校法人早稲田大学知的財産センター	菅野 淳	〒162-0041 東京都新宿区早稲田鶴巻町513 早稲田大学研究開発センター120-1号館1F	03-5286-9867
	風間 孝彦	〒162-0041 東京都新宿区早稲田鶴巻町513 早稲田大学研究開発センター120-1号館1F	03-5286-9867
(財)理工学振興会	鷹巣 征行	〒226-8503 横浜市緑区長津田町4259 フロンティア創造共同研究センター内	045-921-4391
	北川 謙一	〒226-8503 横浜市緑区長津田町4259 フロンティア創造共同研究センター内	045-921-4391
よこはまティーエルオー(株)	小原 郁	〒240-8501 横浜市保土ヶ谷区常盤台79-5 横浜国立大学共同研究推進センター内	045-339-4441
学校法人慶応義塾大学知的資産センター	道井 敏	〒108-0073 港区三田2-11-15 三田川崎ビル3階	03-5427-1678
	鈴木 泰	〒108-0073 港区三田2-11-15 三田川崎ビル3階	03-5427-1678
学校法人東京電機大学産官学交流セン	河村 幸夫	〒101-8457 千代田区神田錦町2-2	03-5280-3640
タマティーエルオー(株)	古瀬 武弘	〒192-0083 八王子市旭町9-1 八王子スクエアビル11階	0426-31-1325
学校法人明治大学知的資産センター	竹田 幹男	〒101-8301 千代田区神田駿河台1-1	03-3296-4327
(株)山梨ティー・エル・オー	田中 正男	〒400-8511 甲府市武田4-3-11 山梨大学地域共同開発研究センター内	055-220-8760
(財)浜松科学技術研究振興会	小野 義光	〒432-8561 浜松市城北3-5-1	053-412-6703
(財)名古屋産業科学研究所	杉本 勝	〒460-0008 名古屋市中区栄二丁目十番十九号 名古屋商工会議所ビル	052-223-5691
	小西 富雅	〒460-0008 名古屋市中区栄二丁目十番十九号 名古屋商工会議所ビル	052-223-5694
関西ティー・エル・オー(株)	山田 富義	〒600-8813 京都市下京区中堂寺南町17 京都リサーチパークサイエンスセンタービル1号館2階	075-315-8250
	斎田 雄一	〒600-8813 京都市下京区中堂寺南町17 京都リサーチパークサイエンスセンタービル1号館2階	075-315-8250
(財)新産業創造研究機構	井上 勝彦	〒650-0047 神戸市中央区港島南町1-5-2 神戸キメックセンタービル6F	078-306-6805
	長冨 弘充	〒650-0047 神戸市中央区港島南町1-5-2 神戸キメックセンタービル6F	078-306-6805
(財)大阪産業振興機構	有馬 秀平	〒565-0871 大阪府吹田市山田丘2-1 大阪大学先端科学技術共同研究センター4F	06-6879-4196
(有)山口ティー・エル・オー	松本 孝三	〒755-8611 山口県宇部市常盤台2-16-1 山口大学地域共同研究開発センター内	0836-22-9768
	熊原 尋美	〒755-8611 山口県宇部市常盤台2-16-1 山口大学地域共同研究開発センター内	0836-22-9768
(株)テクノネットワーク四国	佐藤 博正	〒760-0033 香川県高松市丸の内2-5 ヨンデンビル別館4F	087-811-5039
(株)北九州テクノセンター	乾 全	〒804-0003 北九州市戸畑区中原新町2番1号	093-873-1448
(株)産学連携機構九州	堀 浩一	〒812-8581 福岡市東区箱崎6-10-1 九州大学技術移転推進室内	092-642-4363
(財)くまもとテクノ産業財団	桂 真郎	〒861-2202 熊本県上益城郡益城町田原2081-10	096-289-2340

資料3．特許電子図書館情報検索指導アドバイザー一覧 （平成14年3月1日現在）

○知的所有権センターへの派遣

派遣先	氏名	所在地	TEL
北海道知的所有権センター (北海道立工業試験場)	平野 徹	〒060-0819 札幌市北区北19条西11丁目	011-747-2211
青森県知的所有権センター ((社)発明協会青森県支部)	佐々木 泰樹	〒030-0112 青森市第二問屋町4-11-6	017-762-3912
岩手県知的所有権センター (岩手県工業技術センター)	中嶋 孝弘	〒020-0852 盛岡市飯岡新田3-35-2	019-634-0684
宮城県知的所有権センター (宮城県産業技術総合センター)	小林 保	〒981-3206 仙台市泉区明通2-2	022-377-8725
秋田県知的所有権センター (秋田県工業技術センター)	田嶋 正夫	〒010-1623 秋田市新屋町字砂奴寄4-11	018-862-3417
山形県知的所有権センター (山形県工業技術センター)	大澤 忠行	〒990-2473 山形市松栄1-3-8	023-647-8130
福島県知的所有権センター ((社)発明協会福島県支部)	栗田 広	〒963-0215 郡山市待池台1-12 福島県ハイテクプラザ内	024-963-0242
茨城県知的所有権センター ((財)茨城県中小企業振興公社)	猪野 正己	〒312-0005 ひたちなか市新光町38 ひたちなかテクノセンタービル1階	029-264-2211
栃木県知的所有権センター ((社)発明協会栃木県支部)	中里 浩	〒322-0011 鹿沼市白桑田516-1 栃木県工業技術センター内	0289-65-7550
群馬県知的所有権センター ((社)発明協会群馬県支部)	神林 賢蔵	〒371-0845 前橋市鳥羽町190 群馬県工業試験場内	027-254-0627
埼玉県知的所有権センター ((社)発明協会埼玉県支部)	田中 庸雅	〒331-8669 さいたま市桜木町1-7-5 ソニックシティ10階	048-644-4806
千葉県知的所有権センター ((社)発明協会千葉県支部)	中原 照義	〒260-0854 千葉市中央区長洲1-9-1 千葉県庁南庁舎R3階	043-223-7748
東京都知的所有権センター ((社)発明協会東京支部)	福澤 勝義	〒105-0001 港区虎ノ門2-9-14	03-3502-5521
神奈川県知的所有権センター (神奈川県産業技術総合研究所)	森 啓次	〒243-0435 海老名市下今泉705-1	046-236-1500
神奈川県知的所有権センター支部 ((財)神奈川高度技術支援財団)	大井 隆	〒213-0012 川崎市高津区坂戸3-2-1 かながわサイエンスパーク西棟205	044-819-2100
神奈川県知的所有権センター支部 ((社)発明協会神奈川県支部)	蓮見 亮	〒231-0015 横浜市中区尾上町5-80 神奈川中小企業センター10階	045-633-5055
新潟県知的所有権センター ((財)信濃川テクノポリス開発機構)	石谷 速夫	〒940-2127 長岡市新産4-1-9	0258-46-9711
山梨県知的所有権センター (山梨県工業技術センター)	山下 知	〒400-0055 甲府市大津町2094	055-243-6111
長野県知的所有権センター ((社)発明協会長野県支部)	岡田 光正	〒380-0928 長野市若里1-18-1 長野県工業試験場内	026-228-5559
静岡県知的所有権センター ((社)発明協会静岡県支部)	吉井 和夫	〒421-1221 静岡市牧ヶ谷2078 静岡工業技術センター資料館内	054-278-6111
富山県知的所有権センター (富山県工業技術センター)	齋藤 靖雄	〒933-0981 高岡市二上町150	0766-29-1252
石川県知的所有権センター (財)石川県産業創出支援機構	辻 寛司	〒920-0223 金沢市戸水町イ65番地 石川県地場産業振興センター	076-267-5918
岐阜県知的所有権センター (岐阜県科学技術振興センター)	林 邦明	〒509-0108 各務原市須衛町4-179-1 テクノプラザ5F	0583-79-2250
愛知県知的所有権センター (愛知県工業技術センター)	加藤 英昭	〒448-0003 刈谷市一ツ木町西新割	0566-24-1841
三重県知的所有権センター (三重県工業技術総合研究所)	長峰 隆	〒514-0819 津市高茶屋5-5-45	059-234-4150
福井県知的所有権センター (福井県工業技術センター)	川・ 好昭	〒910-0102 福井市川合鷲塚町61字北稲田10	0776-55-1195
滋賀県知的所有権センター (滋賀県工業技術センター)	森 久子	〒520-3004 栗東市上砥山232	077-558-4040
京都府知的所有権センター ((社)発明協会京都支部)	中野 剛	〒600-8813 京都市下京区中堂寺南町17 京都リサーチパーク内 京都高度技研ビル4階	075-315-8686
大阪府知的所有権センター (大阪府立特許情報センター)	秋田 伸一	〒543-0061 大阪市天王寺区伶人町2-7	06-6771-2646
大阪府知的所有権センター支部 ((社)発明協会大阪支部知的財産センター)	戎 邦夫	〒564-0062 吹田市垂水町3-24-1 シンプレス江坂ビル2階	06-6330-7725
兵庫県知的所有権センター ((社)発明協会兵庫県支部)	山口 克己	〒654-0037 神戸市須磨区行平町3-1-31 兵庫県立産業技術センター4階	078-731-5847
奈良県知的所有権センター (奈良県工業技術センター)	北田 友彦	〒630-8031 奈良市柏木町129-1	0742-33-0863

派遣先	氏名	所在地		TEL
和歌山県知的所有権センター ((社)発明協会和歌山県支部)	木村 武司	〒640-8214	和歌山県寄合町25 和歌山市発明館4階	073-432-0087
鳥取県知的所有権センター ((社)発明協会鳥取県支部)	奥村 隆一	〒689-1112	鳥取市若葉台南7-5-1 新産業創造センター1階	0857-52-6728
島根県知的所有権センター ((社)発明協会島根県支部)	門脇 みどり	〒690-0816	島根県松江市北陵町1番地 テクノアークしまね1F内	0852-60-5146
岡山県知的所有権センター ((社)発明協会岡山県支部)	佐藤 新吾	〒701-1221	岡山市芳賀5301 テクノサポート岡山内	086-286-9656
広島県知的所有権センター ((社)発明協会広島県支部)	若木 幸蔵	〒730-0052	広島市中区千田町3-13-11 広島発明会館内	082-544-0775
広島県知的所有権センター支部 ((社)発明協会広島県支部備後支会)	渡部 武徳	〒720-0067	福山市西町2-10-1	0849-21-2349
広島県知的所有権センター支部 (呉地域産業振興センター)	三上 達矢	〒737-0004	呉市阿賀南2-10-1	0823-76-3766
山口県知的所有権センター ((社)発明協会山口県支部)	大段 恭二	〒753-0077	山口市熊野町1-10 NPYビル10階	083-922-9927
徳島県知的所有権センター ((社)発明協会徳島県支部)	平野 稔	〒770-8021	徳島市雑賀町西開11-2 徳島県立工業技術センター内	088-636-3388
香川県知的所有権センター ((社)発明協会香川県支部)	中元 恒	〒761-0301	香川県高松市林町2217-15 香川産業頭脳化センタービル2階	087-869-9005
愛媛県知的所有権センター ((社)発明協会愛媛県支部)	片山 忠徳	〒791-1101	松山市久米窪田町337-1 テクノプラザ愛媛	089-960-1118
高知県知的所有権センター (高知県工業技術センター)	柏井 富雄	〒781-5101	高知市布師田3992-3	088-845-7664
福岡県知的所有権センター ((社)発明協会福岡県支部)	浦井 正章	〒812-0013	福岡市博多区博多駅東2-6-23 住友博多駅前第2ビル2階	092-474-7255
福岡県知的所有権センター北九州支部 ((株)北九州テクノセンター)	重藤 務	〒804-0003	北九州市戸畑区中原新町2-1	093-873-1432
佐賀県知的所有権センター (佐賀県工業技術センター)	塚島 誠一郎	〒849-0932	佐賀市鍋島町八戸溝114	0952-30-8161
長崎県知的所有権センター ((社)発明協会長崎県支部)	川添 早苗	〒856-0026	大村市池田2-1303-8 長崎県工業技術センター内	0957-52-1144
熊本県知的所有権センター ((社)発明協会熊本県支部)	松山 彰雄	〒862-0901	熊本市東町3-11-38 熊本県工業技術センター内	096-360-3291
大分県知的所有権センター (大分県産業科学技術センター)	鎌田 正道	〒870-1117	大分市高江西1-4361-10	097-596-7121
宮崎県知的所有権センター ((社)発明協会宮崎県支部)	黒田 護	〒880-0303	宮崎県宮崎郡佐土原町東上那珂16500-2 宮崎県工業技術センター内	0985-74-2953
鹿児島県知的所有権センター (鹿児島県工業技術センター)	大井 敏民	〒899-5105	鹿児島県姶良郡隼人町小田1445-1	0995-64-2445
沖縄県知的所有権センター (沖縄県工業技術センター)	和田 修	〒904-2234	具志川市字州崎12-2 中城湾港新港地区トロピカルテクノパーク内	098-929-0111

資料4．知的所有権センター一覧 （平成14年3月1日現在）

都道府県	名　称	所在地	TEL
北海道	北海道知的所有権センター （北海道立工業試験場）	〒060-0819 札幌市北区北19条西11丁目	011-747-2211
青森県	青森県知的所有権センター （(社)発明協会青森県支部）	〒030-0112 青森市第二問屋町4-11-6	017-762-3912
岩手県	岩手県知的所有権センター （岩手県工業技術センター）	〒020-0852 盛岡市飯岡新田3-35-2	019-634-0684
宮城県	宮城県知的所有権センター （宮城県産業技術総合センター）	〒981-3206 仙台市泉区明通2-2	022-377-8725
秋田県	秋田県知的所有権センター （秋田県工業技術センター）	〒010-1623 秋田市新屋町字砂奴寄4-11	018-862-3417
山形県	山形県知的所有権センター （山形県工業技術センター）	〒990-2473 山形市松栄1-3-8	023-647-8130
福島県	福島県知的所有権センター （(社)発明協会福島県支部）	〒963-0215 郡山市待池台1-12 福島県ハイテクプラザ内	024-963-0242
茨城県	茨城県知的所有権センター （(財)茨城県中小企業振興公社）	〒312-0005 ひたちなか市新光町38 ひたちなかテクノセンタービル1階	029-264-2211
栃木県	栃木県知的所有権センター （(社)発明協会栃木県支部）	〒322-0011 鹿沼市白桑田516-1 栃木県工業技術センター内	0289-65-7550
群馬県	群馬県知的所有権センター （(社)発明協会群馬県支部）	〒371-0845 前橋市鳥羽町190 群馬県工業試験場内	027-254-0627
埼玉県	埼玉県知的所有権センター （(社)発明協会埼玉県支部）	〒331-8669 さいたま市桜木町1-7-5 ソニックシティ10階	048-644-4806
千葉県	千葉県知的所有権センター （(社)発明協会千葉県支部）	〒260-0854 千葉市中央区長洲1-9-1 千葉県庁南庁舎R3階	043-223-7748
東京都	東京都知的所有権センター （(社)発明協会東京支部）	〒105-0001 港区虎ノ門2-9-14	03-3502-5521
神奈川県	神奈川県知的所有権センター （神奈川県産業技術総合研究所）	〒243-0435 海老名市下今泉705-1	046-236-1500
	神奈川県知的所有権センター支部 （(財)神奈川高度技術支援財団）	〒213-0012 川崎市高津区坂戸3-2-1 かながわサイエンスパーク西棟205	044-819-2100
	神奈川県知的所有権センター支部 （(社)発明協会神奈川県支部）	〒231-0015 横浜市中区尾上町5-80 神奈川中小企業センター10階	045-633-5055
新潟県	新潟県知的所有権センター （(財)信濃川テクノポリス開発機構）	〒940-2127 長岡市新産4-1-9	0258-46-9711
山梨県	山梨県知的所有権センター （山梨県工業技術センター）	〒400-0055 甲府市大津町2094	055-243-6111
長野県	長野県知的所有権センター （(社)発明協会長野県支部）	〒380-0928 長野市若里1-18-1 長野県工業試験場内	026-228-5559
静岡県	静岡県知的所有権センター （(社)発明協会静岡県支部）	〒421-1221 静岡市牧ヶ谷2078 静岡工業技術センター資料館内	054-278-6111
富山県	富山県知的所有権センター （富山県工業技術センター）	〒933-0981 高岡市二上町150	0766-29-1252
石川県	石川県知的所有権センター （財)石川県産業創出支援機構	〒920-0223 金沢市戸水町イ65番地 石川県地場産業振興センター	076-267-5918
岐阜県	岐阜県知的所有権センター （岐阜県科学技術振興センター）	〒509-0108 各務原市須衛町4-179-1 テクノプラザ5F	0583-79-2250
愛知県	愛知県知的所有権センター （愛知県工業技術センター）	〒448-0003 刈谷市一ツ木町西新割	0566-24-1841
三重県	三重県知的所有権センター （三重県工業技術総合研究所）	〒514-0819 津市高茶屋5-5-45	059-234-4150
福井県	福井県知的所有権センター （福井県工業技術センター）	〒910-0102 福井市川合鷲塚町61字北稲田10	0776-55-1195
滋賀県	滋賀県知的所有権センター （滋賀県工業技術センター）	〒520-3004 栗東市上砥山232	077-558-4040
京都府	京都府知的所有権センター （(社)発明協会京都支部）	〒600-8813 京都市下京区中堂寺南町17 京都リサーチパーク内 京都高度技研ビル4階	075-315-8686
大阪府	大阪府知的所有権センター （大阪府立特許情報センター）	〒543-0061 大阪市天王寺区伶人町2-7	06-6771-2646
	大阪府知的所有権センター支部 （(社)発明協会大阪支部知的財産センター）	〒564-0062 吹田市垂水町3-24-1 シンプレス江坂ビル2階	06-6330-7725
兵庫県	兵庫県知的所有権センター （(社)発明協会兵庫県支部）	〒654-0037 神戸市須磨区行平町3-1-31 兵庫県立産業技術センター4階	078-731-5847

都道府県	名称	所在地	TEL
奈良県	奈良県知的所有権センター (奈良県工業技術センター)	〒630-8031 奈良市柏木町129-1	0742-33-0863
和歌山県	和歌山県知的所有権センター ((社)発明協会和歌山県支部)	〒640-8214 和歌山県寄合町25 和歌山市発明館4階	073-432-0087
鳥取県	鳥取県知的所有権センター ((社)発明協会鳥取県支部)	〒689-1112 鳥取市若葉台南7-5-1 新産業創造センター1階	0857-52-6728
島根県	島根県知的所有権センター ((社)発明協会島根県支部)	〒690-0816 島根県松江市北陵町1番地 テクノアークしまね1F内	0852-60-5146
岡山県	岡山県知的所有権センター ((社)発明協会岡山県支部)	〒701-1221 岡山市芳賀5301 テクノサポート岡山内	086-286-9656
広島県	広島県知的所有権センター ((社)発明協会広島県支部)	〒730-0052 広島市中区千田町3-13-11 広島発明会館内	082-544-0775
	広島県知的所有権センター支部 ((社)発明協会広島県支部備後支会)	〒720-0067 福山市西町2-10-1	0849-21-2349
	広島県知的所有権センター支部 (呉地域産業振興センター)	〒737-0004 呉市阿賀南2-10-1	0823-76-3766
山口県	山口県知的所有権センター ((社)発明協会山口県支部)	〒753-0077 山口市熊野町1-10 NPYビル10階	083-922-9927
徳島県	徳島県知的所有権センター ((社)発明協会徳島県支部)	〒770-8021 徳島市雑賀町西開11-2 徳島県立工業技術センター内	088-636-3388
香川県	香川県知的所有権センター ((社)発明協会香川県支部)	〒761-0301 香川県高松市林町2217-15 香川産業頭脳化センタービル2階	087-869-9005
愛媛県	愛媛県知的所有権センター ((社)発明協会愛媛県支部)	〒791-1101 松山市久米窪田町337-1 テクノプラザ愛媛	089-960-1118
高知県	高知県知的所有権センター (高知県工業技術センター)	〒781-5101 高知市布師田3992-3	088-845-7664
福岡県	福岡県知的所有権センター ((社)発明協会福岡県支部)	〒812-0013 福岡市博多区博多駅東2-6-23 住友博多駅前第2ビル2階	092-474-7255
	福岡県知的所有権センター北九州支部 ((株)北九州テクノセンター)	〒804-0003 北九州市戸畑区中原新町2-1	093-873-1432
佐賀県	佐賀県知的所有権センター (佐賀県工業技術センター)	〒849-0932 佐賀市鍋島町八戸溝114	0952-30-8161
長崎県	長崎県知的所有権センター ((社)発明協会長崎県支部)	〒856-0026 大村市池田2-1303-8 長崎県工業技術センター内	0957-52-1144
熊本県	熊本県知的所有権センター ((社)発明協会熊本県支部)	〒862-0901 熊本市東町3-11-38 熊本県工業技術センター内	096-360-3291
大分県	大分県知的所有権センター (大分県産業科学技術センター)	〒870-1117 大分市高江西1-4361-10	097-596-7121
宮崎県	宮崎県知的所有権センター ((社)発明協会宮崎県支部)	〒880-0303 宮崎県宮崎郡佐土原町東上那珂16500-2 宮崎県工業技術センター内	0985-74-2953
鹿児島県	鹿児島県知的所有権センター (鹿児島県工業技術センター)	〒899-5105 鹿児島県姶良郡隼人町小田1445-1	0995-64-2445
沖縄県	沖縄県知的所有権センター (沖縄県工業技術センター)	〒904-2234 具志川市字州崎12-2 中城湾港新港地区トロピカルテクノパーク内	098-929-0111

資料5．平成13年度25技術テーマの特許流通の概要

5.1 アンケート送付先と回収率

平成13年度は、25の技術テーマにおいて「特許流通支援チャート」を作成し、その中で特許流通に対する意識調査として各技術テーマの出願件数上位企業を対象としてアンケート調査を行った。平成13年12月7日に郵送によりアンケートを送付し、平成14年1月31日までに回収されたものを対象に解析した。

表5.1-1に、アンケート調査表の回収状況を示す。送付数578件、回収数306件、回収率52.9%であった。

表5.1-1 アンケートの回収状況

送付数	回収数	未回収数	回収率
578	306	272	52.9%

表5.1-2に、業種別の回収状況を示す。各業種を一般系、機械系、化学系、電気系と大きく4つに分類した。以下、「○○系」と表現する場合は、各企業の業種別に基づく分類を示す。それぞれの回収率は、一般系56.5%、機械系63.5%、化学系41.1%、電気系51.6%であった。

表5.1-2 アンケートの業種別回収件数と回収率

業種と回収率	業種	回収件数
一般系 48/85=56.5%	建設	5
	窯業	12
	鉄鋼	6
	非鉄金属	17
	金属製品	2
	その他製造業	6
化学系 39/95=41.1%	食品	1
	繊維	12
	紙・パルプ	3
	化学	22
	石油・ゴム	1
機械系 73/115=63.5%	機械	23
	精密機器	28
	輸送機器	22
電気系 146/283=51.6%	電気	144
	通信	2

図 5.1 に、全回収件数を母数にして業種別に回収率を示す。全回収件数に占める業種別の回収率は電気系 47.7%、機械系 23.9%、一般系 15.7%、化学系 12.7% である。

図 5.1 回収件数の業種別比率

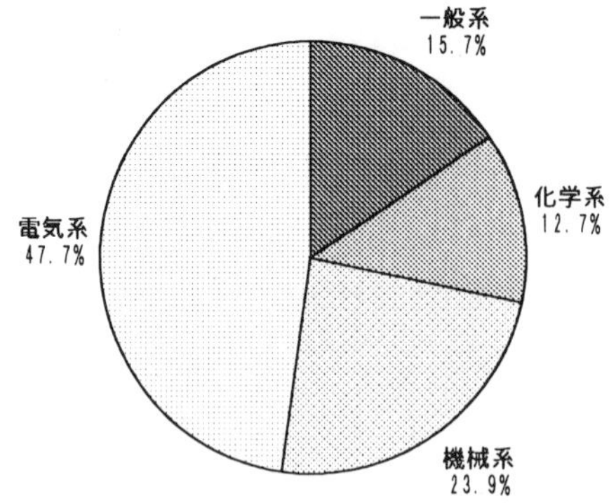

一般系	化学系	機械系	電気系	合計
48	39	73	146	306

表 5.1-3 に、技術テーマ別の回収件数と回収率を示す。この表では、技術テーマを一般分野、化学分野、機械分野、電気分野に分類した。以下、「〇〇分野」と表現する場合は、技術テーマによる分類を示す。回収率の最も良かった技術テーマは焼却炉排ガス処理技術の 71.4% で、最も悪かったのは有機 EL 素子の 34.6% である。

表 5.1-3 テーマ別の回収件数と回収率

分野	技術テーマ名	送付数	回収数	回収率
一般分野	カーテンウォール	24	13	54.2%
	気体膜分離装置	25	12	48.0%
	半導体洗浄と環境適応技術	23	14	60.9%
	焼却炉排ガス処理技術	21	15	71.4%
	はんだ付け鉛フリー技術	20	11	55.0%
化学分野	プラスティックリサイクル	25	15	60.0%
	バイオセンサ	24	16	66.7%
	セラミックスの接合	23	12	52.2%
	有機EL素子	26	9	34.6%
	生分解ポリエステル	23	12	52.2%
	有機導電性ポリマー	24	15	62.5%
	リチウムポリマー電池	29	13	44.8%
機械分野	車いす	21	12	57.1%
	金属射出成形技術	28	14	50.0%
	微細レーザ加工	20	10	50.0%
	ヒートパイプ	22	10	45.5%
電気分野	圧力センサ	22	13	59.1%
	個人照合	29	12	41.4%
	非接触型ICカード	21	10	47.6%
	ビルドアップ多層プリント配線板	23	11	47.8%
	携帯電話表示技術	20	11	55.0%
	アクティブマトリックス液晶駆動技術	21	12	57.1%
	プログラム制御技術	21	12	57.1%
	半導体レーザの活性層	22	11	50.0%
	無線LAN	21	11	52.4%

5.2 アンケート結果
5.2.1 開放特許に関して
(1) 開放特許と非開放特許

他者にライセンスしてもよい特許を「開放特許」、ライセンスの可能性のない特許を「非開放特許」と定義した。その上で、各技術テーマにおける保有特許のうち、自社での実施状況と開放状況について質問を行った。

306 件中 257 件の回答があった（回答率 84.0％）。保有特許件数に対する開放特許件数の割合を開放比率とし、保有特許件数に対する非開放特許件数の割合を非開放比率と定義した。

図 5.2.1-1 に、業種別の特許の開放比率と非開放比率を示す。全体の開放比率は 58.3％で、業種別では一般系が 37.1％、化学系が 20.6％、機械系が 39.4％、電気系が 77.4％である。化学系（20.6％）の企業の開放比率は、化学分野における開放比率（図 5.2.1-2）の最低値である「生分解ポリエステル」の 22.6％よりさらに低い値となっている。これは、化学分野においても、機械系、電気系の企業であれば、保有特許について比較的開放的であることを示唆している。

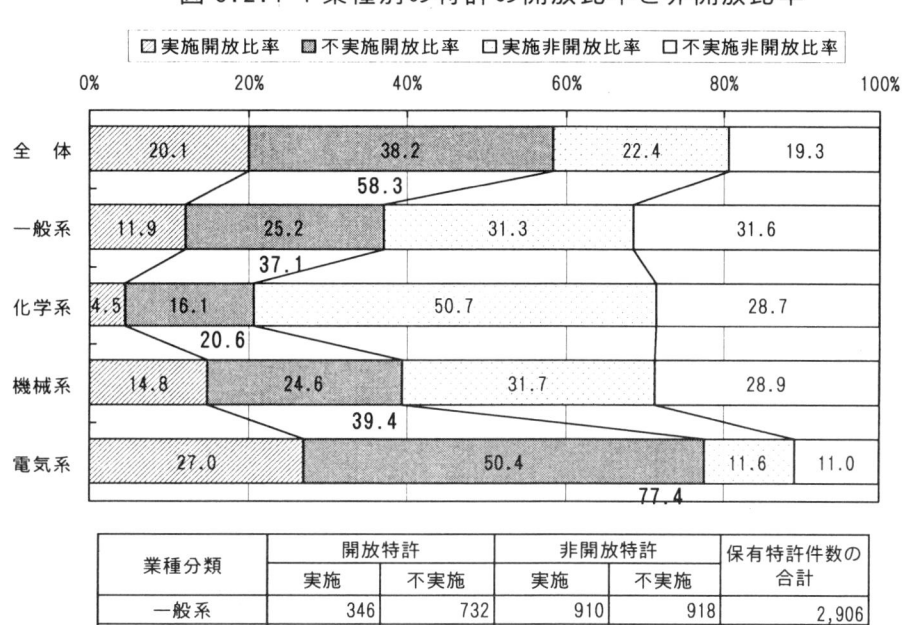

図 5.2.1-1 業種別の特許の開放比率と非開放比率

業種分類	開放特許 実施	開放特許 不実施	非開放特許 実施	非開放特許 不実施	保有特許件数の合計
一般系	346	732	910	918	2,906
化学系	90	323	1,017	576	2,006
機械系	494	821	1,058	964	3,337
電気系	2,835	5,291	1,218	1,155	10,499
全体	3,765	7,167	4,203	3,613	18,748

図 5.2.1-2 に、技術テーマ別の開放比率と非開放比率を示す。

開放比率（実施開放比率と不実施開放比率を加算。）が高い技術テーマを見てみると、最高値は「個人照合」の 84.7％で、次いで「はんだ付け鉛フリー技術」の 83.2％、「無線LAN」の 82.4％、「携帯電話表示技術」の 80.0％となっている。一方、低い方から見ると、「生分解ポリエステル」の 22.6％で、次いで「カーテンウォール」の 29.3％、「有機 EL」の 30.5％である。

図 5.2.1-2 技術テーマ別の開放比率と非開放比率

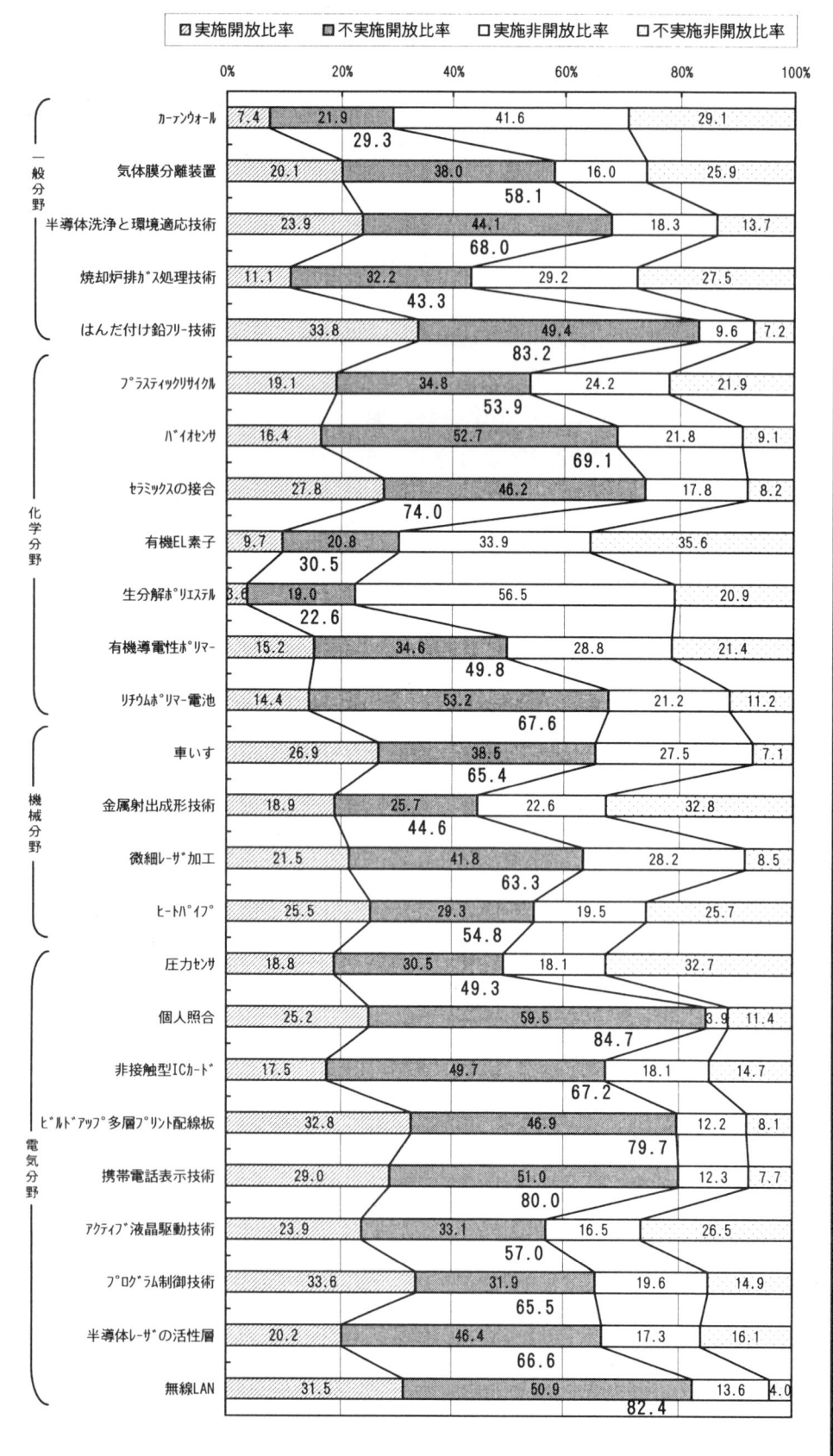

凡例: ▨ 実施開放比率　▧ 不実施開放比率　☐ 実施非開放比率　☐ 不実施非開放比率

分野	技術テーマ	実施開放比率	不実施開放比率	実施非開放比率	不実施非開放比率	開放計	非開放計	開放特許 実施	開放特許 不実施	非開放特許 実施	非開放特許 不実施	保有特許件数の合計
一般分野	カーテンウォール	7.4	21.9	41.6	29.1	29.3		67	198	376	264	905
	気体膜分離装置	20.1	38.0	16.0	25.9	58.1		88	166	70	113	437
	半導体洗浄と環境適応技術	23.9	44.1	18.3	13.7	68.0		155	286	119	89	649
	焼却炉排ガス処理技術	11.1	32.2	29.2	27.5	43.3		133	387	351	330	1,201
	はんだ付け鉛フリー技術	33.8	49.4	9.6	7.2	83.2		139	204	40	30	413
化学分野	プラスティックリサイクル	19.1	34.8	24.2	21.9	53.9		196	357	248	225	1,026
	バイオセンサ	16.4	52.7	21.8	9.1	69.1		106	340	141	59	646
	セラミックスの接合	27.8	46.2	17.8	8.2	74.0		145	241	93	42	521
	有機EL素子	9.7	20.8	33.9	35.6	30.5		90	193	316	332	931
	生分解ポリエステル	3.6	19.0	56.5	20.9	22.6		28	147	437	162	774
	有機導電性ポリマー	15.2	34.6	28.8	21.4	49.8		125	285	237	176	823
	リチウムポリマー電池	14.4	53.2	21.2	11.2	67.6		140	515	205	108	968
機械分野	車いす	26.9	38.5	27.5	7.1	65.4		107	154	110	28	399
	金属射出成形技術	18.9	25.7	22.6	32.8	44.6		147	200	175	255	777
	微細レーザ加工	21.5	41.8	28.2	8.5	63.3		68	133	89	27	317
	ヒートパイプ	25.5	29.3	19.5	25.7	54.8		215	248	164	217	844
電気分野	圧力センサ	18.8	30.5	18.1	32.7	49.3		164	267	158	286	875
	個人照合	25.2	59.5	3.9	11.4	84.7		220	521	34	100	875
	非接触型ICカード	17.5	49.7	18.1	14.7	67.2		140	398	145	117	800
	ビルドアップ多層プリント配線板	32.8	46.9	12.2	8.1	79.7		177	254	66	44	541
	携帯電話表示技術	29.0	51.0	12.3	7.7	80.0		235	414	100	62	811
	アクティブ液晶駆動技術	23.9	33.1	16.5	26.5	57.0		252	349	174	278	1,053
	プログラム制御技術	33.6	31.9	19.6	14.9	65.5		280	265	163	124	832
	半導体レーザの活性層	20.2	46.4	17.3	16.1	66.6		123	282	105	99	609
	無線LAN	31.5	50.9	13.6	4.0	82.4		227	367	98	29	721
	合計							3,767	7,171	4,214	3,596	18,748

図5.2.1-3は、業種別に、各企業の特許の開放比率を示したものである。

開放比率は、化学系で最も低く、電気系で最も高い。機械系と一般系はその中間に位置する。推測するに、化学系の企業では、保有特許は「物質特許」である場合が多く、自社の市場独占を確保するため、特許を開放しづらい状況にあるのではないかと思われる。逆に、電気・機械系の企業は、商品のライフサイクルが短いため、せっかく取得した特許も短期間で新技術と入れ替える必要があり、不実施となった特許を開放特許として供出やすい環境にあるのではないかと考えられる。また、より効率性の高い技術開発を進めるべく他社とのアライアンスを目的とした開放特許戦略を採るケースも、最近出てきているのではないだろうか。

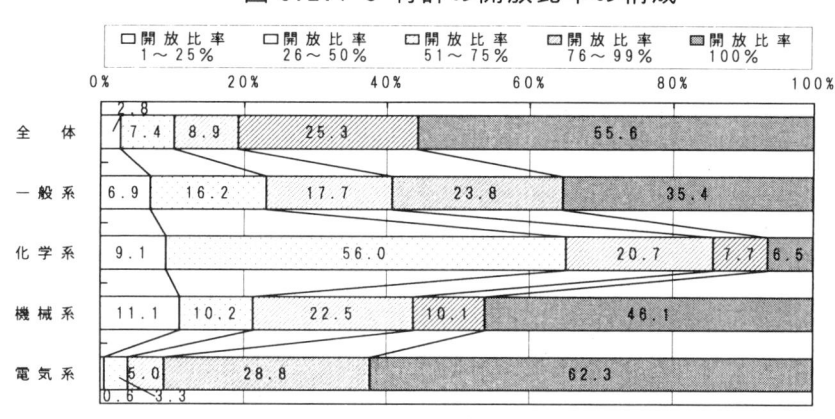

図5.2.1-3 特許の開放比率の構成

	開放比率 1〜25%	開放比率 26〜50%	開放比率 51〜75%	開放比率 76〜99%	開放比率 100%
全体	2.8 / 7.4	8.9	25.3		55.6
一般系	6.9	16.2	17.7	23.8	35.4
化学系	9.1	56.0	20.7	7.7	6.5
機械系	11.1	10.2	22.5	10.1	46.1
電気系	0.6 / 3.3	5.0	28.8		62.3

図5.2.1-4に、業種別の自社実施比率と不実施比率を示す。全体の自社実施比率は42.5%で、業種別では化学系55.2%、機械系46.5%、一般系43.2%、電気系38.6%である。化学系の企業は、自社実施比率が高く開放比率が低い。電気・機械系の企業は、その逆で自社実施比率が低く開放比率は高い。自社実施比率と開放比率は、反比例の関係にあるといえる。

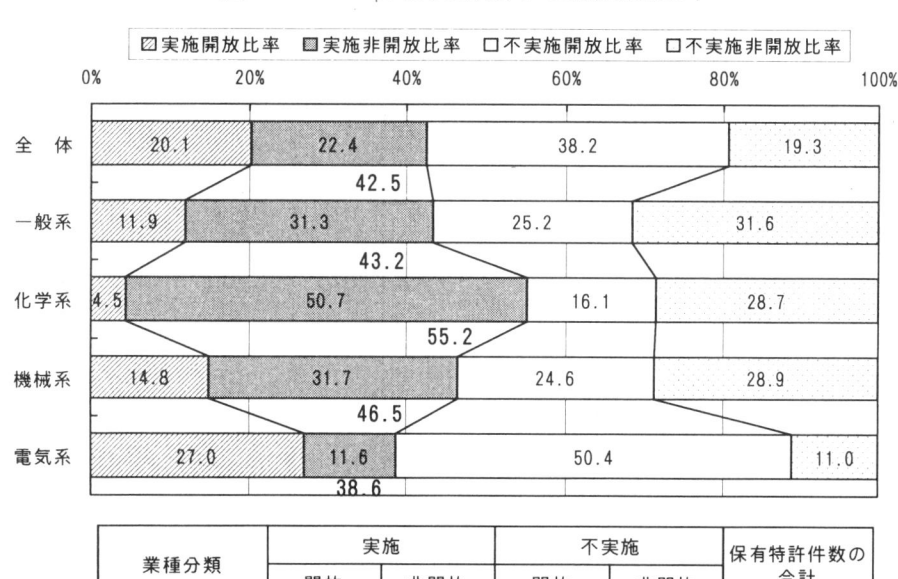

図5.2.1-4 自社実施比率と無実施比率

	実施開放比率	実施非開放比率	不実施開放比率	不実施非開放比率
全体	20.1	22.4	38.2	19.3
		42.5		
一般系	11.9	31.3	25.2	31.6
		43.2		
化学系	4.5	50.7	16.1	28.7
		55.2		
機械系	14.8	31.7	24.6	28.9
		46.5		
電気系	27.0	11.6	50.4	11.0
	38.6			

業種分類	実施 開放	実施 非開放	不実施 開放	不実施 非開放	保有特許件数の合計
一般系	346	910	732	918	2,906
化学系	90	1,017	323	576	2,006
機械系	494	1,058	821	964	3,337
電気系	2,835	1,218	5,291	1,155	10,499
全体	3,765	4,203	7,167	3,613	18,748

(2) 非開放特許の理由

開放可能性のない特許の理由について質問を行った(複数回答)。

質問内容	一般系	化学系	機械系	電気系	全体
・独占的排他権の行使により、ライバル企業を排除するため(ライバル企業排除)	36.3%	36.7%	36.4%	34.5%	36.0%
・他社に対する技術の優位性の喪失(優位性喪失)	31.9%	31.6%	30.5%	29.9%	30.9%
・技術の価値評価が困難なため(価値評価困難)	12.1%	16.5%	15.3%	13.8%	14.4%
・企業秘密がもれるから(企業秘密)	5.5%	7.6%	3.4%	14.9%	7.5%
・相手先を見つけるのが困難であるため(相手先探し)	7.7%	5.1%	8.5%	2.3%	6.1%
・ライセンス経験不足等のため提供に不安があるから(経験不足)	4.4%	0.0%	0.8%	0.0%	1.3%
・その他	2.1%	2.5%	5.1%	4.6%	3.8%

図 5.2.1-5 は非開放特許の理由の内容を示す。

「ライバル企業の排除」が最も多く 36.0%、次いで「優位性喪失」が 30.9%と高かった。特許権を「技術の市場における排他的独占権」として充分に行使していることが伺える。「価値評価困難」は 14.4%となっているが、今回の「特許流通支援チャート」作成にあたり分析対象とした特許は直近 10 年間だったため、登録前の特許が多く、権利範囲が未確定なものが多かったためと思われる。

電気系の企業で「企業秘密がもれるから」という理由が 14.9%と高いのは、技術のライフサイクルが短く新技術開発が激化しており、さらに、技術自体が模倣されやすいことが原因であるのではないだろうか。

化学系の企業で「企業秘密がもれるから」という理由が 7.6%と高いのは、物質特許のノウハウ漏洩に細心の注意を払う必要があるためと思われる。

機械系や一般系の企業で「相手先探し」が、それぞれ 8.5%、7.7%と高いことは、これらの分野で技術移転を仲介する者の活躍できる潜在性が高いことを示している。

なお、その他の理由としては、「共同出願先との調整」が 12 件と多かった。

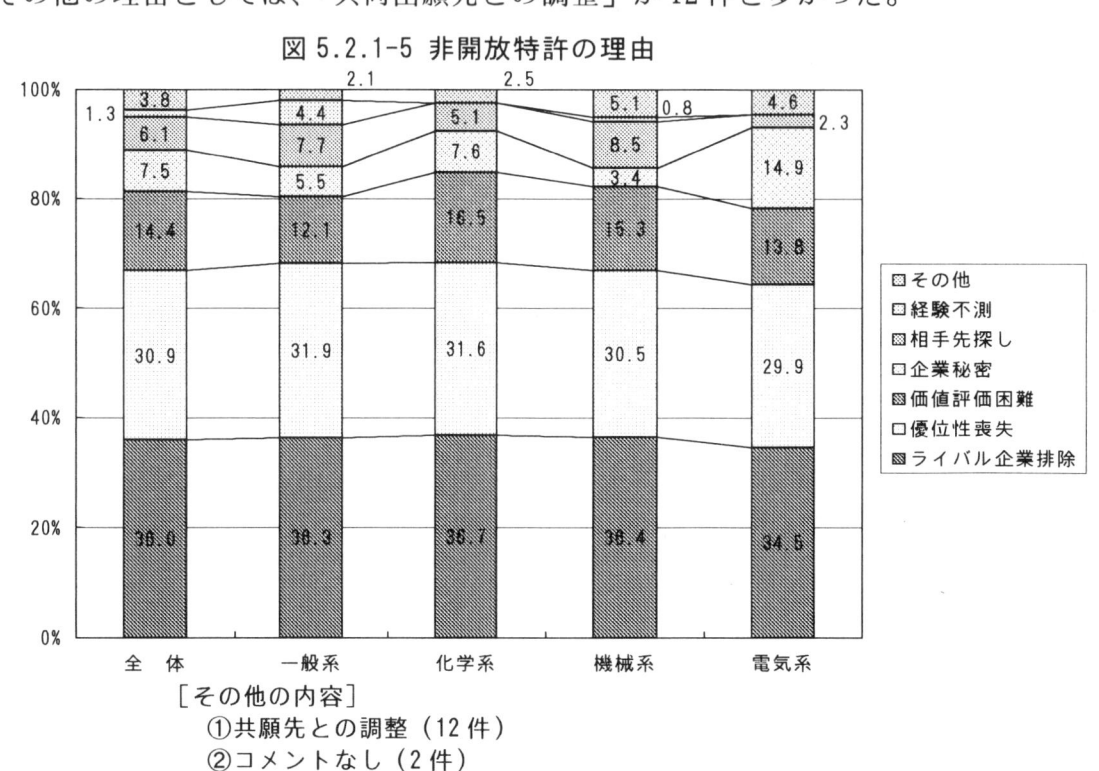

図 5.2.1-5 非開放特許の理由

[その他の内容]
①共願先との調整 (12 件)
②コメントなし (2 件)

5.2.2 ライセンス供与に関して
(1) ライセンス活動

ライセンス供与の活動姿勢について質問を行った。

質問内容	一般系	化学系	機械系	電気系	全体
・特許ライセンス供与のための活動を積極的に行っている（積極的）	2.0%	15.8%	4.3%	8.9%	7.5%
・特許ライセンス供与のための活動を行っている（普通）	36.7%	15.8%	25.7%	57.7%	41.2%
・特許ライセンス供与のための活動はやや消極的である（消極的）	24.5%	13.2%	14.3%	10.4%	14.0%
・特許ライセンス供与のための活動を行っていない（しない）	36.8%	55.2%	55.7%	23.0%	37.3%

その結果を、図5.2.2-1 ライセンス活動に示す。306件中295件の回答であった（回答率96.4%）。

何らかの形で特許ライセンス活動を行っている企業は62.7%を占めた。そのうち、比較的積極的に活動を行っている企業は48.7%に上る（「積極的」＋「普通」）。これは、技術移転を仲介する者の活躍できる潜在性がかなり高いことを示唆している。

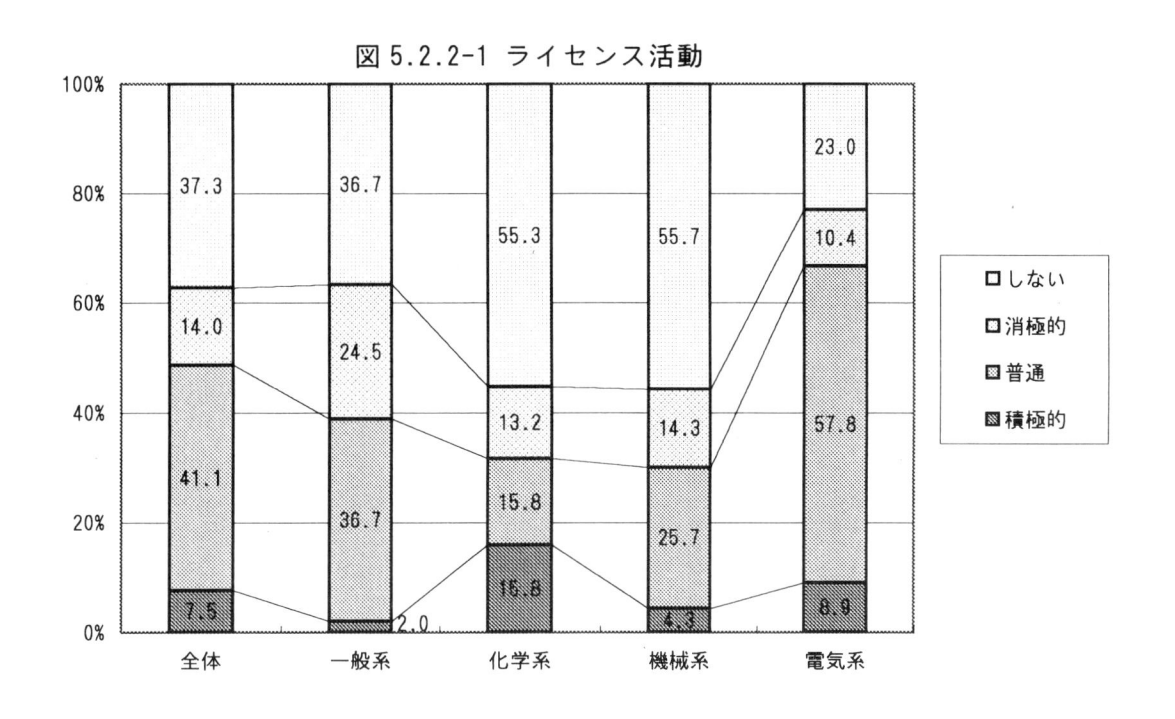

図5.2.2-1 ライセンス活動

(2) ライセンス実績

ライセンス供与の実績について質問を行った。

質問内容	一般系	化学系	機械系	電気系	全体
・供与実績はないが今後も行う方針（実績無し今後も実施）	54.5%	48.0%	43.6%	74.6%	58.3%
・供与実績があり今後も行う方針（実績有り今後も実施）	72.2%	61.5%	95.5%	67.3%	73.5%
・供与実績はなく今後は不明（実績無し今後は不明）	36.4%	24.0%	46.1%	20.3%	30.8%
・供与実績はあるが今後は不明（実績有り今後は不明）	27.8%	38.5%	4.5%	30.7%	25.5%
・供与実績はなく今後も行わない方針（実績無し今後も実施せず）	9.1%	28.0%	10.3%	5.1%	10.9%
・供与実績はあるが今後は行わない方針（実績有り今後は実施せず）	0.0%	0.0%	0.0%	2.0%	1.0%

図 5.2.2-2 に、ライセンス実績を示す。306 件中 295 件の回答があった（回答率 96.4％）。ライセンス実績有りとライセンス実績無しを分けて示す。

「供与実績があり、今後も実施」は 73.5％と非常に高い割合であり、特許ライセンスの有効性を認識した企業はさらにライセンス活動を活発化させる傾向にあるといえる。また、「供与実績はないが、今後は実施」が 58.3％あり、ライセンスに対する関心の高まりが感じられる。

機械系や一般系の企業で「実績有り今後も実施」がそれぞれ 90％、70％を越えており、他業種の企業よりもライセンスに対する関心が非常に高いことがわかる。

図 5.2.2-2 ライセンス実績

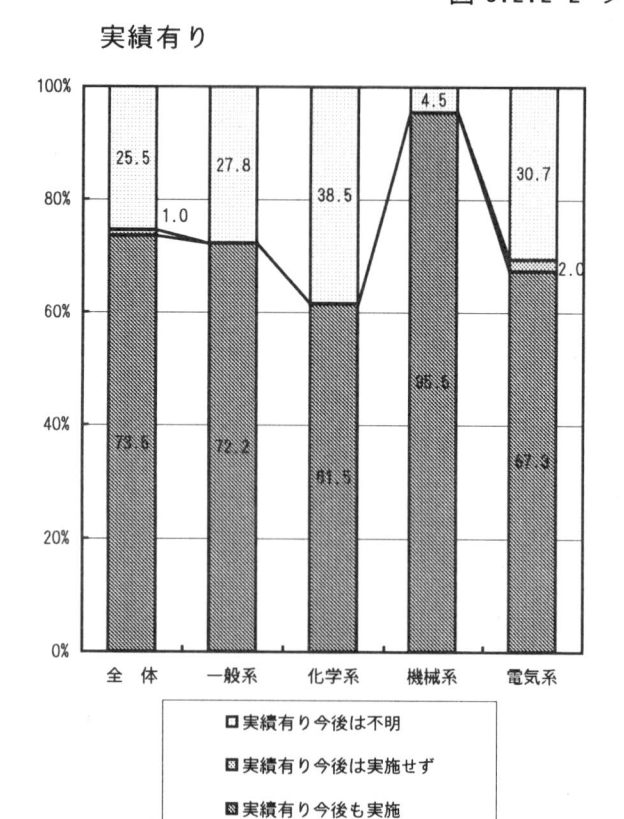

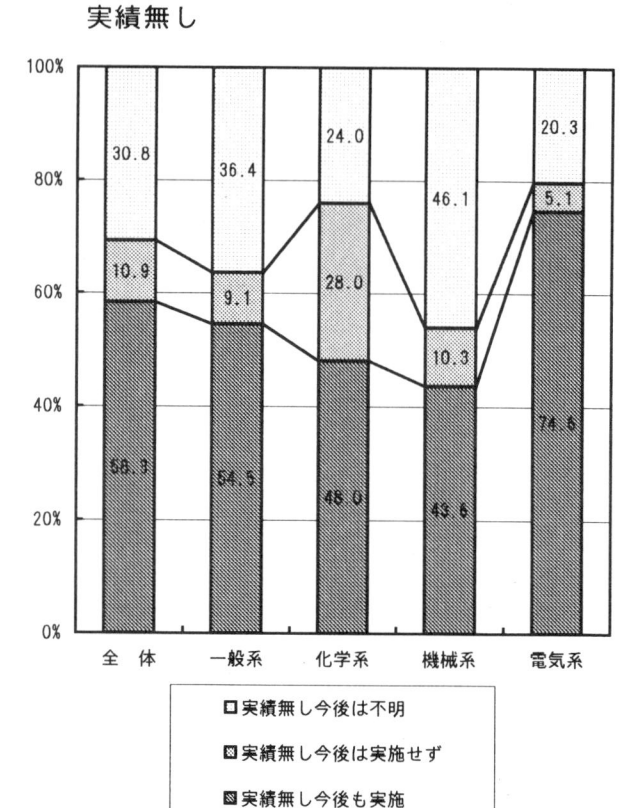

(3) ライセンス先の見つけ方

ライセンス供与の実績があると 5.2.2 項の(2)で回答したテーマ出願人にライセンス先の見つけ方について質問を行った(複数回答)。

質問内容	一般系	化学系	機械系	電気系	全体
・先方からの申し入れ(申入れ)	27.8%	43.2%	37.7%	32.0%	33.7%
・権利侵害調査の結果(侵害発)	22.2%	10.8%	17.4%	21.3%	19.3%
・系列企業の情報網（内部情報）	9.7%	10.8%	11.6%	11.5%	11.0%
・系列企業を除く取引先企業（外部情報）	2.8%	10.8%	8.7%	10.7%	8.3%
・新聞、雑誌、TV、インターネット等（メディア）	5.6%	2.7%	2.9%	12.3%	7.3%
・イベント、展示会等(展示会)	12.5%	5.4%	7.2%	3.3%	6.7%
・特許公報	5.6%	5.4%	2.9%	1.6%	3.3%
・相手先に相談できる人がいた等(人的ネットワーク)	1.4%	8.2%	7.3%	0.8%	3.3%
・学会発表、学会誌(学会)	5.6%	8.2%	1.4%	1.6%	2.7%
・データベース（DB）	6.8%	2.7%	0.0%	0.0%	1.7%
・国・公立研究機関（官公庁）	0.0%	0.0%	0.0%	3.3%	1.3%
・弁理士、特許事務所(特許事務所)	0.0%	0.0%	2.9%	0.0%	0.7%
・その他	0.0%	0.0%	0.0%	1.6%	0.7%

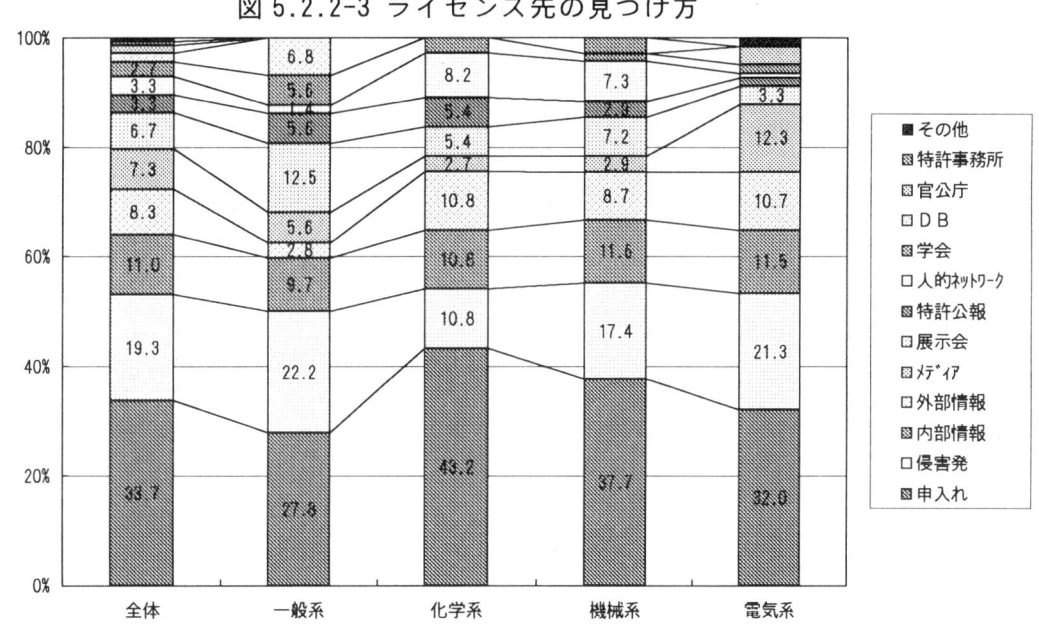

その結果を、図 5.2.2-3 ライセンス先の見つけ方に示す。「申入れ」が 33.7％と最も多く、次いで侵害警告を発した「侵害発」が 19.3％、「内部情報」によりものが 11.0％、「外部情報」によるものが 8.3％であった。特許流通データベースなどの「DB」からは 1.7％であった。化学系において、「申入れ」が 40％を越えている。

図 5.2.2-3 ライセンス先の見つけ方

〔その他の内容〕
①関係団体（2件）

(4) ライセンス供与の不成功理由

5.2.2項の(1)でライセンス活動をしていると答えて、ライセンス実績の無いテーマ出願人に、その不成功理由について質問を行った。

質問内容	一般系	化学系	機械系	電気系	全体
・相手先が見つからない（相手先探し）	58.8%	57.9%	68.0%	73.0%	66.7%
・情勢（業績・経営方針・市場など）が変化した（情勢変化）	8.8%	10.5%	16.0%	0.0%	6.4%
・ロイヤリティーの折り合いがつかなかった（ロイヤリティー）	11.8%	5.3%	4.0%	4.8%	6.4%
・当該特許だけでは、製品化が困難と思われるから（製品化困難）	3.2%	5.0%	7.7%	1.6%	3.6%
・供与に伴う技術移転（試作や実証試験等）に時間がかかっており、まだ、供与までに至らない（時間浪費）	0.0%	0.0%	0.0%	4.8%	2.1%
・ロイヤリティー以外の契約条件で折り合いがつかなかった（契約条件）	3.2%	5.0%	0.0%	0.0%	1.4%
・相手先の技術消化力が低かった（技術消化力不足）	0.0%	10.0%	0.0%	0.0%	1.4%
・新技術が出現した（新技術）	3.2%	5.3%	0.0%	0.0%	1.3%
・相手先の秘密保持に信頼が置けなかった（機密漏洩）	3.2%	0.0%	0.0%	0.0%	0.7%
・相手先がグランド・バックを認めなかった（グランドバック）	0.0%	0.0%	0.0%	0.0%	0.0%
・交渉過程で不信感が生まれた（不信感）	0.0%	0.0%	0.0%	0.0%	0.0%
・競合技術に遅れをとった（競合技術）	0.0%	0.0%	0.0%	0.0%	0.0%
・その他	9.7%	0.0%	3.9%	15.8%	10.0%

その結果を、図5.2.2-4 ライセンス供与の不成功理由に示す。約66.7％は「相手先探し」と回答している。このことから、相手先を探す仲介者および仲介を行うデータベース等のインフラの充実が必要と思われる。電気系の「相手先探し」は73.0％を占めていて他の業種より多い。

図5.2.2-4 ライセンス供与の不成功理由

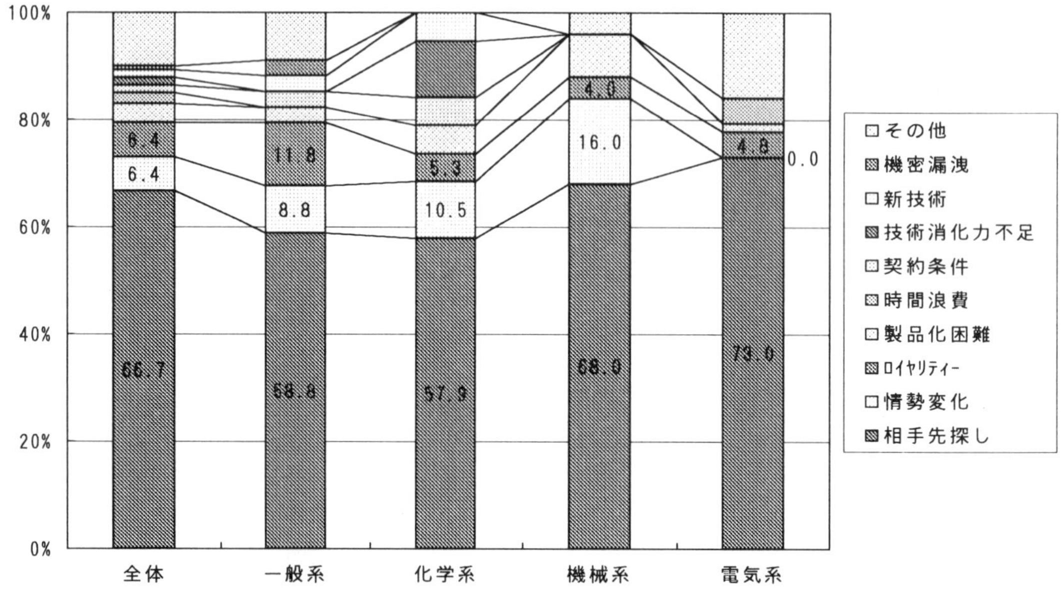

〔その他の内容〕
① 単独での技術供与でない
② 活動を開始してから時間が経っていない
③ 当該分野では未登録が多い（3件）
④ 市場未熟
⑤ 業界の動向（規格等）
⑥ コメントなし（6件）

5.2.3 技術移転の対応
(1) 申し入れ対応

技術移転してもらいたいと申し入れがあった時、どのように対応するかについて質問を行った。

質問内容	一般系	化学系	機械系	電気系	全体
・とりあえず、話を聞く（話を聞く）	44.3%	70.3%	54.9%	56.8%	55.8%
・積極的に交渉していく（積極交渉）	51.9%	27.0%	39.5%	40.7%	40.6%
・他社への特許ライセンスの供与は考えていないので、断る（断る）	3.8%	2.7%	2.8%	2.5%	2.9%
・その他	0.0%	0.0%	2.8%	0.0%	0.7%

その結果を、図 5.2.3-1 ライセンス申し入れ対応に示す。「話を聞く」が 55.8％であった。次いで「積極交渉」が 40.6％であった。「話を聞く」と「積極交渉」で 96.4％という高率であり、中小企業側からみた場合は、ライセンス供与の申し入れを積極的に行っても断られるのはわずか 2.9％しかないということを示している。一般系の「積極交渉」が他の業種より高い。

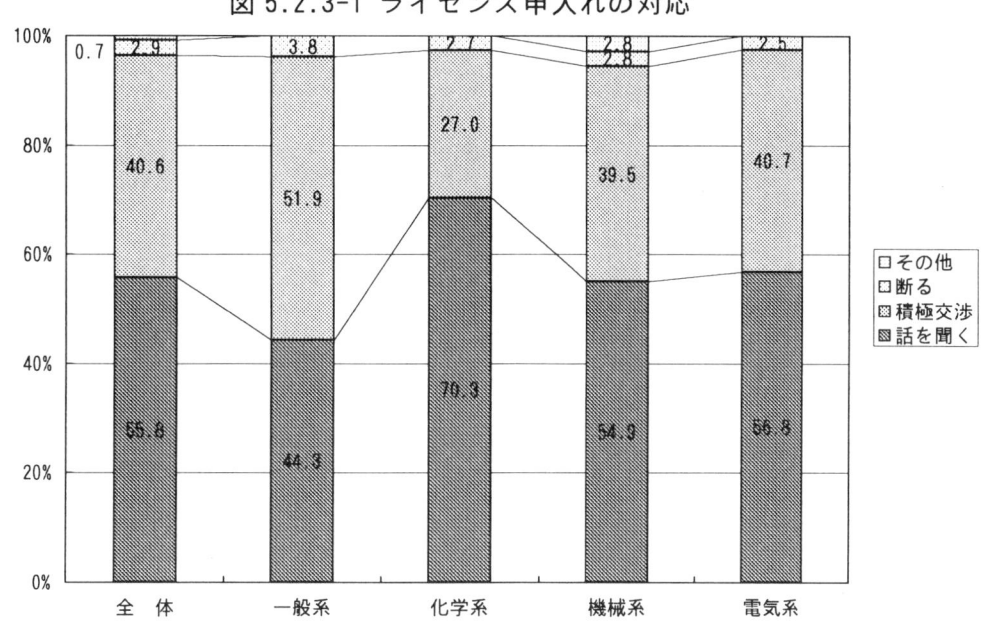

図 5.2.3-1 ライセンス申入れの対応

(2) 仲介の必要性

ライセンスの仲介の必要性があるかについて質問を行った。

質問内容	一般系	化学系	機械系	電気系	全体
・自社内にそれに相当する機能があるから不要（社内機能あるから不要）	36.6%	48.7%	62.4%	53.8%	52.0%
・現在はレベルが低いので不要（低レベル仲介で不要）	1.9%	0.0%	1.4%	1.7%	1.5%
・適切な仲介者がいれば使っても良い（適切な仲介者で検討）	44.2%	45.9%	27.5%	40.2%	38.5%
・公的支援機関に仲介等を必要とする（公的仲介が必要）	17.3%	5.4%	8.7%	3.4%	7.6%
・民間仲介業者に仲介等を必要とする（民間仲介が必要）	0.0%	0.0%	0.0%	0.9%	0.4%

図 5.2.3-2 に仲介の必要性の内訳を示す。「社内機能あるから不要」が 52.0％を占め、最も多い。アンケートの配布先は大手企業が大部分であったため、自社において知財管理、技術移転機能が整備されている企業が 50％以上を占めることを意味している。

次いで「適切な仲介者で検討」が 38.5％、「公的仲介が必要」が 7.6％、「民間仲介が必要」が 0.4％となっている。これらを加えると仲介の必要を感じている企業は 46.5％に上る。

自前で知財管理や知財戦略を立てることができない中小企業や一部の大企業では、技術移転・仲介者の存在が必要であると推測される。

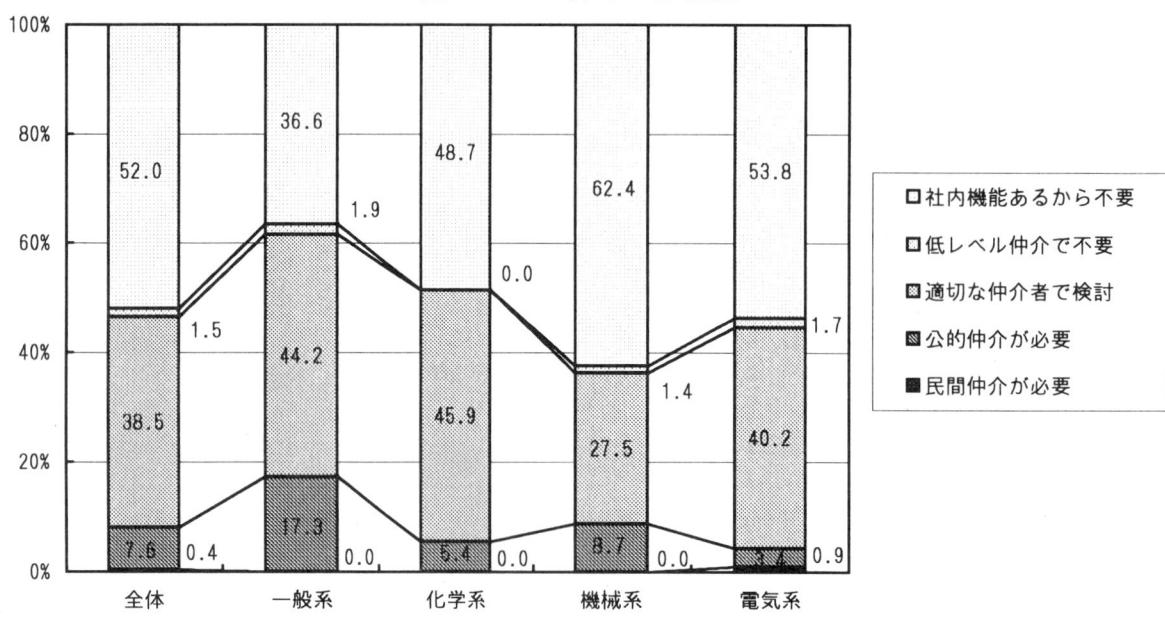

図 5.2.3-2 仲介の必要性

5.2.4 具体的事例
(1) テーマ特許の供与実績

技術テーマの分析の対象となった特許一覧表を掲載し(テーマ特許)、具体的にどの特許の供与実績があるかについて質問を行った。

質問内容	一般系	化学系	機械系	電気系	全体
・有る	12.8%	12.9%	13.6%	18.8%	15.7%
・無い	72.3%	48.4%	39.4%	34.2%	44.1%
・回答できない(回答不可)	14.9%	38.7%	47.0%	47.0%	40.2%

図 5.2.4-1 に、テーマ特許の供与実績を示す。

「有る」と回答した企業が 15.7%であった。「無い」と回答した企業が 44.1%あった。「回答不可」と回答した企業が 40.2%とかなり多かった。これは個別案件ごとにアンケートを行ったためと思われる。ライセンス自体、企業秘密であり、他者に情報を漏洩しない場合が多い。

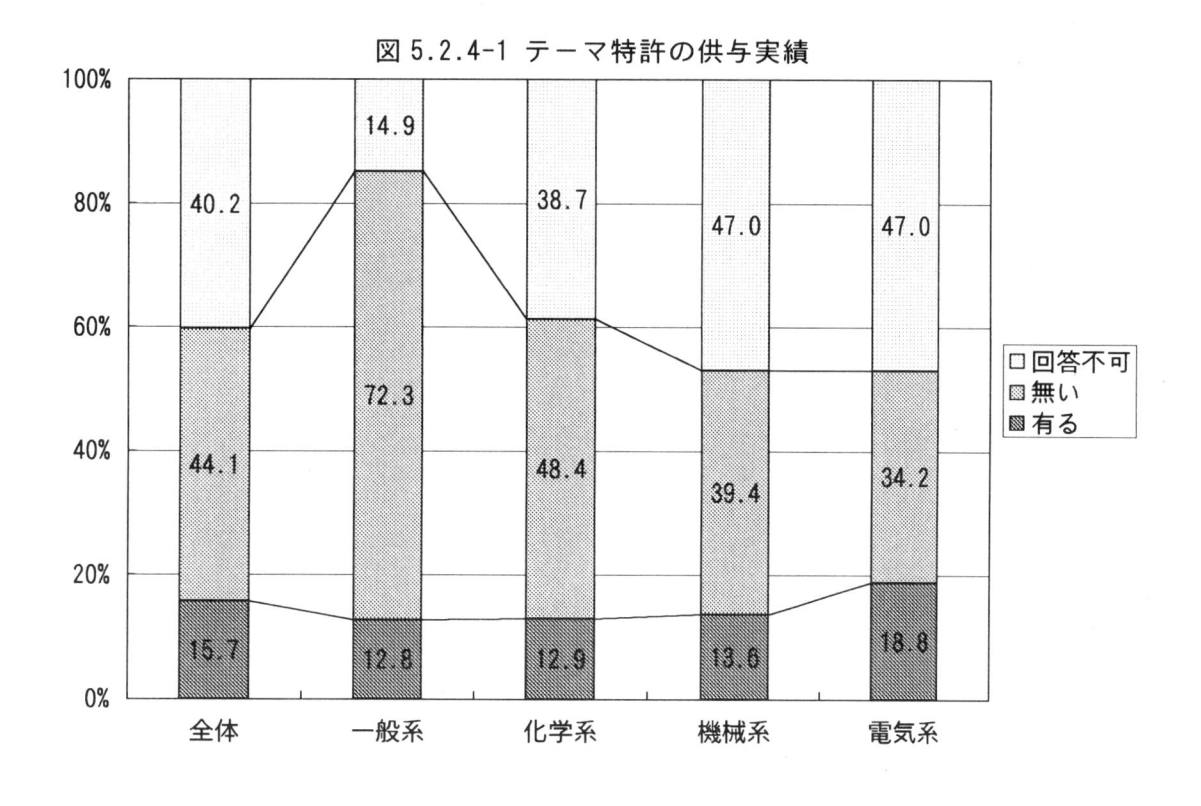

図 5.2.4-1 テーマ特許の供与実績

(2) テーマ特許を適用した製品

「特許流通支援チャート」に収蔵した特許（出願）を適用した製品の有無について質問を行った。

質問内容	一般系	化学系	機械系	電気系	全体
・回答できない(回答不可)	27.9%	34.4%	44.3%	53.2%	44.6%
・有る。	51.2%	43.8%	39.3%	37.1%	40.8%
・無い。	20.9%	21.8%	16.4%	9.7%	14.6%

図5.2.4-2に、テーマ特許を適用した製品の有無について結果を示す。

「有る」が40.8%、「回答不可」が44.6%、「無い」が14.6%であった。一般系と化学系で「有る」と回答した企業が多かった。

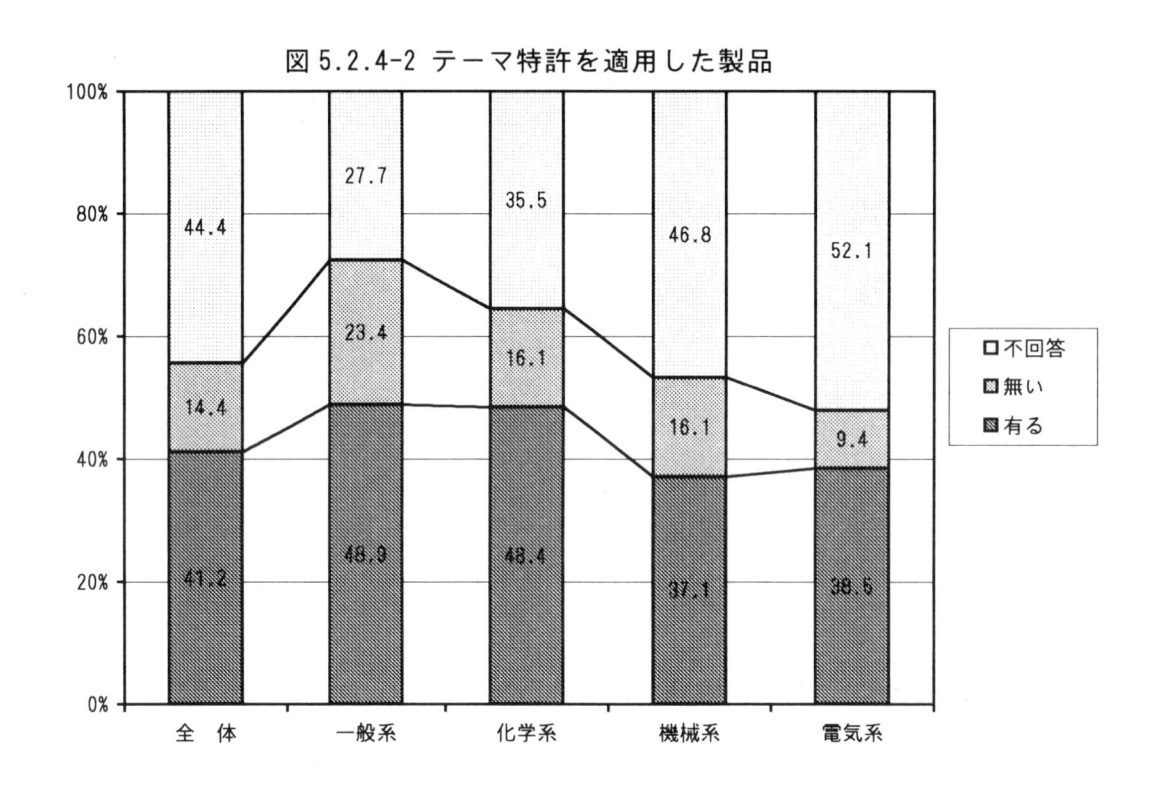

図5.2.4-2 テーマ特許を適用した製品

	全体	一般系	化学系	機械系	電気系
不回答	44.4	27.7	35.5	46.8	52.1
無い	14.4	23.4	16.1	16.1	9.4
有る	41.2	48.9	48.4	37.1	38.5

5.3 ヒアリング調査

アンケートによる調査において、5.2.2の(2)項でライセンス実績に関する質問を行った。その結果、回収数306件中295件の回答を得、そのうち「供与実績あり、今後も積極的な供与活動を実施したい」という回答が全テーマ合計で25.4%(延べ75出願人)あった。これから重複を排除すると43出願人となった。

この43出願人を候補として、ライセンスの実態に関するヒアリング調査を行うこととした。ヒアリングの目的は技術移転が成功した理由をできるだけ明らかにすることにある。

表5.3にヒアリング出願人の件数を示す。43出願人のうちヒアリングに応じてくれた出願人は11出願人(26.5%)であった。テーマ別且つ出願人別では延べ15出願人であった。ヒアリングは平成14年2月中旬から下旬にかけて行った。

表5.3 ヒアリング出願人の件数

ヒアリング候補 出願人数	ヒアリング 出願人数	ヒアリング テーマ出願人数
43	11	15

5.3.1 ヒアリング総括

表5.3に示したようにヒアリングに応じてくれた出願人が43出願人中わずか11出願人（25.6％）と非常に少なかったのは、ライセンス状況およびその経緯に関する情報は企業秘密に属し、通常は外部に公表しないためであろう。さらに、11出願人に対するヒアリング結果も、具体的なライセンス料やロイヤリティーなど核心部分については充分な回答をもらうことができなかった。

このため、今回のヒアリング調査は、対象母数が少なく、その結果も特許流通および技術移転プロセスについて全体の傾向をあらわすまでには至っておらず、いくつかのライセンス実績の事例を紹介するに留まらざるを得なかった。

5.3.2 ヒアリング結果

表5.3.2-1にヒアリング結果を示す。

技術移転のライセンサーはすべて大企業であった。

ライセンシーは、大企業が8件、中小企業が3件、子会社が1件、海外が1件、不明が2件であった。

技術移転の形態は、ライセンサーからの「申し出」によるものと、ライセンシーからの「申し入れ」によるものの2つに大別される。「申し出」が3件、「申し入れ」が7件、「不明」が2件であった。

「申し出」の理由は、3件とも事業移管や事業中止に伴いライセンサーが技術を使わなくなったことによるものであった。このうち1件は、中小企業に対するライセンスであった。この中小企業は保有技術の水準が高かったため、スムーズにライセンスが行われたとのことであった。

「ノウハウを伴わない」技術移転は3件で、「ノウハウを伴う」技術移転は4件であった。

「ノウハウを伴わない」場合のライセンシーは、3件のうち1件は海外の会社、1件が中小企業、残り1件が同業種の大企業であった。

大手同士の技術移転だと、技術水準が似通っている場合が多いこと、特許性の評価やノウハウの要・不要、ライセンス料やロイヤリティー額の決定などについて経験に基づき判断できるため、スムーズに話が進むという意見があった。

　中小企業への移転は、ライセンサーもライセンシーも同業種で技術水準も似通っていたため、ノウハウの供与の必要はなかった。中小企業と技術移転を行う場合、ノウハウ供与を伴う必要があることが、交渉の障害となるケースが多いとの意見があった。

　「ノウハウを伴う」場合の4件のライセンサーはすべて大企業であった。ライセンシーは大企業が1件、中小企業が1件、不明が2件であった。

　「ノウハウを伴う」ことについて、ライセンサーは、時間や人員が避けないという理由で難色を示すところが多い。このため、中小企業に技術移転を行う場合は、ライセンシー側の技術水準を重視すると回答したところが多かった。

　ロイヤリティーは、イニシャルとランニングに分かれる。イニシャルだけの場合は4件、ランニングだけの場合は6件、双方とも含んでいる場合は4件であった。ロイヤリティーの形態は、双方の企業の合意に基づき決定されるため、技術移転の内容によりケースバイケースであると回答した企業がほとんどであった。

　中小企業へ技術移転を行う場合には、イニシャルロイヤリティーを低く抑えており、ランニングロイヤリティーとセットしている。

　ランニングロイヤリティーのみと回答した6件の企業であっても、「ノウハウを伴う」技術移転の場合にはイニシャルロイヤリティーを必ず要求するとすべての企業が回答している。中小企業への技術移転を行う際に、このイニシャルロイヤリティーの額をどうするか折り合いがつかず、不成功になった経験を持っていた。

表5.3.2-1 ヒアリング結果

導入企業	移転の申入れ	ノウハウ込み	イニシャル	ランニング
—	ライセンシー	○	普通	—
—	—	○	普通	—
中小	ライセンシー	×	低	普通
海外	ライセンシー	×	普通	—
大手	ライセンシー	—	—	普通
大手	ライセンシー	—	—	普通
大手	ライセンシー	—	—	普通
大手	—	—	—	普通
中小	ライセンサー	—	—	普通
大手	—	—	普通	低
大手	—	○	普通	普通
大手	ライセンサー	—	普通	—
子会社	ライセンサー	—	—	—
中小	—	○	低	高
大手	ライセンシー	×	—	普通

＊特許技術提供企業はすべて大手企業である。

（注）
　ヒアリングの結果に関する個別のお問い合わせについては、回答をいただいた企業とのお約束があるため、応じることはできません。予めご了承ください。

資料6．特許番号一覧

　表1にバイオセンサ技術全体に関して、出願数の多い上位56社から前述(2.1~2.21)の主要企業20社等を除いた36社(個人、公共研究機関を含む)の保有する特許リストを示す。なお、特許番号後のカッコ内の数字は表2に記載の出願人の番号に対応する。

　なお、以下に掲載する特許は、全てが開放可能とは限らないため、個別の対応が必要である。

表1　バイオセンサ出願人上位56社の出願人の特許リスト（1/4）

技術要素	課題	公報番号（出願人）			
1 酸化還元酵素センサ					
	高精度化	特開平8-116975(43)	特開平8-304405(21)	特開平9-5240(26)	特許 2615425(24)
		特表平8-504268(44)	特開平9-145615(21)	特許 3071219(26)	特公平6-103290(24)
		特許 3127301(44)	特開平9-145613(21)	特許 2735817(26)	特公平7-101215(47)
		特表平11-507536(29)	特開平9-145614(21)	特許 2708281(26)	特開平7-113783(37)
		特開平8-285815(32)	特開平7-306209(21)	特許 2708276(26)	特開平9-250996(37)
		特開平7-248306(32)	特開2001-194293(21)	特開平10-132813(46)	特開平9-281071(37)
		特開平11-64226(32)	特開平8-193969(21)	特開2001-33419(46)	特開2000-262281(36)
		特開平9-229894(39)	特開平10-10130(21)	特表平10-505676(46)	特開平11-101776(36)
		特開平8-285858(21)	特開平8-15210(21)	特開2001-208716(42)	特開平11-206369(36)
		特開平7-310194(21)	特表2001-506742(21)	特表平11-501209(42)	特開2001-204494(36)
		特開2001-116718(40)	特開平9-61424(41)	特表平9-500727(42)	特開2000-312588(36)
		特許 2778599(35)	特開平9-5321(41)	特開2000-81407(23)	特開2000-346848(38)
		特開2001-66274(23)	特開平11-337514(23)	特開2000-162176(23)	特開平7-159366(23)
		特許 2838322(40)	特開2000-321234(48)	特開平7-270374(54)	特許 2812455(49)
		特許 3047048(27)	特開平6-281615(54)	特公平8-16665(49)	特許 3186862(56)
		特開2000-266717(27)	特開2001-61497(27)	特開平5-281181(27)	特開平6-222035(56)
		特許 2814027(40)	特開平4-343065(40)		
	迅速化	特開平10-170471(32)	特開平8-338826(31)	特開2001-50926(37)	特開平11-271258(47)
		特開平9-21778(32)	特開平8-336398(31)	特開平9-15225(38)	特開2001-194335(42)
		特開平10-318970(21)	特開平8-338825(31)	特公平7-10237(48)	特開平9-94231(47)
		特許 2691510(52)	特開平8-336399(31)	特開平10-90214(27)	特許 2955905(40)
	簡便化	特開平9-243590(50)	特開平9-68533(41)	特開平11-352119(38)	特開平8-247987(23)
		特許 2936029(43)	特開平9-5296(41)	特開平8-247994(54)	特開平10-300710(21)
		特開平9-285459(32)	特開平9-5320(41)	特開平8-5601(49)	特開平10-62424(21)
		特開平7-55757(32)	特開平9-33532(41)	特許 2655727(49)	特開平9-68523(41)
		特開2000-74914(32)	特許 2671931(26)	特許 2615220(49)	特開平11-304748(23)
		特開平9-201337(32)	特許 2768899(26)	特公平7-63393(56)	特開平7-151727(34)
		特開平9-229931(39)	特表平10-505674(46)	特開平10-38844(27)	特開平8-271472(34)
		特開平8-262026(21)	特開平10-127611(46)	特開2001-194298(27)	特開平6-78791(34)
		特開平9-127038(21)	特開2001-208719(24)	特許 2743535(35)	特開2000-214150(38)
		特開平10-318971(21)	特開平7-248310(24)	特開平10-78407(35)	特開平11-326262(23)
		特開2000-171427(23)	特開平4-248457(23)	特開平4-112785(23)	

表1 バイオセンサ出願人上位56社の出願人の特許リスト (2/4)

技術要素	課題	公報番号（出願人）			
1 酸化還元酵素センサ（続き）					
	安定化	特開2001-208722(51)	特許 2702286(26)	特開平8-230926(37)	特公平7-47000(49)
		特開平9-101280(32)	特許 2634699(26)	特許 2560676(53)	特公平7-65978(49)
		特開平8-285814(32)	特許 2651278(26)	特許 2616331(53)	特開平11-83784(27)
		特開平9-264870(32)	特許 2800981(26)	特開平3-151898(25)	特開2000-81406(27)
		特開平8-304340(21)	特表平10-505675(46)	特開平3-39096(25)	特開2001-103994(27)
		特開2001-66279(21)	特表平8-505123(33)	特許 2510302(25)	特公平8-10207(40)
		特開平10-318963(21)	特許 3171444(42)	特開2000-354495(36)	特許 2640544(40)
		特開平10-10123(21)	特許 3193721(42)	特開2001-197888(36)	特公平7-117509(40)
		特開平8-220055(21)	特許 2669497(24)	特開平11-253198(36)	特開平5-139858(40)
		特許 3069170(21)	特許 2507916(24)	特開2001-37483(36)	特開平4-216453(35)
		特開平9-5322(41)	特開平9-159643(47)	特開2000-262297(48)	特開平4-215053(35)
		特開平4-194661(23)	特開平9-119914(37)	特許 3031517(48)	特開平4-166755(23)
		特許 2940007(23)	特公平4-5943(23)	特開平9-311116(23)	特開平9-304330(23)
		特開平9-297832(23)	特開平3-239958(23)	特開平5-72172(23)	
	低コスト化	特開平6-281614(43)	特開平10-2875(34)	特許 2855718(23)	特開平8-94575(54)
		特開平8-334490(21)	特許 2636637(53)	特開2000-121593(23)	特開平5-223773(56)
		特開平10-165199(21)	特開平8-94573(54)	特開平3-75552(23)	特許 2982844(35)
		特許 2634374(52)	特開平7-270373(54)	特開2000-121592(23)	特開平10-177006(35)
		特開2001-215215(42)	特許 2946036(24)	特開平6-90754(34)	
	用途拡大	特開平10-267888(47)	特開2000-270855(36)	特開平10-248574(48)	特開平5-99883(35)
2 その他の酵素センサ					
	高精度化	特表平11-507533(29)			
	迅速化	特許 3176605(22)	特開2000-55864(25)	特開2000-171455(38)	
	簡便化	特許 2713534(22)			
	安定化	特許 3181257(21)	特許 2816262(24)	特開平10-105545(38)	特開2000-230916(27)
3 微生物センサ					
	高精度化	特開平7-322899(28)	特開2000-4898(45)	特許 3016640(22)	特許 3016641(22)
		特開平7-147995(34)			
	迅速化	特許 2628406(45)	特許 2738500(45)	特公平7-73510(45)	
	簡便化	特許 2696081(45)	特開平10-165976(55)	特開平6-43131(35)	
	安定化	特開2000-146893(55)	特開平10-318964(55)	特開平10-160701(55)	特開平10-153593(55)
		特開2000-121627(55)	特開平4-234986(56)		
	低コスト化	特開平8-226910(34)	特許 3118604(56)	特開平6-34596(35)	
	用途拡大	特許 2669499(24)	特開平11-253194(36)		

表1 バイオセンサ出願人上位56社の出願人の特許リスト (3/4)

技術要素	課題	公報番号（出願人）			
4 免疫センサ					
	高精度化	特開平5-18971(50)	特開平7-159405(30)	特開2000-137028(21)	特許3182515(29)
		特開平5-18970(50)	特開平5-203565(30)	特開平7-198594(21)	特表平10-509798(29)
		特許3149255(50)	特開平10-10049(30)	特開平8-136546(52)	特開平7-306149(30)
		特開平10-274654(51)	特開平6-160285(28)	特開平7-110330(52)	特許2675895(28)
		特表平9-510774(44)	特開平5-288752(28)	特許2504877(26)	特開平3-176662(39)
		特表平8-501146(44)	特許2652293(28)	特許2975541(26)	特開平11-23468(38)
		特許3018006(44)	特開平5-288751(28)	特開2000-338044(22)	特開平5-249114(27)
		特許3061416(29)	特許2691267(28)	特開2001-133458(22)	特開平10-267841(47)
		特許2702075(29)	特許2691266(28)	特開2001-83154(24)	特開平11-223597(28)
		特公平7-6913(29)			
	迅速化	特開2000-139460(51)	特開平10-73595(34)	特開平10-267913(25)	特開平8-105875(38)
	簡便化	特許2869866(50)	特開平9-89887(25)	特開平6-324037(25)	特開平8-193994(25)
		特許2585151(50)	特開平8-50131(25)	特開平3-103765(48)	特開平7-244045(25)
		特開2000-155122(51)	特開平6-331625(25)	特開平7-229895(37)	特開平8-160040(25)
		特許2749912(28)	特開平9-15240(25)	特開平8-75730(25)	特公平8-23559(37)
		特開平11-271219(47)	特開平8-193996(25)	特開平8-82622(25)	特開平8-193995(25)
		特開平7-63754(25)			
	安定化	特許2592588(44)	特開平9-54094(39)	特開2001-41956(53)	特開平9-257793(22)
		特公平7-6912(29)	特開平8-240591(21)	特開平9-257797(25)	特開平11-176238(22)
		特許2690802(30)	特開平10-48212(21)	特開平10-319023(38)	特開平10-267930(34)
		特許3091204(30)	特開平10-48207(21)	特開平8-271522(30)	特開平9-264843(34)
		特許3109912(30)	特公平7-74770(26)	特開2000-46734(30)	特許2832117(28)
		特許2935965(30)	特表2000-509140(33)	特許3204697(30)	特開平6-27106(39)
	低コスト化	特許2597073(52)	特開平7-43364(31)		
	用途拡大	特開平11-23572(51)	特開2000-146976(22)		
5 遺伝子センサ					
	高精度化	特開2000-304688(28)	特開平11-344437(28)	特許3062347(28)	特開2000-342282(45)
		特開2001-103975(24)	特許2626738(37)		
	迅速化	特許2788786(29)			
	簡便化	特開2000-342284(45)	特開平10-239300(22)	特開平11-169199(22)	特開平11-332595(34)
		特開平7-333220(23)			
	安定化	特開平10-219008(22)	特開平11-332566(34)	特許3147787(53)	特開2001-66305(28)
6 細胞・器官等センサ					
	高精度化	特許2744659(22)			
	迅速化	特開2001-183366(22)			
	簡便化	特開平8-149998(27)			
	安定化	特開2001-108647(27)			
	用途拡大	特開2001-83155(24)			
7 その他の生体物質センサ					
	高精度化	特開平11-194131(28)			
	簡便化	特開平8-245673(22)	特許2948123(22)		
	安定化	特開平10-87694(51)			
	低コスト化	特開2001-59835(24)			

表1 バイオセンサ出願人上位56社の出願人の特許リスト (4/4)

技術要素	課題	公報番号（出願人）			
8 脂質・脂質膜センサ					
	高精度化	特許 2695024(33)	特許 2927942(33)	特許 2980950(31)	特許 3194973(31)
		特表平11-508044(33)	特表2000-513811(33)	特許 2763596(31)	特開2001-56340(24)
		特表平11-508043(33)	特許 2523181(31)		
	簡便化	特開平6-167443(30)	特開平9-5271(31)		
	安定化	特開平9-236571(39)	特開平11-316210(33)	特許 2695044(33)	特許 2651301(31)
		特表平11-505328(33)	特表2000-511517(33)	特表2000-502437(33)	特許 2947298(22)
	用途拡大	特許 2705999(31)	特許 2947729(22)	特許 3037099(22)	
9 感覚模倣センサ					
	高精度化	特開2000-220036(22)	特開平9-127116(24)	特開平8-166368(27)	特開平8-261981(27)
	簡便化	特開平8-201296(31)	特許 2903077(22)	特許 2883808(22)	
	低コスト化	特開2000-264874(24)			
10 トランスデューサ他					
	高精度化	特開平8-271431(43)	特開平6-22793(21)	特開平9-212241(37)	特許 2984040(30)
		特許 2826725(43)	特許 2735688(26)	特開2000-283923(38)	特開平7-84372(22)
		特許 2969177(44)	特開平10-148635(46)	特開2000-321208(39)	特許 3134262(22)
		特公平7-95034(29)	特開2001-189546(42)	特開平7-27767(39)	特公平8-12169(24)
		特表平10-508104(29)	特開2001-72865(22)	特開平10-267833(21)	特公平7-104314(24)
		特許 2994743(29)	特開平7-84371(22)		
	迅速化	特許 2641400(43)	特許 2936973(48)		
	簡便化	特許 3013937(29)	特許 3128541(29)	特許 2644186(52)	特開2000-356619(53)
	安定化	特開2001-124735(43)	特開平10-114832(26)	特許 2838901(35)	特開平6-34548(23)
		特許 3122459(39)	特許 3181979(22)	特開平8-43345(35)	特開2000-121591(23)
		特表平9-502268(26)	特開平9-127039(27)	特開2001-66278(23)	
	低コスト化	特開平8-157497(22)	特開平9-246625(24)	特許 2816428(24)	

表2にバイオセンサ主要出願人（上位56社）の連絡先を示す。

表2 バイオセンサ主要出願人（上位56社）の連絡先（ 1/2 ）

No.	出願人名	出願件数	住所	連絡先
1	松下電器産業	158	大阪府門真市大字門真1006	06-6908-1121
2	東陶機器	77	北九州市小倉北区中島2-1-1	093-951-2111
3	エヌオーケー	62	東京都港区芝大門1-12-15 正和ビル	03-3432-4211
4	日本電気	59	東京都港区芝5-7-1	03-3454-1111
5	日立製作所	52	東京都千代田区神田駿河台4-6	03-3258-1111
6	アークレイ	48	京都市南区東九条西明田町57	075-672-5311
7	大日本印刷	32	東京都新宿区市谷加賀町1-1-1	03-3266-2111
8	富士写真フィルム	35	東京都港区西麻布2-26-30	03-3406-2111
9	アンリツ	35	東京都港区南麻布5-10-27	03-3446-1111
10	ダイキン工業	30	大阪市北区中崎西2-4-12 梅田センタービル	06-6373-4314
11	富士電機	28	東京都品川区大崎1-11-2 ゲートシティ大崎イーストタワー	03-5435-7111
12	新日本無線	21	東京都中央区日本橋横山町3-10	03-5642-8222
13	前澤工業	6	東京都中央区京橋1-3-3 柏原ビル	03-3281-5521
14	島津製作所	15	京都府京都市中京区西ノ京桑原町1	075-823-1111
15	三井化学	3	東京都千代田区霞が関3-2-5 霞が関ビル	03-3592-4105
16	スズキ	30	静岡県浜松市高塚町300	053-440-2061
17	日本油脂	10	東京都渋谷区恵比寿4-20-3 恵比寿ガーデンプレイスタワー	03-5424-6600
18	王子製紙	26	東京都中央区銀座4-7-5	03-3563-1111
19	東芝	12	東京都港区芝浦1-1-1 東芝ビルディング	03-3457-4511
20	曙ブレーキ中央技術研究所	13	埼玉県春日部市緑町6-1-12	048-738-0113
21	バイエルCORP	34	米国	
22	科学技術振興事業団	28	埼玉県川口市本町4-1-8 川口センタービル	048-226-5601
23	オムロン	28	京都府京都市下京区烏丸通七条下ル東塩小路町735-5	075-344-7070
24	経済産業省産業技術総合研究所長	20	茨城県つくば市東1-1-1　中央第1	0298-61-9034
25	積水化学工業	19	大阪府大阪市北区西天満2-4-4堂島関電ビル	06-6365-4122
26	ベーリンガーマンハイム	17	デンマーク	
27	日本電信電話	17	東京都千代田区大手町2-3-1	03-5205-5111
28	キヤノン	16	東京都大田区下丸子3丁目30番2号	03-3758-2111
29	イゲン	14	米国	
30	オリンパス光学工業	13	東京都新宿区西新宿2-3-1新宿モノリス	03-3340-2121
31	沖電気工業	13	東京都港区虎ノ門1-7-12	03-3501-3111
32	カシオ計算機	12	東京都渋谷区本町1-6-2	03-5334-4111
33	レインアンドバイオテクノロジイリサーチ	12	オーストラリア	
34	軽部征夫	12	東京都目黒区駒場 4-6-1	03-5452-5221
35	富士通	12	東京都千代田区丸の内1-6-1　丸の内センタービル	03-3216-3211
36	早出広司	11	東京都小金井市中町2-24-16	042-364-3311
37	三共	10	東京都中央区日本橋本町3-5-1	03-5255-7111
38	東ソー	10	東京都港区芝3-8-2	03-5427-5103
39	バイエル	9	ドイツ	

表2 バイオセンサ主要出願人（上位56社）の連絡先（ 2/2 ）

No.	出願人名	出願件数	住所	連絡先
40	日本特殊陶業	9	愛知県名古屋市瑞穂区高辻町14-18	052-872-5915
41	ブラザー工業	8	愛知県名古屋市瑞穂区苗代町15-1	052-824-2511
42	ロシユダイアグノステイツクス	8	米国	
43	アーフアウエルメデイカルインスツルメンツ	7	中国	
44	アプライドリサーチシステムズアーエルエスホールデイング	7	ニュージーランド	
45	ベクトンデイツキンソンアンドCO	7	米国	
46	ライフスキヤン	7	米国	
47	国立身体障害者リハビリテーシヨンセンター	7	埼玉県所沢市並木4-1	042-995-3100
48	東洋紡績	7	大阪市北区堂島浜2-2-8	06-6348-3111
49	日機装	7	東京都渋谷区恵比寿3-43-2	03-3443-3711
50	テイーデイーケイ	6	東京都中央区日本橋1—13—1	03-3278-5111
51	豊田中央研究所	6	愛知県愛知郡長久手町大字長湫字横道41-1	0561-63-4300
52	バイオセンサー研究所	6	東京都中央区日本橋3-1-6	03-3277-3358
53	住友金属工業	6	大阪府大阪市中央区北浜4-5-33　住友ビル	06-6220-5111
54	凸版印刷	6	東京都千代田区神田和泉町1	03-3835-5111
55	日新電機	6	京都府京都市右京区梅津高畝町47	075-861-3151
56	日本バイリーン	6	東京都千代田区外神田2-14-5	03-3258-3333

資料7．開放可能な特許一覧

バイオセンサ技術に関連する開放可能な特許（ライセンス提供の用意のある特許）を、出願件数上位の出願人を対象としたアンケート調査結果（前述の資料5）に基づき、以下に示す。

表　アンケート調査結果による開放可能な特許リスト（1/2）

出願人	発明の名称	特許番号
東陶機器	採尿動作の制御方法	特許2982299
東陶機器	シヤツタ機構付き尿データ分析装置	特許2573743
東陶機器	バイオセンサ及びその製造方法	特許3063393
東陶機器	バイオセンサ	特開平5-126784
東陶機器	濃度測定装置とバイオセンサ及び尿中成分測定方法	特開平5-126792
東陶機器	バイオセンサ	特開平5-256812
東陶機器	健康管理装置	特開平6-58931
東陶機器	バイオセンサ	特開平7-225185
東陶機器	バイオセンサ	特開平8-193946
東陶機器	表面プラズモン共鳴現象の励起構造体およびバイオセンサ	特開平8-193948
東陶機器	バイオセンサ	特開平9-96605
東陶機器	表面プラズモン共鳴センサ装置	特開平9-257695
東陶機器	表面プラズモン共鳴センサ装置	特開平9-257696
東陶機器	表面プラズモン共鳴センサ	特開平9-257701
東陶機器	表面プラズモン測定方法および装置	特開平11-118802
東陶機器	センサ素子、その製造方法およびそれを用いた生体成分分析装置および尿成分分析装置	特開2000-65708
日立製作所	微少反応検出センサ及びシステム	特許2624853
日立製作所	DNAプローブおよびこれを用いるDNA断片検出法	特許3058667
日立製作所	電気泳動分離検出方法	特許3097205
日立製作所	DNA分子の長さ計測方法および計測装置	特許3123249
日立製作所	核酸の塩基配列決定装置	特許2013548
日立製作所	電気泳動分離検出方法及び装置	特許2697719
日立製作所	電気泳動分離検出方法及び装置	特許2692679
富士電機	BOD測定装置	特許3030955
富士電機	BOD測定装置	特開平6-258284
富士電機	BOD測定装置	特開平7-35741
富士電機	BOD測定装置	特開平8-145981
富士電機	BODバイオセンサ測定装置および同測定装置用標準溶液	特開平10-318965
スズキ	免疫反応測定装置	特開平11-64338
スズキ	免疫反応測定装置	特開平11-160317
スズキ	免疫反応測定装置	特開平11-281647
スズキ	免疫反応測定装置	特開平11-344438
スズキ	免疫反応測定装置	特開2000-2654
スズキ	SPRセンサセル及びこれを用いた免疫反応測定装置	特開2000-19100
スズキ	SPRセンサセル及びこれを用いた免疫反応測定装置	特開2000-121552
スズキ	SPRセンサセル及びこれを用いた免疫反応測定装置	特開2000-171391
スズキ	SPRセンサセル及びこれを用いた免疫反応測定装置	特開2000-230929
スズキ	免疫反応測定装置	特開2000-321280
スズキ	SPRセンサセル及びこれを用いた免疫反応測定装置	特開2000-346845
スズキ	SPRセンサセル及びこれを用いた免疫反応測定装置	特開2000-356585
スズキ	センサプレート	特開2001-74647
三井化学	タンパク質超薄膜固定型リアクターの製造方法及び得られたタンパク質超薄膜固定型リアクターを用いた化学反応	特許2909959
三井化学	半矮性遺伝子の近傍に位置する	特開平11-2533167

表　アンケート調査結果による開放可能な特許リスト（2/2）

出願人	発明の名称	特許番号
エヌオーケー	グルコースバイオセンサ	特開平4-370755
エヌオーケー	グルコースバイオセンサ	特開平5-99882
エヌオーケー	グルコースバイオセンサ	特開平5-133929
エヌオーケー	グルコースバイオセンサ	特開平5-203607
エヌオーケー	グルコースバイオセンサ	特開平3-39648
エヌオーケー	水晶振動子アルブミンバイオセンサ	特開平3-115947
エヌオーケー	グルコースバイオセンサ	特開平3-156357
エヌオーケー	過酸化水素センサ	特開平3-233348
エヌオーケー	炭化水素系化合物センサ	特開平4-52546
エヌオーケー	グルコースバイオセンサ	特開平4-215055
エヌオーケー	酵素固定化膜	特開平4-222590
エヌオーケー	水晶振動子カリウムバイオセンサ	特開平4-244944
エヌオーケー	グルコースバイオセンサ	特開平4-215054
エヌオーケー	グルコースバイオセンサ	特開平4-301759
エヌオーケー	エタノールバイオセンサ	特開平4-370756
エヌオーケー	グルコースバイオセンサ	特開平5-215710
エヌオーケー	エタノールバイオセンサ	特開平5-273173
エヌオーケー	エタノールバイオセンサ	特開平6-317554
エヌオーケー	グルコースバイオセンサ	特開平8-50111
エヌオーケー	グルコースバイオセンサ	特開平8-50112
エヌオーケー	タンパク質バイオセンサおよびそれを用いる測定方法	特開平8-189913
エヌオーケー	ワサビ辛さの定量方法	特開平9-65897
エヌオーケー	グルコースバイオセンサ	特開平9-101281
エヌオーケー	溶存酸素センサ	特開平9-127045
エヌオーケー	バイオセンサ	特開平9-152414
エヌオーケー	バイオセンサ	特開平9-152415
エヌオーケー	尿糖バイオセンサ	特開平9-159645
エヌオーケー	タンパク質量の測定方法	特開平9-189677
エヌオーケー	バイオセンサ	特開平9-210948
エヌオーケー	バイオセンサの製造法	特開平9-222412
エヌオーケー	酸化還元酵素固定化バイオセンサを用いる濃度測定方法	特開平10-19832
エヌオーケー	バイオセンサ	特開平10-19834
エヌオーケー	ランセット一体型血糖値測定器	特開平10-28683
エヌオーケー	センサ装置	特開平10-104191
エヌオーケー	バイオセンサ	特開平10-153571
エヌオーケー	バイオセンサ	特開平10-153572
エヌオーケー	酸化還元酵素を用いる測定方法	特開平10-153573
エヌオーケー	バイオセンサの製造法	特開平10-185859
エヌオーケー	バイオセンサによる濃度測定方法	特開平10-227756
エヌオーケー	バイオセンサ	特開平10-311817
エヌオーケー	グルコース濃度の測定方法	特開平10-318972
エヌオーケー	バイオセンサ電極	特開平10-318969
エヌオーケー	バイオセンサ	特開平10-332626
エヌオーケー	酸化還元酵素を用いる測定方法	特開平11-14585
エヌオーケー	バイオセンサ	特開平11-51895
エヌオーケー	バイオセンサ	特開平11-83786
エヌオーケー	バイオセンサ用コネクタ	特開平11-83787
エヌオーケー	バイオセンサ	特開平11-101772
エヌオーケー	バイオセンサ	特開平11-248667
エヌオーケー	味覚センサおよびそれを用いる測定方法	特開平11-248669
エヌオーケー	反応生成物測定装置	特開2000-19147
エヌオーケー	バイオセンサ	特開2000-39415
エヌオーケー	バイオセンサ	特開2000-65777
エヌオーケー	バイオセンサ用妨害物質除去装置	特開2000-131262
エヌオーケー	バイオセンサ	特開2001-50925

特許流通支援チャート　化学 2
バイオセンサ

2002年（平成14年）6月29日　初版発行

編　集　独 立 行 政 法 人
©2002　工業所有権総合情報館
発　行　社 団 法 人 発 明 協 会

発行所　社 団 法 人 発 明 協 会

〒105-0001　東京都港区虎ノ門2－9－14
電　話　03（3502）5433（編集）
電　話　03（3502）5491（販売）
Ｆ Ａ Ｘ　03（5512）7567（販売）

ISBN4-8271-0673-8 C3033　　印刷：株式会社　野毛印刷社
Printed in Japan

乱丁・落丁本はお取替えいたします。
本書の全部または一部の無断複写複製
を禁じます(著作権法上の例外を除く)。

発明協会HP：http://www.jiii.or.jp/

平成13年度「特許流通支援チャート」作成一覧

電気	技術テーマ名
1	非接触型ICカード
2	圧力センサ
3	個人照合
4	ビルドアップ多層プリント配線板
5	携帯電話表示技術
6	アクティブマトリクス液晶駆動技術
7	プログラム制御技術
8	半導体レーザの活性層
9	無線LAN

機械	技術テーマ名
1	車いす
2	金属射出成形技術
3	微細レーザ加工
4	ヒートパイプ

化学	技術テーマ名
1	プラスチックリサイクル
2	バイオセンサ
3	セラミックスの接合
4	有機EL素子
5	生分解性ポリエステル
6	有機導電性ポリマー
7	リチウムポリマー電池

一般	技術テーマ名
1	カーテンウォール
2	気体膜分離装置
3	半導体洗浄と環境適応技術
4	焼却炉排ガス処理技術
5	はんだ付け鉛フリー技術